《生物学通报》科普文选系列

——— 丛书主编：郑光美 ———

Order in Chaos

The Secret of Life

纷乱中的秩序

主宰生命的奥秘

朱钦士 —— 著

科学出版社

北京

图书在版编目（CIP）数据

纷乱中的秩序：主宰生命的奥秘/朱钦士著.—北京：科学出版社，2019.3
（《生物学通报》科普文选系列）
ISBN 978-7-03-060863-5

Ⅰ.①纷…　Ⅱ.①朱…　Ⅲ.①生物学-青少年读物
Ⅳ.①Q-49

中国版本图书馆 CIP 数据核字（2019）第 049061 号

责任编辑：牛　玲 / 责任校对：韩　杨
责任印制：赵　博 / 封面设计：有道文化
编辑部电话：010-64033934
E-mail：fuyan@mail.sciencep.com

科学出版社出版
北京东黄城根北街 16 号
邮政编码：100717
http://www.sciencep.com
北京市金木堂数码科技有限公司印刷
科学出版社发行　各地新华书店经销
*
2019 年 3 月第　一　版　开本：720×1000　B5
2024 年 1 月第五次印刷　印张：14 1/4
字数：230 000
定价：58.00 元

（如有印装质量问题，我社负责调换）

丛书序

2018 年是我国改革开放的 40 周年。40 年来，由改革开放所引领的适合中国国情的发展道路，使我国从半封闭逐渐走向全面开放的局面，取得了举世瞩目的成就。党的十九大报告进一步清晰规划了全面建成社会主义现代化强国的时间表和路线图：在 2020 年中国共产党成立 100 年时全面建成小康社会；在实现第一个百年奋斗目标的基础上，到 21 世纪中叶中华人民共和国建国 100 年时，在基本实现现代化的基础上，把我国建成富强民主文明和谐美丽的社会主义现代化强国。“两个一百年”奋斗目标，与“中国梦”一起，成为引领中国前行的时代号召，激励着我们奋勇前进。广大科技和教育战线的工作者，怀着“科教兴国”的使命，创新求真，与时俱进，努力为我国基础教育的发展，以及提高全民族的科学文化素养做出自己的贡献。

《生物学通报》是适应我国自然科学教学需要和提高生物学教师的素质及交流教学经验，于中华人民共和国成立早期创刊的学术类期刊，由中国科学技术协会主管，中国动物学会、中国植物学会和北京师范大学筹办，并由时任中国科学院院长郭沫若先生题写刊名，聘请北京林业大学汪振儒教授为首任主编，于 1952 年 8 月出版了第 1 卷第 1 期，至今已半个多世纪。《生物学通报》坚持以服务于中等学校生物学教学为主要办刊宗旨，兼顾大专院校师生和农、林、医科学工作者的需要，以“基础、新颖、及时、综合”的特色，受到广大读者的普遍欢迎，被誉为“生物学教师的良师益友”。为了响应“两个一百年”的奋斗目标，在更广大的范围内传播生命科学与生态学领域的科学知识和新的进展，为提高全民族的科学文化素质尽微薄之力，我们成立了“《生物学通报》科普文选系列丛书编委会”，从《生物学通报》已刊文章中选出一些优秀科普读物，以飨读者。

丛书的第一本收录了由美国南加州大学医学院朱钦士副教授为《生物学通报》撰写的系列文章，以通俗生动的语言介绍生命科学的种种奥秘，以及有关领域的科学研究新进展。随后还将陆续推出由《生物学通报》“科学家论坛”栏目特邀的中国科学院院士和资深教授，以及年轻有为的科学家为《生物学通报》撰写的一些科学普及文章，介绍有关专题及他们对生命科学发展的见解。希望这些文章将会进一步打开青少年心灵的窗口，提高他们对生命科学、生态学和医学的关注度及兴趣，为立志建设美丽中国和生态文明事业做出贡献！

《生物学通报》科普文选系列丛书编委会

2018年10月15日

目　录

细胞为什么大多是微米级的

地球上的生物有许多共同点。例如，都使用脱氧核糖核酸（DNA）作为遗传物质，使用相同的“密码”为蛋白质中的氨基酸序列编码，用相同的 20 种氨基酸组成蛋白质，都通过电子传递链将食物分子中的化学能合成高能化合物三磷酸腺苷（ATP），都用磷脂构建生物膜，等等。除此以外，地球上的生物还有一个重要的共同点，即都是由细胞组成的（病毒除外）。许多微生物只由一个细胞组成，被称为单细胞生物。更多的生物是由多个细胞组成的，被称为多细胞生物。例如人就是多细胞生物，人的身体由大约 60 万亿个不同类型的细胞所组成。

生物的体型可以很大。例如，美洲红杉可以高达 100 米，树围可达 31 米，需十几个人才能环抱；蓝鲸可以达 33 米长，180 多吨重。但是细胞却很小，从细菌的几个微米到“真核细胞”（具有细胞核的细胞）的几十个微米。在 30 厘米的范围内，人眼的分辨率是 100 微米左右，自然不可能看见 1 微米大小的细菌和 30 微米大的人体细胞。这就是为什么在显微镜发明之前，人类根本不知道有细胞，也不知道有微生物。

到了 16 世纪中期，英国科学家胡克（Robert Hooke，1635—1703）用自制显微镜观察软木的薄片，发现里面密集地排列着许多小孔，他把这些小孔叫作“小室”（cell，现译为细胞）。尽管当时胡克看到的只是已死亡细胞的细胞壁，但也发现了植物组织是由很小的单位所组成的。与胡克同时代的荷兰科学家列文虎克（Antonie van Leeuwenhoek，1632—1723），制作了放大倍数更高的显微镜（现存的列文虎克自制显微镜的放大倍数为 275 倍）。列文虎克用自制的显微镜观察到了池塘水样本中生存着各式各样的微生物。这使得人们大吃一惊，原来在这么小的尺度上还可以有独立的生命。列文虎克还观察到了动物的红细胞和精子，这些都是实际观察到的来自动物身体的活细胞。

细胞学说的建立，源于1837年德国生理学家施旺和德国植物学家施莱登共进晚餐时的一次谈话。施旺主要研究动物组织的构造，发现了包裹神经纤维的“施旺细胞”，而施莱登则主要研究植物组织的构造。交谈后他们意识到，原来在动物和植物体内都能看见细胞，说明生物体都是由细胞组成的。这个想法经过后人的发展和完善，成为生物学中的“细胞学说”。

细胞学说认为，（地球上）所有的生物都是由（1个或多个）细胞组成的；细胞是所有生命形式最基本的结构和功能单位；而且所有的新细胞都从已有的细胞分裂而来。该学说为生物体结构和功能的研究奠定了坚实的基础，是19世纪最伟大的科学发现之一，其意义不亚于物质结构的原子分子理论。

细胞学说陈述的是事实，所以大家都能接受。但是如果换个角度思考，为什么地球上的生物体都是由微米级的细胞所组成？为什么没有单个细胞的大型生物？答案就不是那么容易得出的了。要回答这个问题，首先要弄清楚为什么细胞那么小。原因主要有两个，一个是几何上的，另一个是物理上的。

几何上的原因就是，当一个物体变大时，表面积是按线性的平方关系增加的，而体积（也就是重量）却按线性的立方关系增加。体积越大，单位体积所拥有的表面积就越小。细碎的白砂糖在水里溶解得比较快，但是如果把这些白砂糖变成一块冰糖，在水中的溶解速度就慢得多了，因为糖的总表面积（也就是糖与水接触的面积）变小了。细胞也是一样，细胞的体积越大，单位体积拥有的表面积就越小。细胞要维持正常的生命活动必须与外界不断地进行物质交换，而这种交换只能通过细胞表面进行。细胞越大，相对的表面积越小，到了一定程度就无法再维持细胞的生理需要。只有当细胞的尺寸保持在微米级时，相对的表面积才能满足物质交换的需要。

如果人是由1个细胞组成的，总的表面积（也就是皮肤的总面积）只有 2 平方米左右。如此小的面积是不足以进行气体交换的（假设气体交换通过体表进行）。人的肺由大量的肺泡组成，总面积有 60～100 平方米，接近半个网球场的大小，这样才能满足人体吸入氧气并排出二氧化碳的需要。同理，人体所需要的营养物质主要是通过小肠吸收的。小肠壁不仅形成了许多皱褶以增大吸收面积，肠壁细胞上还长出大量的绒毛进一步增加表面积，使得小肠吸收养料的总面积达到 200 平方米左右。肺泡和小肠都是与身体外部相通的，所以人体是由这些联通身体内外巨大的“内表面”与外界进行物质交换的。而这样大的“内表面”是单个细胞难以拥有的。

物理上的原因是分子扩散的速度很慢。我们都有这样的生活经验，放一勺糖到水里，如果不搅动，过了很长时间上层的水仍然没有什么甜味，尽管在水底部的糖已经完全溶化。细胞所需要的物质（如氧气和葡萄糖），就算是分子已进入细胞了，但这些分子移动的速度却相当慢，因为它们要与细胞内的水分子及其他分子不断地碰撞。这就像一个人在街上走路，如果街上行人不多，就能很快地从街的一侧走到另一侧，但如果街上挤满了人，你走到另一侧就要花很多时间。细胞充满了水溶液，相当于挤满了人，如果细胞太大，这些分子从细胞表面移动到细胞内的目的地（如细胞的“动力工厂”——线粒体）就要花太长的时间，相当于工厂的原料和燃料供应不足，细胞的生命活动就无法维持正常状态了。

原核生物（如细菌）细胞的大小只有 1 微米左右，细胞内的分子靠扩散就可以有效地到达特定位置。而真核生物的细胞要大得多，细胞内还有各种细胞器，如线粒体（细胞的“动力工厂”）、溶酶体（细胞的“垃圾处理站”）、高尔基体（细胞中蛋白质的“转运站”）等。这些细胞器与简单分子（如氧气和葡萄糖）相比要大很多，即便是在几十微米大的细胞内，光靠扩散移动也是不够的。为了解决这些细胞器的运动问题，真核细胞还发明了小的“动力火车”来运输它们——肌球蛋白（myosin）带着“货物”沿着肌动蛋白（actin）丝的“轨道”运动；或是另两种蛋白，“动力蛋白”（dynein）和“驱动蛋白”（kinesin）沿着微管蛋白（tubulin）的细管移动。不过这种运输方式需要消耗能量，不是一般的小分子可以“享受”的“待遇”，对于绝大多数分子来说，还得靠扩散过程进行移动。

由于扩散速度较慢，需要信息快速传递的地方，距离就必须特别短。例如，神经细胞之间信息的传递是通过突触（synapse）进行的。发送信息的神经细胞在突触处释放出信息分子，即“神经递质”。这些分子再靠扩散到达接收信息的神经细胞上。为了保证信息快速传递，在突触处两个细胞之间的距离就比微米还短，只有 30 纳米左右。这样，神经递质分子在毫秒级的时间里就可以从一个细胞扩散到另一个细胞。如果神经细胞之间的距离再大一些，那么人们从感到被火烧着到避开火源所需要的时间就太长了，人也就会被烧伤了。

明白了这两个原因，就不难理解为什么没有单个细胞的大动物了。那是因为一个大细胞，难以有效地与外界进行物质交换。地球上的单细胞生物在形成更大的生物时是很“聪明”且很有策略的，它们一般不朝着巨大细胞的方向走，而是先聚合在一起，形成群体。例如团藻，就是由几千个到几万个衣藻类细胞组成的一个单层细胞的球形空腔。每个细胞仍然很小，但是团藻却可以大到 1～2 毫米。体型较大就不容易被其他动物捕食，而且上万个细胞长出的鞭毛一起划动，运动也更有效率。团藻还进行了细胞分化，由一些细胞专管繁殖。这些进化就使得团藻比单个细胞更加具有优势。

细胞分化可以形成更为复杂的结构。例如水螅，它的身体是由两层细胞组成的一根空管。一端是“口”，周围长着几根“触手”，可以用于捕食。另一端则是封闭的，下有“基盘”，可以附着在水草的枝叶上。里面的空腔可以用于消化食物，残渣也由“口”排出，所以“口”同时也是“肛门”。它既可以用出芽的方式进行无性繁殖，也可以长出“精巢”和“卵巢”进行有性繁殖。

沿着这样的聚集—分化的途径，单细胞生物在一起就可以形成越来越复杂的结构。尽管生物体的整体尺寸可以越来越大，但是单个细胞却仍保持在微米水平。动物体内还发展出巨大的“内表面”（如人的肺泡和小肠绒毛）与外界进行物质交换，并且通过循环系统将氧气和养料运输到每个细胞，又把细胞产生的废物带走（植物细胞消耗的能量比动物少得多，所以用叶片扩大表面积和用脉管系统输送物质就可以满足各种细胞的需要）。不同类型的细胞分工合作，形成高度复杂的有机体，这是生物进化更有效的途径，也是地球上绝大多数生物都是多细胞生物的原因。

但是另一条途径，即细胞自己变大变复杂，也并非完全不可能。例如变形虫和草履虫，它们就是单细胞动物里面的“巨人”。草履虫虽然只有 1 个细胞，但其长度却可达到 200～300 微米，可以吃掉大小只有 1～2 微米的细菌。它有“口沟”用于吃东西，相当于人的嘴和食道；有“食物泡”消化食物，相当于人的胃；有“伸缩泡”和收集管收集和排出废物，相当于人的肾脏、膀胱和尿道；它还有纤毛用于游泳，像人的四肢。食物泡的运动和伸缩泡的收缩还可以起到“搅拌”的作用，加速细胞内物质的流动。

草履虫这样的原生动物能不能进一步“放大”，进化成体型更大的生物体，即走多细胞生物这条路？例如用伸出的突起和通向内部的管道系统扩大表面积，在细胞内建一个专门的“搅拌机”加速物质循环等。这些非细胞的大型结构在实际上能否建成还很难说。

就算这样的内部结构能建立起来，在地球上，这样的单细胞大生物也很少有生存的机会。因为地球上充满了多细胞生物，而多细胞生物是高度有效、竞争力很强的。走另外一条路的单细胞大生物在与多细胞生物的竞争中，会很快被淘汰掉。只有在多细胞生物难以到达的地方，巨大的单细胞生物才有可能进化出来。例如，在深达 1 万米的马里亚纳海沟的底部，科学家就发现了直径达 10 厘米的单细胞生物，它的表面长满了皱褶，说明这种生物也懂得用这种方式增大表面积。不过大的单细胞生物只能“躲”在深海这个事实也说明走单细胞放大这条路不是很成功。只有走多细胞分工合作这条路才能产生出高度复杂的生物，包括人类。

有趣的是，在特殊情况下，多细胞生物也可以产生出巨大的细胞。例如，未受精的鸡蛋的蛋黄就是 1 个细胞，但是细胞内绝大部分是为胚胎发育准备的营养物质，基本上没有什么代谢活动。橘子瓣内梭形的透明颗粒也是细胞；西瓜瓤的细胞也比较大，甚至肉眼可见。但是这些细胞都是准备让其他动物食用的，目的是为了传播自己的种子，长成以后也没有多少代谢活动。要成为进行正常生命活动的多细胞生物体活跃的一部分，每个细胞还得是微米级的。

主要参考文献

[1] Dix J A，Verkman A S. Crowding effects on diffusion in solutions and cells. Annual Review of Biophysics，2008，37：247-263.

[2] Luby-Phelps K. The physical chemistry of cytoplasm and its influence on cell function：An update. Molecular Biology of the Cell，2013，241：2593-2596.

[3] Luby-Phelps K. Cytoarchitecture and physical properties of cytoplasm：Volume，viscosity，diffusion，intracellular surface area. International Review of Cytology，2000，192：189-221.

[4] Koch A L. What size should bacterium be? A question of scale. Annual Review of Biophysics，1996，50：317-348.

细胞中的“闹市”

我们在休息的时候，呼吸是徐缓的，3 秒左右才呼吸 1 次。摸摸脉搏，近 1 秒的时间心跳 1 次。再看看周围的树木花草，它们的变化是人眼所难以察觉的，除非有风吹过，否则它们看起来似乎纹丝不动。在这样的环境中，一切似乎都是那么从容不迫，带给人们宁静、悠闲的舒适感觉。

如果人体细胞中的分子也如此“悠闲”，那就糟糕了，生命会因为没有动力而停止，也更谈不上什么悠闲舒适之感了。按照牛顿力学第一定律，物体在没有受到外力作用时，只能维持静止或匀速直线运动的状态。像呼吸和心脏跳动这样的“非匀速直线运动”及植物叶片的摆动，都需要有力的作用，也就是说，都需要消耗一定的能量。呼吸和心脏跳动时肌肉的收缩，是由体内的高能化合物“三磷酸腺苷”（ATP）来驱动的，叶片和花朵的摆动则是靠风力来推动的。

生命活动需要细胞内、外的许多分子不断改变自己的位置。例如，空气中的氧气被吸入肺泡后，要进入上皮细胞，再从上皮细胞进入血液，从而进入红细胞与血红蛋白结合，通过血液循环转运至全身。到了循环系统的末端，它们又离开血红蛋白，“跑”出红细胞，“跨越”毛细血管的内皮细胞，进入组织液，再进入身体的各种细胞中，然后“跨过”线粒体的两层膜，到达“呼吸链”中最后一个蛋白复合物（即细胞色素氧化酶），在那里与呼吸链中的质子结合生成水。除了呼吸循环和血液循环需要能量以外，氧分子“旅行”了那么多地方，所需要的能量是从哪里来的呢？

控制基因表达的蛋白质（即“转录因子”）必须要结合到 DNA 的特定序列上才能发挥作用，例如，转录因子 AP-1 的一个结合序列就是

AGTCACT（A、G、T、C 4 个字母分别代表 4 种核苷酸，分别是腺嘌呤、鸟嘌呤、胸腺嘧啶和胞嘧啶）。AP-1 首先要在细胞核中“找到”DNA，比较松弛地结合在 DNA 分子上，再沿着 DNA 分子“滑动”，“寻找”像 AGTCACT 这样的序列，然后紧密地结合在这个位置上，继而发挥调控附近基因转录的作用。有位美国教授在学术会议上听完一个关于基因调控的报告后不免惊讶道：“转录因子做如此复杂的运动，所需要的能量从哪里来？”

有些读者可能会想到，人体不是有 ATP 可以提供能量吗？确实，许多生命活动是靠 ATP 供给能量的，如肌肉收缩（肌纤维之间的相对滑动）、细胞把内部的钠离子“泵”到细胞外面，这些过程就是由 ATP 驱动的。葡萄糖从肠道进入肠壁细胞，也需要能量。在这种情况下，细胞内、外钠离子的浓度差，就像水库中蓄存的可以用来发电的水，也可以“带着”葡萄糖进入细胞。但是，并非所有的分子运动都是需要身体供给能量的。如氧分子的运动（除呼吸和血液循环外）、转录因子 AP-1 的运动等，都不需要 ATP，身体也不可能给每个分子都装上一台“火箭发动机”来推动它们的运动。水分子、氧气分子、二氧化碳分子等进出细胞就不需要额外的能量供应，既然如此，这些分子是如何移动位置的呢？

如果不能给每个分子都装上“发动机”，那只有用外力来搬运它们。究竟细胞中有没有“搬运工”来主动搬运“货物”呢？答案是：有。神经细胞的轴突可长达 1 米以上，但神经细胞中的蛋白质主要是在细胞体（含有细胞核的膨大部分）内合成的。这些蛋白质若想到达轴突远端就需要有“搬运工”的帮助。例如，含有神经递质的小囊泡可以被一种叫作驱动蛋白（kinesin）的“搬运工”沿着“微管”（microtubule，“细胞骨骼”的一种）运输到轴突远端。另一种蛋白质——动力蛋白（dynein）则可以“反向运输”，将“货物”沿着微管从细胞远端向细胞体转运。驱动蛋白和动力蛋白都靠 ATP 来给“搬运”过程提供所需要的能量，此外，它们还能运输像线粒体这样的细胞器。

不过这类运输系统运送的大多是比较大的“货物”，如细胞器和囊泡等，许多小分子（如氨基酸、核苷酸、葡萄糖、氧气、二氧化碳等），是得不到靠“搬运工”来搬运的待遇的，要运动还得靠自己。人在走路时需要能量，那分子运动所需的能量又从哪里来呢？在人体内，这些分子的运动似乎违反了牛顿力学定律，似乎在不需要额外的能量供应时，分子自身就可以完成各种复杂的运动。

实际上这个问题是多余的。细胞中的分子本来就在运动，而且非常激烈，这就是分子的“热运动”。我们所说的“温度”，其实就是微观粒子运动激烈程度的量度。这些微观粒子可以是分子，也可以是原子、离子、自由基、比分子小的基本粒子或者比分子大的颗粒，如蛋白质复合物、病毒等。

温度越高，粒子运动越激烈；温度降低，粒子运动的激烈程度就会减小。热运动完全停止时的温度被称为“绝对零度”。用绝对零度作为标准的温标叫“热力学温标”，也叫“开氏温标”，以开尔文（William Thomson，1st Baron Kelvin，1824—1907，英国物理学家和数学家）的爵位名命名，单位为 K。这才是真正反映粒子热运动的指标，而平常使用的摄氏温标则是假设在一个大气压下水的沸点为 100 度和冰点为 0 度而设定的，以瑞典天文学家 Anders Celsius（1701—1744）的名字命名，单位为℃。由于摄氏温标只是以水的冰点和沸点作为标准，所以只是一个相对指标，并不能直接反映微观粒子的运动激烈程度。

摄氏温标不仅规定了 100℃和 0℃时的温度，还定出了 1 温度差的大小。按照这个标准，绝对零度就相当于−273.16℃。这是目前所认知的宇宙中的最低温度，此时一切热运动完全停止。

高温是没有极限的，火焰的温度一般为几千摄氏度，太阳的核心约为 1500 万摄氏度，宇宙大爆炸几分钟后的温度甚至超过了 10 亿摄氏度，科学家使金离子以接近光速对撞，产生了 4 万亿摄氏度的高温，在如此高温下质子和中子都会“融化”。但是低温却有极限，不可能有零下几千或几万摄氏度，即使是−300℃也不可能，因为−273.16℃就是粒子热运动完全停止的温度。

人的体温是 37℃，看上去不是很高。可是按照开氏温标，人的体温就是 310K（273+37）。这才是人体细胞中分子运动的指标。在这个温度下，分子的运动程度激烈到令人难以想象。

例如，在体温环境下水分子的运动速度高达 694 米/秒，比波音飞机的速度还要快 3 倍以上。复杂一些分子其分子量较大，但是总平均运动能量必须和小分子一样，其运动速度自然较慢。葡萄糖分子（分子量 180）比水分子（分子量 18）大 9 倍，相较之下，葡萄糖分子的运动速度就是 236 米/秒。即使是分子量为 100 万的蛋白质分子，其运动速度也能达到 2.6 米/秒。在直径为 10 微米的人体细胞中，如果没有其他分子的阻挡，蛋白质分子 1 秒能跑 13 万个来回。就算是假设"分子质量"为 100 亿的病毒，其运动速度也能达到 2.6 厘米/秒，如果没有其他分子的阻挡，病毒每秒能在细胞内跑 1300 个来回。

当然，这只是一个形象的比喻，这些微观粒子并不是真的这样来回跑。细胞的内容物主要是液体，其中绝大多数是水分子。这些分子密密地挤在一起，它们的运动速度又是如此之快，所以每个分子都以极高的频率与其他分子相互碰撞。从分子的运动速度和"自由程"（分子在 2 次碰撞之间移动的距离），科学家计算出室温下空气中分子之间的碰撞频率可达 10 亿/秒以上。液体分子之间同时存在着较强的吸引力和排斥力，从理论上计算液体中分子之间的碰撞频率比较困难，但可以从其他实验数据进行推断。

大肠杆菌在适宜的条件下每 20 分钟便可以繁殖一代，在细胞有丝分裂之前，它的遗传物质必须要进行复制。大肠杆菌的 DNA 有 4 639 221 个碱基对。要在 20 分钟内复制一个完整的 DNA，每秒钟就要复制近 4000 个碱基对。即使 DNA 的复制是从一点开始，朝两个方向同时进行，那每秒钟也要复制近 2000 个碱基对。如此快的合成速度令人不得不惊叹。

DNA 是由 4 种不同的核苷酸线性相连组成的，要把不同的核苷酸按照一定的顺序加上去，就需要正确的核苷酸靠碰撞到达合成 DNA 的地点。由于有 4 种不同的核苷酸，每次与 DNA 合成地点碰撞的核苷酸中，只有 1/4 的机会是合适的核苷酸。而且在每次碰撞中，分子的方向是随机的，只有少数分子的方向正确，所以核苷酸必须以远远大于每秒 8000 次的频率去碰撞，才能满足大肠杆菌繁殖的需要。由此推断，细胞中多数分子之间碰撞的频率一定远远大于每秒 8000 次。核苷酸（这里指合成 DNA 所需要的含有 3 个磷酸根的"三磷酸核苷"，即 ATP、GTP、CTP、TTP）这种较大分子（分子量 500 左右）的碰撞频率都如此之高，可想而知，像水这样的小分子（分子量 18）的碰撞频率就更高了。

由此可见，在人体细胞中，分子运动的激烈程度远超出我们的想象，这是一个真正的“闹市”，根本没有什么“宁静”和“悠闲”。分子的这种激烈热运动有三个重要的作用。

一是使分子移动位置，而不需要额外供给能量。分子本身的热运动就能使分子移位。分子的快速运动和分子之间的碰撞使得分子可以从浓度较高的地方逐渐移动到浓度较低的地方，这就是分子的扩散。空气中的氧分子通过呼吸和血液循环最后到达线粒体中的细胞色素氧化酶这一过程中许多步骤就是通过扩散完成的。核苷酸到达合成 DNA 的位置，氨基酸到达合成蛋白质的位置，靠的也是扩散。

扩散是分子随机运动和碰撞的结果。由于大量其他分子的阻挡，分子向一个特定方向的“净”移动是很缓慢的。往一杯水中加勺糖，如果不搅动，过了很长时间上层的水仍然不太甜，尽管糖已经完全溶化在下层的水中，这个例子可以很好地说明这一点。提高系统的温度可以改善这种情况，因为扩散的速度随温度的升高而增加。对于需要大量能量的人体，只有在 37℃的体温下，分子的扩散速度才能较好地满足正常生理活动的需要。

即便是在 37℃的体温条件下，细胞中分子的扩散还是很缓慢的，所以扩散只能在很短的距离上使所需要的分子及时到达。心肌梗死或因血管堵塞造成脑卒中（中风）时，血管堵塞区域的周围仍然有正常的血液供应，但是血液中的氧却不能有效地到达被堵塞区域，导致心肌坏死或脑坏死，这说明扩散的有效范围是很窄的。这就是为什么地球上所有生物的细胞都如此之小，例如人的细胞大小一般在几十个微米。细胞再大一些，物质的供应（需要分子扩散）就不能正常有效维持了。

固体（如冰）中每个分子或原子的位置是基本固定的，因此扩散难以进行。可以从南极冰层中的气泡来推测出 80 万年前地球空气的组成，说明气体分子要想靠扩散通过冰层基本上是不可能的，所以液态水是生命活动的基本条件。在地球上（1 个大气压），需要至少 273K（0℃，即水的冰点）左右的温度（含有盐分的水的冰点比 0℃稍低），这是地球上生命活动得以进行的最低温度。天文学家在太阳系外寻找生物可以生存的星球时，是否有液态水的存在是一个最重要的条件。

二是高频率的分子碰撞才能维持正常生命活动的需要。DNA 的合成需要 4 种核苷酸以远远高于每秒 8000 次的频率与合成中心碰撞。蛋白质的合成受碰撞频率的影响更大，蛋白质是由 20 种氨基酸按一定顺序线性相连而成的，每次氨基酸与合成中心碰撞时，正确氨基酸的到达机会只有 5%，所以蛋白质的合成远比 DNA 合成要慢。在大肠杆菌中，核糖体每秒钟只能添加 18 个氨基酸到新合成的肽链上。如果扩散和碰撞概率再低一些，生命活动就难以维持了。

三是分子的热运动还给许多化学反应提供能量。没有分子的热运动，很多化学反应就不能进行。化学反应的速度一般随温度升高而加快。温度升高 10℃，反应速度就会增加约 2 倍，说明分子的热运动与化学反应密切相关。

化学反应常常要破坏原有的化学键，形成新的化学键。例如汽油在空气中燃烧，需要破坏汽油分子中碳原子与氢原子之间及碳原子之间的化学键，碳原子和氢原子再分别与空气中的氧结合生成二氧化碳和水。但在没有“点火”的情况下，汽油在空气中并不会自己燃烧（否则在加油站给汽车加油就会异常危险了），因为破坏碳原子与氢原子之间及碳原子之间的化学键需要能量。在室温下，分子热运动的能量远低于破坏这些键的能量，所以汽油不会自燃。但是在高温下，分子的热运动就可以提供这样的能量。所谓“点火”，就是用火焰或电火花中的高温（也就是分子更激烈的运动）“撞”坏汽油分子中的化学键。碳原子、氢原子与氧结合时所放出的热，又使系统维持了可以继续破坏化学键的高温条件，使燃烧过程能够持续下去。

但是在人体内，所有的化学反应必须在不高于体温的情况下进行。在 37℃时，分子热运动在一个方向上的平均能量约为 0.014 电子伏（eV），1eV 是 1 个电子经过 1 伏（V）的电场加速后获得的能量，相当于每克分子 1.3 千焦（kJ），这个能量不仅低于氢键的键能（每克分子 5～30 千焦），更远低于许多共价键的键能（一般每克分子数百千焦）。

当然，每克分子 1.3 千焦只是一个平均值，由于分子之间随机碰撞，有些分子的动能要高于这个数值。即便如此，体温条件下分子的热运动只能破坏一些氢键，而不足以破坏化学键。淀粉分子水解为葡萄糖需要先破坏第 1 位碳原子（C1，即参与淀粉主链的碳原子）与氧原子之间的化学键。在体外，分子的热运动不足以破坏该化学键，所以淀粉不会在水中自己水解变成葡萄糖。但是在人体消化道中，淀粉却可以被水解成为葡萄糖，而不需要身体额外提供能量。这又是为什么呢？

其实是淀粉酶在起作用。和其他酶一样，淀粉酶也是把水解反应分成几步，同时弱化需要破坏的化学键，每一步所需要的能量可以由分子的热运动来提供，各种化学反应就可以在体温下进行。研究表明，在淀粉水解过程中，位于淀粉酶第 193 位的天冬氨酸侧链羧基上的氧原子与 C1 碳原子相互作用，减弱 C1 和葡萄糖链中与其相连的氧原子之间的化学键，分子热运动的冲击力便可以使该化学键断开，使含有该 C1 碳原子的葡萄糖链与天冬氨酸暂时相连；第 294 位的天冬氨酸紧密地结合含 C1 的葡萄糖单位，并且将其扭转，使反应更容易进行；位于淀粉酶 219 位的谷氨酸可以和水分子相互作用，减弱水分子中氧原子与氢原子之间的化学键，分子的热运动则使水分子中的 1 个氢氧键断裂，使氢原子结合于 193 位天冬氨酸，剩下的氢氧原子连到 C1 碳原子上，这个位置的水解反应就完成了。

其他的水解反应也不需要身体额外供能，如消化道中蛋白质、核酸和甘油三酯的水解等。酶只能降低每一步化学反应所需要的能量，但是化学键的断裂仍然需要分子的热运动来供能。细胞中的许多化学反应，看似“自然发生”，不需要能量，事实上化学键常常是被分子的热运动“撞”破或“扯”破的，所以能量仍然需要，只是这个能量由分子的热运动来提供。

热运动的这三个重要作用说明，细胞中的分子状态绝非是“悠闲”的，它们必须运动到非常激烈的程度，才能维持正常生理活动的需要。细胞中的“闹市”给人们的“悠闲”提供了动力保障。

当然也不能简单地把细胞看成一包水溶液。不同分子的相互作用也会形成各种较为稳定的结构，组成各种细胞器和细胞“骨骼”，并把细胞分隔成许多区间。但细胞最主要且最基本的活动，即化学反应和信息传递，都需要反应物分子和信息分子的激烈运动。临床上体温降到30℃以下会使意识丧失，27℃以下则可危及生命。

看到这里读者也许要问，既然分子的热运动能给分子运动和化学反应提供能量，那么分子自身热运动的能量又是从哪里来的呢？对于地球表面包括除温血（恒温）动物以外的生物在内的物体，分子热运动的能量主要来源于太阳的热核反应，只有少量来自地热（如温泉、海底热泉等）。太阳的热辐射，再加上地球大气层这个“被子”，使得地球上许多地方的温度能保持在0℃以上。这样的温度也会通过热传导使生物体内的分子运动加速。所以太阳不仅通过光合作用给生物圈提供能量，也通过热辐射直接维持生物体内分子的热运动，给生物的生理活动提供能量。

生物的新陈代谢也会产生一些热量，因为能量转换效率不可能达到100%，总会有一些能量以热的形式消耗掉。不过对于冷血动物和植物来说，新陈代谢的速度则比较慢，除少数例外，这些热量对这些生物的体温没有显著影响。它们的体温高度依赖外界温度，最终依赖太阳。一些动物（如蜥蜴和鳄鱼），还主动晒太阳以提高自己的体温。

恒温动物的新陈代谢率要高得多，产生的热量自然也比较多。恒温动物产生热量的地方主要是线粒体。食物中的分子在线粒体中被氧化时所释放出来的能量，可以把氢离子从线粒体内膜的内侧“泵”到外侧，形成一个氢离子梯度。氢离子通过ATP合成酶再返回内膜内侧时，就能驱动这个酶合成ATP，类似于水库里蓄的高水位的水可以推动水力发电机发电。但是线粒体中有一种蛋白质（名为“解偶联蛋白”，uncoupling protein，UCP。由于它和产热有关，又叫作“产热蛋白”，thermogenin），它可以使氢离子不经过ATP合成酶，直接“漏”回内膜的内侧，就像水库的坝上开了洞。这些氢离子的能量就不再用于合成ATP，而是作为热量散出。

解偶联蛋白在棕色脂肪中最多，所以棕色脂肪是人体的重要产热组织。内脏和脑的活动需要较多的能量，在人体休息状态下也会产出不少热量。再加上这些动物的保温层（脂肪、羽毛、皮毛等，以及人的衣服、住房和空调等），恒温动物的体温就不再主要依赖与太阳热辐射有关的外界温度，而主要靠自身产生的热量维持体温，在冰天雪地中也能维持30℃左右的体温。北极熊和南极企鹅就是很好的例子。

当然，恒温动物体内产生的热来自食物中富含化学能的分子，如甘油三酯和葡萄糖。而食物又来自其他生物，恒温动物维持体温的能量，最终还是来自光合作用所捕获的太阳能。所以太阳是地球上几乎所有生物（除海底热泉或温泉等地方的生物）热运动能量的最终供应者，是太阳的能量使细胞中分子的热运动维持在足够激烈的状态，使每个细胞内部都成了“闹市”。

神奇的是，尽管细胞内部是一个喧嚣的世界，但是从受精卵发育成人，一切又是那么有条不紊，几近完美。不管分子的运动是多么激烈，细胞的代谢、生长、分化却被控制得如此精准。看看我们的眼睛、眉毛、手指（包括手指之间长短的比例）和身体的其他构造，难以想象这样的结构是在细胞中分子的喧嚣中形成的。这是生命产生的奇迹，是从混乱无序中产生高度有序最好的例子。

主要参考文献

[1] Norton A，Johnson Pavelec M. Thermal noise in cells. A cause of spontaneous loss of cell function. American Journal of Pathology，1972，69（1）：119-130.

[2] Berger F，Keller C，Müller M J，et al. Co-operative transport by molecular motors. Biochemical Society Transactions，2011，39（5）：1211-1215.

[3] Hasegawa K，Kubota M，Matsuura Y. Roles of catalytic residues in alpha-amylases as evidenced by the structures of the product-complexed mutants of amaltotetraose-forming amylase. Protein Engineering，1999，12（10）：819-824.

纷乱中的秩序

——浅谈细胞中分子的结构和相互作用

在“细胞中的闹市”一文中曾提及细胞中的分子以每秒数百米的高速和每秒万次以上的高频相互碰撞，堪称“闹市”。神奇的是在这样纷乱无序的环境中，细胞能形成和保持各种精细结构，例如包裹细胞的细胞膜、起支撑作用的“梁檩”——细胞骨架、“指挥中心”——细胞核、“动力工厂”——线粒体、“蛋白质生产线”——核糖体、“货物输送链”——沿细胞骨架运送“货物”的驱动蛋白和动力蛋白、“海关”——细胞膜上离子和分子的通道和转运蛋白等，甚至自备“废品回收处理中心”——溶酶体。不仅如此，细胞中的生物大分子如核酸和蛋白质等，也都具有独特的三维结构。

在这些结构的基础上，细胞内的几千种化学反应得以有条不紊地进行，细胞生理功能也得以正确执行。在这样纷乱的情况下，人类从受精卵开始，按照严格的程序发育成高度复杂的人体，包括四肢、手指、眼睛、眉毛、鼻孔、各种内脏等，就连 5 根手指的相对长短都控制得非常精确。这真是一个奇迹。是什么力量使得分子和各种细胞结构得以形成并维持的呢？

宇宙中物质之间的相互作用力有 4 种，即强作用力、弱作用力、电磁力和万有引力。强作用力是把基本粒子（如质子和中子）结合在一起的力，其作用距离是氢原子尺寸的 100 万分之一，所以只能在原子核中起作用。弱作用力与中子衰变为质子、电子和中微子有关，与分子间的相互作用没有关系。万有引力约为电磁力的 10^{35} 分之一，在分子的相互作用中可以完全忽略不计。因此分子之间以及生物大分子内不同部分之间的相互作用力只能是电磁力。

电磁力是电荷、电流在电磁场中所受力的总称，磁场的产生需要电荷的移动，在生物体内，电荷（如各种离子所携带的电荷和分子所携带的局部电荷）的数量非常多，且以极高的速度向各个方向运动，分子和离子又以极高的频率相互碰撞，所以这些电荷所产生的磁场基本上可以互相抵消，生物体内“净”磁场的强度极其微弱，大约为地磁场强度的1000万分之一。这样弱的磁场对分子间的相互作用微乎其微，所以分子之间和分子内不同部分间的作用力基本上就是电荷之间的作用力。

这种电荷之间的作用力大致又可分为两种，一种是相对局部和定点的，另一种是较大范围和动态的。这两种类型的电荷作用力，是细胞和生物大分子形成和维持相对稳定结构的基础。要理解这两种不同的电荷相互作用，就需要从宇宙大爆炸的形成谈起。

宇宙大爆炸后，由基本粒子组成的高温高压的“粥”逐渐冷却，形成原子，此时宇宙中的元素主要是氢，还有一些氦。如果宇宙就这样均匀地膨胀下去，那么现在的宇宙就会只由氢和氦组成，根本不会有生命。

由于宇宙中的物质分布开始时有微小的不均匀，物质浓度稍高的区域会吸引周围的物质，使自身质量增大，如此一来，又会吸引更多的物质向自身靠拢，使这些区域的密度不断增大，最终形成星球。但若仅仅是物质密度增大，物质本身并不变化，那么这个世界仍然只是由氢和氦组成。

幸运的是，星球内部的高温高压能触发“热核反应”，使原子核彼此融合从而产生更大的原子核，形成新的化学元素，包括碳、氮、氧、钾、钠、镁、钙、硫、铁等地球生物所需要的元素。在更猛烈的超新星爆发时，还能产生比铁更重的元素，如铜、锌、银、金、铀等，其中有些元素（如铜、锌）也是地球生命所需要的。

但是，有了这些元素还不够。如果每个元素原子中的电子只围绕自己的原子核旋转，与其他原子不发生关系，那么这个世界就只有各种元素的原子，生命也无从发生。幸好原子的外层电子不仅围绕自己的原子核旋转，在有些情况下还能围绕2个（相同或不同）原子的原子核旋转，这些电子的旋转就像“绳子”一样，把2个或多个原子

“绑”在一起，由共价键相连的多个原子才能形成分子。

有了这样形成的分子还不够，大分子内各个部分之间还要有适当的力相互作用，才能形成比较稳定的三维结构。由于分子内和分子间的相互作用力只能是电荷之间的作用，这就要求由共价键连起来的分子上带有电荷，这是怎么办到的呢？

这要归功于原子中电子的排布方式。原子核外的电子并非随机分布，而是分成若干层，每层内又有不同的轨道。不管一个原子有多少电子，只有外层电子才参加“绑”原子的行动，因此目前只需关注这些参与行动的外层电子。

处于元素周期表上同一周期的元素具有同样的外电子层，电子数从 1 个开始，逐渐增加到把外层轨道“填”满为止的 8 个。外层电子数增加时，原子核中质子的数量也相应地增加，以保持电荷平衡。对于同一外层轨道上的电子来说，逐渐增加的原子核正电荷数意味着将这些外层电子“抓”得更紧。当 2 个原子被外层电子“绑”在一起时，如果这 2 个原子的原子核对这些“捆绑电子”的“抓力”相当，那么为这 2 个原子所共用的电子就在这 2 个原子之间“均匀分配”，不偏向任何一方。由 2 个同种原子组成的分子，例如氧分子（O_2）和氢分子（H_2）就是这样的情形；碳原子和氢原子之间也是这种情形。在这种情况下，分子总体和局部都不会带电，这种“捆绑”成的化学键叫作非极性键。

但是如果被外层电子“绑”在一起的 2 个原子对这些“捆绑电子”的“抓力”不一样，“捆绑电子”就不再在 2 个原子之间“均匀分配”，而是偏向“抓力”强的一方，这样分配到更多“捆绑电子”的原子就会带一些负电荷，分配到较少“捆绑电子”的原子就会带部分正电荷。氧原子和氢原子被“绑”在一起形成水分子就是这种情况。水分子是由 1 个氧原子和 2 个氢原子共用电子形成的。氧原子对外层电子“多吃多占”，带一些负电荷，氢原子分配到的外层电子比较少，带一些正电荷。而且这 2 个氢原子并不和氧原子在一条直线上，而是偏向氧原子的一边，2 个化学键之间有 104.5° 的夹角。这样，水分子的正电荷中心和负电荷中心就不再重合，从总体上看就是水分子“一头”（氧原子“那头”）带负电，“一头”（2 个氢原子“那头”）带正电，所以水分子是极性分子，氢原子和氧原子之间的化学键也叫作极性键。

如果一个原子“抓”外层电子的能力较强，另一个原子“抓”外层电子的能力较弱，2 个原子就不再分享外层电子了，而是电子从“抓力”弱的原子完全转移到“抓力”强的原子上，得到电子的原子形成负离子，失去电子的原子形成正离子，彼此靠静电吸引到一起。例如氯原子和钠原子就是这种情况。它们不共享电子，而是电子完全由钠原子转移到氯原子上，2 个离子再通过电荷吸引形成“氯化钠”。这种把原子（以离子的形式）维系在一起的化学键叫作“离子键”。

到了这一步，形成细胞结构和大分子结构所需要的条件就满足了。再加上地球上的液态水环境，生命的出现和繁衍也就有了可能。所以从宇宙大爆炸后的基本粒子到生命出现，原子和分子要通过种种难关，每一步如果不是按照上文描述的那样发生，生命也不可能出现。

下面具体来谈极性键和非极性键这两种化学键是如何形成特异的细胞及分子结构的。

1. 亲水相互作用和亲脂相互作用

既然氧原子带负电荷，氢原子带正电荷，一个水分子中的氧原子就能够和其他水分子中的氢原子通过正、负电荷而相互吸引，这样形成的联系叫作氢键。氢键的力量虽然没有离子键和共价键强，却是分子之间最强的作用力之一。水分子之间就是因为有氢键，彼此“抓”得很牢，所以水分子虽然很小（分子量只有 18），但水的沸点却很高（即水分子不容易“挣脱”其他水分子的吸引力，“飞”到空气中去），1 个大气压下水到 100℃才能沸腾。而分子大小和水分子差不多的甲烷（由 1 个碳原子和 4 个氢原子组成，分子量 16），由于是非极性分子，沸点却低到−161.5℃，常温常压下状态为气体。但若在甲烷分子中加 1 个氧原子，使其变成甲醇，沸点就增加到 64.7℃。1 个氧原子及其形成的氢键竟然能使甲烷的沸点增加 226.2℃，说明氧原子“多占”电子所形成分子内的极性键和分子间的氢键在分子间的相互作用上起了非常大的作用。

由于非极性分子的整体和局部都没有固定的电荷，按理说它们之间应该没有吸引力了，甲烷极低的沸点似乎也说明了这一点。但汽油也是由许多不同的碳氢化合物分子组成的，在室温下却是液体，这说明分子之间有吸引力。由 2 个碘原子共用电子形成的碘分子也是非极性分子，因为这 2 个碘原子“旗鼓相当”，谁也别想抢谁的电子，按理说碘分子之间应该没有什么吸引力，但是提纯的碘单质却是固体，说明碘分子之间也有比较大的吸引力。这又该如何解释呢?

1930 年，德裔美国科学家菲列兹·伦敦（Fritz London，1900—1954）提出了一个假说来解释非极性分子之间的吸引力。他认为分子中电子的分布是动态的，虽然非极性分子从总体上看正电荷的中心和负电荷的中心彼此重合，但是在每一瞬间，这 2 个中心却不一定完全重合，这就会产生瞬时的极性。这个极性又会影响相邻分子中电子的运动，在相邻的分子中“诱导”出极性，而且“诱导”出的极性方向与头一个分子中的极性方向相反（例如第一个分子中瞬时的局部负电荷会在相邻分子面向这个瞬时负电荷的地方“诱导”出正电荷），这样 2 个分子就会相互吸引。通过这种机制形成的分子之间的吸引力被称作伦敦力，以提出这个学说的科学家伦敦的名字命名。因为这种力并非固定在分子的某一部分，而是随机发生在分子的大范围内，所以又称为色散力。

影响色散力的大小主要有两个因素，一个是原子和分子中电子瞬间“移位”的容易程度，二是分子之间接触面的大小。原子越大，里面的电子越多，电子就越容易瞬时“移位”。比如氟、氯、溴、碘是同族（位于元素周期表中同一列）元素，外层电子数目相同，化学性质类似，也都可以由 2 个原子共用电子形成非极性分子。但是在常温、常压下，氟和氯是气体，溴是液体，而碘是固体。分子越大，里面的电子会越多，电子也更容易“移位”，分子之间的吸引力也会越强。例如由碳原子以单键线性相连，再连上氢原子形成的碳氢化合物（正烷烃）中，在常温、常压下分子中有 4 个或少于 4 个碳原子的为气体（如丙烷气），有 5～17 个碳原子的为液体（汽油和煤油中的分子就在这个范围内），有 17 个碳原子以上的为固体（如石油蒸馏后留下的残渣）。分子之间的接触面越大，诱导效应就越容易发生，色散力也就越强。分子量相同的碳氢化合物中，分子形状类似球形的，分子之间接触面比较小，色散力则较弱；而分子呈线性的，分子之间的接触面大，色散力则较强。例如同含 5 个碳原子的碳氢化合物戊烷中，碳链分支最多的新戊烷，沸点是 9.5℃，而碳链为直链的正戊烷，沸点是 36.0℃。

分子之间通过极性键（包括氢键）的相互作用，和通过色散力的相互作用，都是正电荷和负电荷之间的吸引，而且都只在短距离范围内起作用（大约 3～5 个氢原子长度）。极性键之间的作用力和色散力虽然都是电荷之间的作用力，它们之间却有很大差别。极性键中电荷是持续存在的，位置也是相对固定的，因此极性键之间的作用是“持续”和“定点”的，作用方式基本上是点对点。而色散力是随时变化的，电荷没有固定的位置，可以“平均”为分子之间的大范围相互作用，无法精确定位，作用方式是面对面，或者分子的整体对整体。在强度上，极性键之间的相互作用一般比色散力要强得多，除非非极性分子很大，接触面也很大。这两种作用方式不同的电荷作用力彼此配合，在细胞和生物大分子结构的形成中起着关键的作用。

各种分子在水中的溶解度就受其影响。带有较多极性键的分子，由于所携带电荷较为固定，能和水分子“亲密相处”，因此也就比较容易溶解在水中。这样的分子或分子局部即被称为是亲水的。例如葡萄糖的分子是由 6 个碳原子、6 个氧原子和 12 个氢原子组成的，其中 6 个氧原子带负电荷，而与它们相连的氢原子带正电荷，所以葡萄糖在水中的溶解度较高，在 25℃条件下可达到 91 克/100 克水。而总体和局部都不带固定电荷的非极性分子，由于无法和水分子形成比较稳定的电荷相互作用，它们分散到水中时又会破坏水分子之间很强的相互作用，所以不受水分子的“欢迎”而被“排挤”出去，导致只能自己聚在一起，因而非极性分子一般被称为是疏水的，也就是不溶于水。例如碳氢化合物苯（由 6 个碳原子连成环状，每个碳原子再连上 1 个氢原子所组成的化合物）就和水完全不混溶，所以是憎水的。但是苯却能够通过色散力和其他非极性分子相互作用，例如苯就可以溶解在汽油中。所以也可以把苯称为是亲脂的。亲脂分子之间也有电荷的相互作用，只是通过色散力彼此吸引。

完全亲脂的分子（如汽油中的分子）是不可能在水中形成固定结

构的，因为它们在水中根本“待不住”。完全亲水的大分子，即“全身”到处带电的分子，也不能在水中形成稳定的结构，因为它们处处都受到水分子的包围，再加上水分子的热运动所带来的冲击，导致没有一种力量能使它们稳定在一定的形状上。例如一种由葡萄糖单位线性相连组成的大分子——直链淀粉，可以溶于热水中，但是分子却没有固定的形状。要在水中形成稳定的立体结构，分子上需要既有亲水的部分，又有亲脂的部分。亲水部分可以处在结构表面，和水直接“打交道”，使分子或分子团能在水中稳定存在。而亲脂部分受到水分子的排斥，被“赶”到一起，处于结构内部，彼此以色散力相吸引，并且从内部“拉住”分子的各个部分。这两种作用相互配合，就能在水中形成相对稳定的结构。

2. 生物膜的形成

水中形成生命的首要条件就是要把生命体系和周围的水环境分开，这样构成生命的分子才不会被稀释或分散到水中去，不同生物体的遗传物质也不会相混，彼此干扰。所以最初的生命就必须采取“细胞”的形式，即有一个属于自己的封闭小空间，即所有的细胞都必须有自己的“墙壁”，这就是细胞膜。组成细胞膜的分子就是“两性”的，一头亲水，一头亲脂。当这样的分子被放到水中时，亲脂的部分被水“排挤”，彼此聚到一起，亲水的部分面向水，这样就能形成由两层分子组成的膜。每层分子亲脂的部分都在膜内，通过色散力彼此吸引，但却不与水接触。每层分子亲水的部分都朝向水，和水分子“亲密接触”。

许多两性分子都可以在水中形成双层膜。例如脂肪酸，它是由碳原子和氢原子组成的长链分子，像汽油里面的分子，所以是高度亲脂的。与汽油中的分子不同的是，脂肪酸分子有一个较为亲水的羧基“头部”（由 1 个碳原子上连上 2 个氧原子，其中 1 个氧原子再连上 1 个氢原子组成）。不过由脂肪酸组成的双层膜并不是很牢固，所以现在组成细胞膜的主要分子是磷脂。磷脂分子的组成比较复杂，是在甘油分子上连上 2 个脂肪酸和 1 个磷酸根，这个磷酸根再与 1 个亲水的分子（如丝氨酸和胆碱）相连。所以磷脂也是两性分子，但是亲水和亲脂的部分都比较大。其中 2 根脂肪酸“尾巴”就是磷脂分子亲脂的部分，位于生物膜的内部。磷酸根及其所连的分子是高度亲水的，位于膜外并与水接触。

无论是细菌、植物，还是哺乳动物，所有细胞膜的构造都是由磷脂组成的双层膜，里面再“镶嵌”着一些蛋白质。这些细胞膜厚度相似，都在 7～8 纳米左右，中间的脂质层厚 2.5 纳米，即大约有 25 个氢原子的厚度。如果检查组成细胞膜磷脂中的主要脂肪酸分子，就会发现这些脂肪酸分子的分子链都很长，例如棕榈酸和软脂酸有 16 个碳原子，油酸、亚油酸、亚麻酸和硬脂酸都有 18 个碳原子。这些脂肪酸都是高度不溶于水的，因此合成、吸收和运输这些分子都很麻烦，为什么生物要用这么长的脂肪酸呢？

主要原因可能有两个。第一个原因是细胞膜必须足够坚固。细胞膜是细胞对外的屏障，容不得出现任何差错。一旦细胞膜破裂往往就意味着细胞死亡。细胞膜除了要经受由周围分子的热运动所造成的冲击，还要耐受细胞内容物引起的渗透压（例如变形虫突然被雨滴击中时，细胞内、外所溶物质的巨大差异瞬间能产生很大的渗透压）。16～18 个碳原子长的脂肪酸才能产生足够强的色散力，使碳氢链“尾巴”之间的作用力足够强，细胞膜足够坚固。上文已经提到，17 个碳以上的烷烃，在常温、常压下已经是固体。为了不让细胞膜成为固体，细胞膜采取了多种措施保持其流动性，例如在膜中加入胆固醇，利用不饱和脂肪酸“扰乱”脂肪层的结构等。这意味着细胞已经把脂肪酸的长度推到形成固体的临界点，以求得足够的强度。

第二个原因是细胞膜必须成为离子的有效屏障。细胞内、外的离子种类和数量的差别是很大的。例如细胞内有高浓度的钾离子和低浓度的钠离子；细胞外则相反，有高浓度的钠离子和低浓度的钾离子。在细胞的“发电厂”线粒体中，内膜两边氢离子浓度的差别也很大，但是这种离子浓度差对于细胞维持正常的生理功能极为重要，所以细胞膜必须防止离子“泄漏”。25 个氢原子厚的脂质层对离子来讲就是脂肪的“汪洋大海”，即便是这样，轻度的“泄漏”仍在发生，要靠“离子泵”不断地把泄漏的离子“泵”回去。假如膜再薄一些，膜两边的离子浓度差就会难以维持，细胞也会因为要消耗太多的能量来维持膜两边离子的浓度差而“累死”。

3. DNA 分子的双螺旋结构

大家都知道 DNA 的双螺旋结构，由磷酸和核糖连成长链，核糖连上碱基，碱基之间再通过氢键进行配对。其实碱基的作用并不仅仅是配对。碱基，即腺嘌呤（A）、鸟嘌呤（G）、胞嘧啶（C）和胸腺嘧啶（T），是由碳原子和氮原子组成的单环（嘧啶）或双环（嘌呤）化合物，上面再连上其他原子或原子团。这些环由共轭双键（被单键隔开的双键）连接构成，分子是平面片状的。由于这些环结构中碳原子占一半以上，碳原子上面又连着氢原子，所以这些碱基分子是比较亲脂的，从它们在水中的低溶解度（室温下除胞嘧啶的溶解度稍高以外，其他的碱基的溶解度只有 0.1～0.2 克）可以看出。这些碱基分子的平面形状和亲脂性，使它们可以通过色散力紧密地堆叠在一起。理论计算表明，这种碱基之间的“堆叠效应”在维系 DNA 分子的结构上起主要作用。如果在碱基的环中加入氧原子，DNA 的双螺旋结构将不复存在。

由此可以看出，DNA 和细胞膜一样，也是一个“夹心”结构。由磷酸和核糖组成的亲水链位于双螺旋的外侧，与水亲密接触。亲水链的内侧是由碱基堆叠成的两股“脂性螺旋”，在中心则是配对的氢键。所以 DNA 的结构也是由亲水和亲脂两种作用力相互配合形成和维系的。

4. 蛋白质的三维结构

蛋白质是细胞中各种生理功能的具体“执行者”。它们不仅参与各种细胞结构的建造，还催化数以千计的化学反应。这些特定的生理功能要求蛋白质分子必须具备各种特定结构。蛋白质的这些结构又是如何形成和维持的呢？

蛋白质分子是由 20 种氨基酸按照一定的顺序线性相连构成的。但如果蛋白质分子的形状像一根长线那样，那么蛋白质不仅没有生理功能，还容易彼此缠在一起，所以这些“长线”必须“卷”成一定的形状。详细叙述这个过程需要许多篇幅，但是简化了的图像也能说明问题。氨基酸，顾名思义，就是分子里面既有氨基，又有酸基（即羧基）。不同氨基酸分子上面的氨基和羧基能够依次相连，这样就能把氨基酸连成蛋白质了。除了氨基和羧基，氨基酸分子还有一个侧链，氨基酸连成“线”时，这些侧链就横向伸出，好像长线上横着伸出许多短线。这些侧链有些是亲水的（如丝氨酸和谷氨酸侧链），有些是亲脂的（如亮氨酸和苯丙氨酸侧链）。亲脂的侧链由于不受水分子“欢迎”，被“挤”到一起，位于分子的内部，亲水的侧链由于能与水分子相互作用，位于分子的外部，这样就把蛋白质的“长线”卷成“线球”了。根据亲脂和亲水氨基酸的排列顺序，就能形成不同的蛋白质的分子结构，执行不同的功能。这些蛋白质分子的结构虽然千变万化，但都是亲脂侧链在内部，亲水侧链在外部，蛋白质分子就像包了亲水皮的油滴一样。

前面讲了细胞膜是阻挡离子通过的屏障。但是细胞又需要和外界交换物质，包括各种离子和带电分子，这个功能也是由蛋白质完成的。这些蛋白质分子必须“横穿”细胞膜，“沟通”膜的两边。这些蛋白质和溶解于水中的蛋白质不同，叫作膜蛋白。在这里蛋白质遇到了不同的环境：即有 25 个氢原子厚的“油层”。为了穿过这些“油层”，蛋白质分子有一个或多个区段，里面的侧链多数是亲脂的。这些亲脂节段可以轻易穿过细胞膜，而蛋白质中其余带有许多亲水侧链的节段则位于细胞膜之外。当一个膜蛋白有多个“穿膜节段”时（如离子通道蛋白），这些“穿膜节段”也含有少数亲水的侧链。这些亲水侧链在脂性环境中被排斥，彼此通过固定电荷相互吸引，使这些“穿膜节段”彼此靠近，围成管状，形成离子通道。在这里，蛋白质“穿膜节段”中亲水和亲脂侧链的位置就反过来了：亲脂侧链朝外，与膜的脂性环境接触；亲水侧链朝内，形成离子通道。所以膜蛋白的结构也是由亲水和亲脂这两种作用力相互配合形成的，不过由于环境不同，“穿膜节段”的朝向与水溶性蛋白正好相反。

5. 分子之间的相互作用

前面讲了细胞膜和核酸、蛋白质这样的大分子是如何形成自身独特结构的。但是仅此还不够，细胞中的每种分子还必须在数以千计不同种类又彼此快速碰撞的大量分子中，“认识”自己的“对象分子”并与之作用，且不与不相干的分子发生作用，细胞中的各种化学反应才能有条不紊地进行。

要保证分子之间相互作用的特异性，生物采取了两种手段。第一种是形状：2个彼此特异相互作用的分子在形状上必须彼此匹配。这就像把一块石头敲成2块，只有同一块石头裂开产生的2块断面才能够彼此完全贴合。这样，每种分子就能在细胞内纷乱的环境中，“认识”能和自己“配对”的分子，而对其他分子“不屑一顾”。

第二种是断面的亲脂性和亲水性必须完全匹配。亲水的部位对应着亲水的部位，亲脂的部位对应着亲脂的部位，正电荷对应着负电荷，负电荷对应着正电荷。这等于给分子之间的相互作用又加了一道密码。即使某个分子遇到在形状上和自己比较能配对的分子，还必须通过电荷性质这一关。有了这两个措施，不管细胞的环境是如何纷乱，分子之间的相互作用还是能特异和有效地进行。

除了化学反应，细胞中的各种结构，如细胞核、线粒体、内质网、溶酶体、肌纤维、纤毛、鞭毛等，化学反应中酶和底物（被催化化学反应的物质）的相互作用，抗体和抗原的结合，信号分子和受体蛋白质的结合，也是主要靠分子形状的匹配与亲水和亲脂这两种作用力以类似的方式彼此配合而形成和维持的。

6. 结　　语

上文所列举的只是几个最突出的例子，其中细胞膜的夹层结构，DNA分子外面的亲水双螺旋和里面的亲脂双螺旋，以及蛋白质在水中的“油滴结构”和在细胞膜中的“反油滴结构”，其形成的原理同出一辙，都是在水中时亲水部分包裹亲脂部分（水包油），在脂性环境中则是亲脂部分包裹亲水部分（油包水）。细胞中各种结构的形成，也离不开亲水和亲脂这两种作用。共用电子在碳原子和氢原子之间的“平等共享”所导致的亲脂作用力，以及氧原子和其他原子（如氮原子）与氢原子共用电子时的“多吃多占”导致的亲水作用力，在各种化学结构的基础上，竟能玩出这么多花样来，最后导致生命的形成，让人觉得不可思议。生命过程虽然极其复杂，基本的作用力却相对简单。不能不惊叹生物进化过程对基本作用力加以利用的“本事”。

主要参考文献

[1] Meyer E E，Rosenberg K J，Israelachvili J. Recent progress in understanding hydrophobic interactions. Proceedings of the National Academy of Sciences USA，2006，103（43）：15739-15746.

[2] van Meer G，Voelker D R，Feigenson G W. Membrane lipids：Where they are and how they behave. Nature Reviews Molecular Cell Biology，2008，9（2）：112-124.

[3] Yakovchuk P，Protozanova E，Frank-Kamenetskii M D. Basestacking and base-pairing contributions into thermal stability of the DNA double helix. Nucleic Acids Research，2006，34（2）：564-574.

[4] Rose G D，Fleming P J，Banavar J R，et al. A backbone-based theory of protein folding. Proceedings of the National Academy of Sciences USA，2006，103（45）：16623-16633.

动物细胞的多功能细胞器
——鞭毛、纤毛和微绒毛

真核生物可分为单鞭毛生物（unikont）和双鞭毛生物（bikont）两大类，前者包括真菌、动物、变形虫门和领鞭毛虫门的原生生物，它们的共同特征是拥有 *CAD* 融合基因；后者包括绿藻、红藻、陆生植物和一些原生生物，它们的共同特征是拥有 *TS-DHFR* 融合基因。动物、植物和真菌的祖先都具有鞭毛（flagellum），且这些鞭毛的结构和工作方式都相同，说明真核生物的祖先就具有鞭毛。

经过约 20 亿年的演化，这两个融合基因在两大类真核生物中依然存在，但是在这两大类生物中，鞭毛的命运却大不相同。在不运动的真菌和植物中，由于鞭毛的摆动需要水环境，在陆地上不如通过空气传播的孢子更有效，所以大部分真菌和陆生植物细胞上的鞭毛都消失了。在真菌中，只有较原始的壶菌（Chytridiomycota）的游动孢子还有鞭毛。在陆生植物中，比较低级的苔藓植物和蕨类植物的精子还保留鞭毛，它们通过植物表面的水膜游动到卵子处，也就是还不能离开水环境，苔藓植物和蕨类植物也只能生长在比较阴暗潮湿的地方。在种子植物中，只有比较低级的裸子植物银杏（Ginkgo）和苏铁（Cycadales）的精子还有鞭毛，其他种子植物，包括比较高级的裸子植物和所有的被子植物，精子都是通过花粉的传播到达含有卵细胞的胚珠，再通过花粉管的萌发与伸长将精子送到卵细胞处，使之受精的，即完全摆脱了精子移动对水环境的依赖，因此鞭毛作为“老式”的运动结构在陆生环境中逐渐被放弃。

而在动物中，鞭毛的命运却好得多。在陆地上生活的动物由于可以运动，且采用体内受精的方式，精子仍然可以在雌性动物体内的液态环境中靠鞭毛游动到达卵子，因此精子后面的那根鞭毛也得到保留。不仅如此，由于多细胞动物身体构造的特点，鞭毛的功能还被扩展，成为动物细胞上的动纤毛（motile cilia）和静纤毛（non-motile cilia）。动纤毛除了清除呼吸道中的痰液、在输卵管中推动卵细胞前进外，还在推动脑脊液流动和在胚胎发育中控制内脏器官位置的左右不对称等方面发挥作用。动纤毛失去摆动功能后，就成为静纤毛，作为突出细胞的结构，含有各种受体，成为接收外界信号的结构，在监测动物体内液体流动（血液、尿液、胆汁、眼房水、骨负荷等）、视觉、听觉、嗅觉、味觉、触觉、自体感觉上发挥不可或缺的作用。

领鞭毛虫不仅有一根鞭毛，且有围绕鞭毛的一圈领毛（collar microvilli）。在动物中，领毛不仅被保留，变成动物细胞上的微绒毛（microvilli），而且像静纤毛那样也含有各种受体，成为接收外界信号的结构。微绒毛自身或者与静纤毛协同，在视觉、听觉、嗅觉、味觉、触觉和自体感觉上发挥作用。在具体介绍鞭毛、纤毛和微绒毛的各种功能之前，先介绍它们的结构特点。

1. 鞭毛、纤毛和微绒毛的结构

鞭毛和纤毛都是由微管（microtubule）支撑的、突出于细胞表面的线状结构。微管是由微管蛋白（tubulin）聚合形成的管状结构。微管蛋白有两种：α-微管蛋白和 β-微管蛋白，1 个 α-微管蛋白分子先和 1 个 β-微管蛋白分子结合成二聚体，再以 αβ 二聚体为单位聚合成长链。聚合时二聚体都朝着一个方向，所以聚合成的链是有方向的：末端 α-微管蛋白暴露的为负端，末端 β-微管蛋白暴露的为正端。不仅如此，13 条这样的链平行排列，彼此相连，组成一个空管，外直径约 25 纳米，内直径约 12 纳米，称为微管。虽然被称为“微”管，却是真核细胞的细胞骨架中最粗的，机械强度也最大。微管的正端是开放的，可延长或者缩短，但是负端总要附着在一个组织中心（microtubule organizing center，MTOC）上。在微管组织中心还有另一种微管蛋白，γ-微管蛋白与其他蛋白质结合，成为微管的附着处和聚合开始点。

在鞭毛和纤毛中，微管不是 1 根，而是包含 9 组，且排列成 1 圈，每组微管由双联的 2 根微管组成，即一根微管融合在另一根微管上。在鞭毛和动纤毛的中心处还有2根单独的微管，所以鞭毛和动纤毛的微管结构被称为“9+2”，鞭毛和动纤毛这两个名称也基本上是同义的，具有同样的结构，只是鞭毛长在单细胞（原生生物和动物的精子）上，而动纤毛长在动物的体细胞上。静纤毛的结构和动纤毛基本相同，但没有中心的那2根单独的微管，所以静纤毛的微管结构为“9+0”。鞭毛和纤毛与细胞膜下面的组织中心，称为基体（basal body）的结构相连。

鞭毛和动纤毛能够摆动，是由于在它们的9组微管之间，还有动力蛋白（dynein）附着。动力蛋白是真核细胞“肌肉蛋白”（能够将化学能转化成机械能的蛋白）中的一种，用2条“腿”结合在微管上，在水解ATP时，分子变形，可在微管上向其负端“行走”。在鞭毛和动纤毛中，动力蛋白的另一端还固定在相邻的微管上，因此动力蛋白形状的改变不会使自身在微管上行走，而是给旁边的微管一个推力，引起动力蛋白结合的2组微管相对滑动，从而使纤毛弯曲。纤毛两侧的动力蛋白交替变形，纤毛则可来回摆动。静纤毛的微管之间没有动力蛋白联系，所以不能摆动。

鞭毛和纤毛中除了微管外，还有超过1000种蛋白质。由于鞭毛和纤毛内并没有合成蛋白质的核糖体，所以这些蛋白质必须在细胞体中的核糖体上合成后，被运输到鞭毛和纤毛内。这是由能够向微管正端“行走”的蛋白质——驱动蛋白（kinesin）实现的。驱动蛋白能够“背负”装有蛋白质的小囊，以ATP为能源，从细胞体“走”入鞭毛和纤毛。这个蛋白质的运输过程叫作“鞭毛/纤毛内运输”（intraflagellar/intraciliary transport，IFT）。任何妨碍IFT的变化都会影响鞭毛和纤毛的形成和功能。鞭毛和纤毛上需要替换的蛋白质则由上文提到的能够向微管负端“行走”的动力蛋白执行。

微绒毛由肌动蛋白（actin）聚合成的微丝（microfilament）支撑，所以与鞭毛和纤毛是不同类型的结构。微绒毛也是由细胞膜包裹，里面微丝的数量可多可少，也不像鞭毛和纤毛内的微管那样有规则地排列，直径也可大可小，从而适应不同的需要。

2. 动物身体中鞭毛和动纤毛的作用

领鞭毛虫那根通过摆动产生推力的鞭毛在动物身上仍然被保留并

发挥作用，明显的例子是动物精子都是通过后方的一根鞭毛推着前进的。而在动物体内，由于多数细胞的位置是固定的，动纤毛的摆动就不是推动它们所在的细胞前进，而是反过来，利用动纤毛摆动产生的力量推动细胞外的液体或者物体移动，例如呼吸道上皮细胞的动纤毛持续摆动能将带有细菌的痰液不断排出，在输卵管中动纤毛的摆动使卵子向子宫方向前进。

除了这些作用，动纤毛还推动脑脊液的流动。脑脊液是存在于脑室系统、下隙和脊髓中央管中的液体，总量约 150 毫升，向脑和脊髓提供机械缓冲和维持细胞外液的组成，可看成是脑中的淋巴液。脑脊液在左、右侧脑室中产生，经过第三脑室、第四脑室、蛛网膜下隙和脊髓中央管，最后回到静脉。人每天产生约 400 毫升脑脊液，这些脑脊液必须不断地被送回循环系统。过去，人们认为脑脊液的流动是被动的，脑室产生新的脑脊液，推动早些时候产生的脑脊液前进。但是后来的研究发现，脑脊液的流动是由与脑脊液接触的室管膜细胞（ependymal cell）上的动纤毛推动的。如果动纤毛的功能受到影响，就会导致脑积水和颅压升高。

虽然动物是“单鞭毛”生物，但是气管、输卵管和脑室中动纤毛的作用都是推动细胞外液体或者固体前进，所以每个细胞上的动纤毛不只有 1 根，而是有很多根，从而增加动纤毛推动物质移动的效果。同为单鞭毛生物的草履虫也可以有数千根用于游泳的鞭毛（纤毛），这说明单鞭毛生物的基本特征是拥有 *CAD* 融合基因，鞭毛和动纤毛的数量是可以增加的。

动物对动纤毛摆动最巧妙的利用，也许要数对内脏位置左右不对称的控制。多数动物的身体从外部看是两侧对称的，但是内脏的位置却不对称，例如人的心脏和胃位于身体的左侧，肝脏和胰脏位于右侧，肺脏虽在胸腔的左右两侧都有，但是肺叶数也不相同（右侧 3 叶，左侧 2 叶）。1996 年，日本科学家滨田宏（Hiroshi Hamada）的实验室发现了小鼠胚胎中决定左右的分子，该分子在原肠胚形成过程中只位于胚胎的左侧，因而被命名为 Lefty。Lefty 的主要功能是对抗另一个蛋白质——Nodal 的功能。Lefty 和 Nodal 都是转化生长因子-β（TGF-β）超级家族的成员，它们的功能在胚胎左右两侧的活性不同，是决定内脏位置左右不对称的主控因子。然而在胚胎早期的发育中，左右两侧的发育是相同的，即是左右对称的，这个对称是如何被打破的？Lefty只位于胚胎左侧的分布是如何造成的？

最初的线索来自内脏反转人，即他们内脏的左右位置与正常人相反。通过对这些人的检查发现，他们气管中的动纤毛不正常。另一个线索是在驱动蛋白基因被敲除的小鼠中发现的，有一半小鼠的内脏位置是反转的，即内脏的左右位置变成随机的，而不是受控制的。由于驱动蛋白为纤毛形成所必需的，因此内脏位置反转也许与纤毛有关。以此为线索研究发现，打破动物左右对称模式的真的是动纤毛。是由动纤毛摆动造成胚胎表面的液体向左流动造成的。

在脊椎动物胚胎发育过程中，脊索（notochord）末端腹节（ventral node）的位置有一个凹下的腔，里面有一些液体。腔的中央有200～300个细胞，每个细胞上有1根动纤毛，而腔两旁的细胞上则有静纤毛。动纤毛的方向不是与胚胎表面垂直，而是向后倾斜，当动纤毛顺时针摆动时，流向胚胎方向的液体由于接近胚胎表面，遇到的阻力较大，而背朝胚胎方向流动的液体受到的阻力较小，从而使得液体向胚胎的左侧流动。动纤毛向后倾斜并不破坏左右对称，但是动纤毛顺时针摆动却是有方向性的，因此在这个特殊的环境中就造成胚胎表面液体左右不对称的流动。位于腔左侧的静纤毛感知到这个液体流动，将信号传输给左侧的细胞，改变基因的表达状况，使左右两侧的发育状况有所差别。如果纤毛的工作不正常，左右不对称的控制就会失效，内脏的左右位置也变成随机的。如果人为改变液体流动的方向，使液体向胚胎的右侧流动，内脏的左右位置就会反过来，这进一步证明动纤毛摆动造成的液体向左流动的确是左右对称被打破的关键步骤。

在此过程中，不仅需要动纤毛的摆动造成液体定向流动，还需要静纤毛感知这个流动。这就是静纤毛在动物体内的作用，即作为细胞的信息感受器。动纤毛除了具有摆动的功能，还有另一个优点，就是它突出于细胞的线状结构。这个结构像天线一样从细胞表面伸出，有巨大的面积/体积比，是接收细胞外信号的受体分子存在的理想场所。同时细长的结构也使它容易在外力下弯曲，触发纤毛上感知机械力的受体分子。由于这些信息接收功能与纤毛的摆动无关，摆动功能与信息接收功能就逐渐分开，从而形成不能摆动、只接收信息的静纤毛。许多动物细胞都有 1 根静纤毛，用于接收信息。由于静纤毛不需要摆动，使用的只是突出细胞的线状结构，所以对内部结构的要求也不如动纤毛那样严格。

微绒毛也是突出细胞表面，被细胞膜包裹的线状结构，同样可以成为接收外部信息的场所，因此静纤毛和微绒毛一起，都可成为接收外部信息的“天线”。与静纤毛不同的是，在细胞表面的静纤毛总是只有 1 根，而微绒毛总是有多根。静纤毛和微绒毛有时单独发挥作用，有时彼此配合共同发挥作用。在某些情况下，还出现了微管和微丝同时存在于线状结构内，所以难以定义是纤毛还是微绒毛（见下文关于昆虫刚毛器的构造）。这说明在接收信息时，动物所需要的只是突出细胞表面的细长结构，其内部的具体构造不是那么重要，因此下文将信息接收中的静纤毛和微绒毛一起叙述。

3. 感受液体流动的静纤毛和微绒毛

由于静纤毛和微绒毛能在液体流动的冲击力下弯曲变形，位于静纤毛和微绒毛上感受机械力的受体在外力作用下开启，使细胞外的正离子进入细胞，从而触发信息传递过程，因此，静纤毛和微绒毛可用于感受液体的流动，其中最著名的例子就是静纤毛与多囊肾之间的关系。

（1）静纤毛功能缺陷是引起多囊肾的原因

多囊肾（polycystic kidney disease，PKD）是较常见的遗传性疾病，发病率约为 1/1000，其特征是肾脏中出现多个大小不一的囊肿（cyst），这些囊肿不断增大，破坏肾脏的功能，患者最后需透析或换肾才能生存。

对多囊肾的研究表明，引起疾病的原因主要是 *PKD1* 和 *PKD2* 这两个基因的突变。患者通常从父母遗传获得一份突变的基因，如果另一份基因后来也发生突变，就会引发该种疾病。*PKD1* 基因的蛋白产物为多囊蛋白 1（polycystin 1，PC1），*PKD2* 基因的产物是多囊蛋白 2（polycystin 2，PC2），它们都位于肾小管上皮细胞伸出的静纤毛上，形成多囊蛋白复合体，其中任何一个蛋白的功能异常都会导致多囊肾。

PC2 是 TRP 离子通道家族的成员。TRP 离子通道的全称是“瞬间受体电位离子通道”（transient receptor potential channels），是在果蝇的一种突变体上发现的。这个通道基因的突变会使果蝇的感光细胞在受到连续光照时只发出短时（瞬间）的电信号。随后的研究发现，TRP 离子通道有多种，是多功能受体，能在机械力和化合物作用下、温度变化和酸碱变化时开启，让细胞外的阳离子进入细胞，触发动作电位。在肾小管中，PC2 在 PC1 的协助下，感知肾小管内尿液的流动情况。尿液的流动会使静纤毛弯曲，拉开 PC2 离子通道，使钙离子进入细胞，这个信号可保持细胞状态的恒定。如果静纤毛的这个作用失效，肾小管的上皮细胞就会增生，堵塞肾小管，同时细胞分泌液体增加，从而在肾脏内形成囊肿。

除了在肾小管中监测液体的流动，静纤毛还在胆管和胰腺管中监测胆汁和胰消化液的流动，所以多囊肾患者常伴有肝囊肿和胰腺囊肿，只是症状不如肾囊肿明显，因此较少被提到。

（2）眼球中的静纤毛感知房水的流动

眼压升高会导致青光眼（glaucoma），损伤眼睛的结构，影响视力甚至导致失明。而眼压增高的原因是房水循环的动态平衡受到了破坏。与晶状体后面的玻璃体（vitreous body）不同，房水（aqueous humor）为水状液体，成分类似于血浆，但是蛋白含量较低。房水的作用是保持一定的眼压，使眼球成为球形，角膜有正确的形状，同时提供营养。房水是流动的，由睫状体产生，进入后房（晶状体和睫状体之间的腔室），越过瞳孔到达前房（角膜和晶状体之间的腔室），再从前房的小梁网（trabecular meshwork）流出，回流到血循环。所以房水流出受阻会使眼压增高。

房水的流动是由小梁网上细胞的静纤毛感知的。*OCR1* 基因的突变会使静纤毛的功能受损，影响房水流出。研究表明，*OCR1* 基因也是一种 TRP 离子通道（TRPV4）的基因，其蛋白产物位于静纤毛上，可感知房水流动从而引起静纤毛弯曲。

（3）骨骼中的静纤毛能感知骨负荷

骨密度与负荷有关，负荷变大能增加骨密度，而宇航员在失重状态下会使骨质流失，说明骨骼能感知加在其上的负荷从而对骨密度作出相应的调整。

有趣的是，骨骼对负荷信息的接收是通过骨细胞（osteocyte）和成骨细胞（osteoblast）上的静纤毛感知骨中液体的流动而实现的。骨骼并非整个是实心固体，而是有许多空穴，称为骨穴（lacunae）。骨穴之间有小管连通，组成骨内的穴管系统（lacunocanalicular system）。骨穴和小管内充满液体，称为穴管液（lacunocanalicular fluid）。骨骼在受到外力时，会轻微变形，挤压骨穴和小管，使骨穴液流动。骨细胞和成骨细胞上的静纤毛都能够感知这种流动，让成骨细胞分泌更多的类骨质（osteoid），类骨质再矿物化就形成骨质，使骨密度增加。骨骼上的负荷越大，静纤毛弯曲越厉害，使骨密度增加的信号也越强。与静纤毛功能有关的基因发生突变会造成骨骼发育不正常，包括骨骼变短、多指、头面部畸形等。

在上文谈到的例子中，都是液体流动时细胞上的单根静纤毛弯曲，使位于静纤毛上的离子通道开启，触发信息传递链。除了静纤毛有这种功能，微绒毛也可起感知液态流动的作用，不过在多数情况下微绒毛是和静纤毛一起发挥作用的。

（4）半规管中的静纤毛和微绒毛可感知转动加速度

半规管（semicircular canals）是动物内耳中的3根管子，每根的形状都像一根环状管子的一半，所以称为半规管。3根半规管彼此垂直相交，在方向上类似于空间的 X、Y、Z 轴，可感知不同方向的转动加速度。半规管里有内淋巴，每条管的两端有膨大的部分，称为壶腹（ampullae），壶腹内一侧的壁增厚，向管腔内突出，形成一个与管长轴相垂直的壶腹嵴（crista）。壶腹嵴内有一个胶质的冠状结构，称为盖帽（cupula），内有感觉神经细胞的静纤毛和微绒毛。动物头部旋转时会带着半规管一起转动，但管内的内淋巴液由于惯性而位置滞后，在半规管内流动，冲击壶腹嵴使其偏转，里面的静纤毛和微绒毛也跟着偏转，从而使感觉神经细胞产生神经脉冲，提供身体转动的信息。

在这个例子中，淋巴液并不直接冲击静纤毛使其弯曲，而是通过盖帽。由于盖帽的体积较纤毛大很多，受淋巴液冲击时产生的力量也更大。感知机械力的受体也不是位于静纤毛上，而是位于微绒毛上。由于神经细胞上的静纤毛和微绒毛是通过细丝彼此相连的，所以纤毛所受的力可通过细丝传递到微绒毛上，拉开位于微绒毛细胞膜上的TRP 离子通道，触发神经脉冲。

这种微绒毛之间以细丝相连的结构是从领鞭毛虫中继承下来的。领鞭毛虫的领毛之间就以细丝相连，组成过滤网，以捕获鞭毛摆动带来的细菌。在动物中，领毛变成微绒毛，彼此也以细丝相连，而且在半规管的盖帽中，静纤毛也通过细丝与微绒毛相连，细丝的作用变成将静纤毛受到的力传递给微绒毛。连接微绒毛的细丝是从领鞭毛虫连接领毛的细丝演化而来的说法也得到细丝组成的支持，因为在这两种情形中，细丝都是由钙黏蛋白（cadherin）组成的。

动物的这个“发明”增加了静纤毛和微绒毛感知机械力的灵敏度，所以被发展成为多种功能的感受器，在鱼感知水流，以及动物的听觉和触觉中起作用。

（5）鱼利用静纤毛和微绒毛感知水流

鱼能够通过侧线（lateral line）感知水的流动情况。侧线是鳞片下面的一条管道，在相邻的鳞片之间拐到鳞片上方，在那里有一个开口，在开口之后，通道又钻到鳞片下，再从下一片鳞片的上方钻出。这有点像新疆的坎儿井，水通道在地下，隔一段距离有一个通向地表的开口。在通道钻入鳞片下以后，通道的下方有感觉水流的结构，称为神经丘（neuromast）。每个神经丘含有数个感觉神经细胞，这些神经细胞的顶端长出许多根微绒毛和一根静纤毛，它们之间也以细丝相连。这些微绒毛和静纤毛被套在一个钟形的“帽子”内，称为壳斗（cupula），水流的力量会使壳斗发生偏转，从而使里面的静纤毛发生偏转，通过细丝给微绒毛一个拉力，触发神经信号。所以神经丘的工作原理和半规管壶腹嵴的工作原理是一样的，只不过用壳斗取代了盖帽。

如果鱼周围的水被扰动得很厉害，在不同的开口处水的压力就会不同，水会从压力高的地方进入水通道，从压力低的地方流出，会在侧线的各段形成方向不一致的水流。在不同侧线位置上的神经丘会感觉到这些水流的方向和速度，从而向鱼提供周围环境丰富的信息，包括捕食者的接近、猎物的逃跑等。体型较小的鱼由于易受到其他动物的捕食，常聚成鱼群（school），以迷惑捕食者。实验表明，失去视力但侧线完整的鱼可跟随鱼群游动，而侧线丧失功能的鱼无法调整自己的方向。

除了鱼类，两栖类动物，如青蛙，身体两侧也有侧线，侧线上的神经丘在结构和功能上与鱼的神经丘相似。由于青蛙身体表面没有鳞片，神经丘是直接暴露在身体表面的。蝌蚪在水中生活，侧线同样也发挥重要的作用。例如在水流中，蝌蚪总是头朝向水流来的方向，这种行为叫趋流性（rheotaxis）。氯化钴（$CoCl_2$）能干扰神经丘的功能，如果用氯化钴抑制侧线的功能，蝌蚪就无法在水流中定向。

这些例子都说明，经过增加结构提高静纤毛和微绒毛感受机械力的灵敏度，它们接收信息的功能就可以极大扩张，不仅可感知液体的流动，还可在动物的听觉和触觉中发挥作用。

4. 感受机械力的静纤毛和微绒毛在听觉中的作用

半规管中壶腹嵴和鱼类侧线中神经丘那样的结构工作原理已十分巧妙，若再加以改进，就可以用于感受声音。

（1）鱼类的耳朵可能是从侧线的壶腹嵴发展而来的

声音是经由物质传递的振动被动物感知后所产生的感觉。鱼在水中生活，而水的振动只能造成物质在很短距离上做周期性的反复位移，而不会造成方向一致的水流，鱼又是如何感知声音的？鱼类使用的办法是利用物质的惯性：如果一种物质的密度大于水，在振动到达时就不会同步振动，而是有滞后，这样就会在与之连接的低密度的物质之间产生相对位移，从而使静纤毛偏转。

鱼类所使用的高密度物质，就是听石（otolith）。听石含有碳酸钙，密度较水及主要由水组成的细胞大。鱼的头部有两个装有淋巴液的囊，因其形状像瓶子又叫瓶状囊，其上有听壶（lagena）。听壶上有加厚的结构，叫囊斑（macula），囊斑的内壁上有许多听觉细胞。这些细胞的上面覆盖着一层含有听石的胶质层，叫作听石膜（otolithic membrane），与静纤毛的顶端接触。听石的密度较大，在有振动时会由于其惯性而不能与听觉细胞层同步移动，于是在听石膜和听觉细胞层之间会产生相对位移，使得与听石膜接触的静纤毛发生偏转。静纤毛的偏转会在细丝上产生拉力，直接拉开微绒毛膜上的离子通道，让钾离子等一些正离子进入细胞，使听觉细胞去极化，触发神经脉冲。

在这里，听觉细胞上静纤毛和微绒毛之间的关系与鱼类侧线神经丘里面的神经细胞类似，都是细丝连接静纤毛和微绒毛，静纤毛的位移拉开微绒毛上的离子通道，所以鱼类的耳朵很可能是从侧线的神经丘变化而来的，不同的是在鱼耳中，听石膜代替了壳斗，功能也从感知液体流动使壳斗变形，转变为感知声音造成的听石膜的相对位移，但是最后的效果都是使静纤毛偏转。这个感知声音的巧妙结构也被陆生动物继承，变成了可接收通过空气振动而传播的声音的耳朵，包括人类的耳朵在内。

（2）人类的耳朵用微绒毛感知声音

人在陆地上生活，声音主要是通过空气振动传播的。空气的密度比水小得多，振动产生的机械力也小得多，不足以使听石膜那样的结构直接产生位移。人类使用的办法是用鼓膜接收振动，由于鼓膜的面积比与之连接的听骨大得多，鼓膜随空气振动的力量在传给听骨时就会被放大。人耳的听骨有 3 块，分别是锤骨、砧骨及镫骨，通过杠杆原理将机械力进一步放大。听骨将振动传递到耳蜗内富含钾离子的淋巴液中，使淋巴液的压力周期性地变化。这种压力变化使得有弹性的片状结构——盖膜变形，就像在一片厚橡皮上加压会使橡皮向四周延伸一样。盖膜是与听觉细胞上的微绒毛相连的，微绒毛之间也有细丝连接。盖膜的变形会使微绒毛偏转，拉开微绒毛膜上的离子通道，使钾离子进入细胞，从而触发神经脉冲。

在鱼类的侧线中，感觉细胞的微绒毛与静纤毛的直径已经非常接近，所以静纤毛的功能完全可以被微绒毛取代。在人耳的听觉细胞中，静纤毛已经退化，只剩下若干根按高低排列的微绒毛，这些微绒毛彼此之间通过细丝相连，在最长的微绒毛变形时拉开较短微绒毛上的离子通道，因此最长的那根微绒毛的作用就相当于静纤毛。所以从鱼到人，都是使用类似的静纤毛-微绒毛连丝或者微绒毛-微绒毛连丝将声音的机械能转化为神经脉冲的。不同的只是转化声音的结构，在鱼中是听石膜的位移，在人是先用鼓膜收集声音的能量，再通过淋巴液的压力变化使盖膜变形，两种情况下都可以使与这些结构相连的静纤毛或微绒毛变形，拉开离子通道从而产生神经脉冲。

陆生动物通过鼓膜收集空气振动能量的机制非常有效，这种机制在低等动物中就已经出现了，正如昆虫的鼓膜器，不过昆虫接收声音信号是通过单根静纤毛，而不是静纤毛加微绒毛。

(3) 昆虫用鼓膜器听声音

昆虫是在陆地上生活的，但是许多昆虫的身体很小，容纳不下人耳那样复杂的结构。因此昆虫听声音的办法，是用鼓膜收集声音的能量，再直接传递到神经细胞的静纤毛上，这种收集声音能量的结构叫鼓膜器（tympanal organ）。鼓膜器存在于在昆虫身体表面的许多地方，包括胸、腹、腿。鼓膜器是昆虫外骨骼上的薄膜，里面有气囊，这样鼓膜可以随空气振动而振动。与鼓膜相连的，是一根或数根感音管（scolopidia）。感音管与鼓膜垂直相连，鼓膜的振动会直接传递给感音管。由于鼓膜的面积比感音管大得多，鼓膜振动传递给感音管的力量也被放大，这足以使里面的静纤毛变形。感音管由 3 种细胞组成：顶端的冠细胞、管状的导音细胞和被导音细胞包裹的神经细胞。导音细胞含有由肌动蛋白组成的桿状物，形成一根管子，里面有神经细胞和包裹着神经细胞且富含钾离子的淋巴液。神经细胞伸出 1 根静纤毛，上面有依靠机械力开启的 TRP 离子通道。鼓膜的振动通过冠细胞传递到静纤毛上，使纤毛变形，离子通道开启，钾离子进入细胞，触发神经脉冲。

5. 静纤毛在昆虫触觉中的作用

静纤毛既然能在外力作用下变形，使神经细胞发出神经脉冲，那么也可用于感知物体与身体直接接触所带来的信息，这就是触觉。昆虫的腿是中空的，里面含有许多像感音管那样的结构，一端与腿壁相连，另一端连在一个盘状结构上。与腿接触的地面或其他物体振动时，也会在感音管那样的结构上加压，使里面神经细胞上的静纤毛变形，触发神经脉冲，因此昆虫腿上感音管那样的结构其实是“感振管”。感振管能向昆虫提供丰富的信息。例如，沙漠里的蝎子可通过感振管获知沙子下面猎物的活动，并根据振动波到达不同腿的时间差，得知猎物的位置和运动方向。

昆虫的另一个触觉器官是刚毛器（bristle organ）。昆虫的体表长有许多硬毛，叫作刚毛（bristle）。刚毛的基部是中空的，里面插有 1 根神经细胞的静纤毛，纤毛周围有淋巴液包围。刚毛与外界物体接触时会偏转，使得插在刚毛中的静纤毛变形，使钾离子进入神经细胞，触发神经脉冲。

在这两种情况下，都是浸泡于淋巴液中的静纤毛在外力作用下变形，拉开静纤毛上的离子通道，发出触觉信号。有趣的是，刚毛中既有微管又有微丝，微管位于内部，但不像在鞭毛中那样规则排列；微丝在外，靠近刚毛表面，聚集成束。这说明突出细胞表面的线状结构对于接收信号是重要的，而对内部结构的要求不是那么严格。

如果静纤毛和微绒毛的细胞膜上所含的不是机械力开启的离子通道，而是能感知分子结构的受体分子，静纤毛和微绒毛就可以成为味道和气味的接收器，即在动物的味觉和嗅觉中发挥作用。

6. 静纤毛和微绒毛在味觉中的作用

味觉是动物对外来分子结构的认知，其主要目的是辨别食物和毒物。例如，甜味预示着糖类分子，鲜味预示蛋白质和氨基酸，提示动物可以食用，苦味则警告动物这些分子可能有毒应该避免。陆生动物需要水，需要无机盐，但是又需要避免高浓度的盐水，所以早期的动物还发展出了对水、低浓度盐水和高浓度盐水的味觉。动物对味道的感觉也是通过位于静纤毛上的味觉受体实现的。

（1）线虫用静纤毛尝味道

线虫（*Caenorhabditis elegans*）是主要生活在土壤中的简单多细胞动物，以细菌为食，身体呈线状，两头尖，成虫有 959 个体细胞，其中 302 个是神经细胞。就是这样简单的动物，也已经有味觉，而且是通过静纤毛实现的。

线虫在身体的前端和后端各有一对感受外界分子的感受器。位于身体最前端的感受器称为头感器（amphid）；位于肛门后方，靠近尾部的感受器称为尾感器（phasmid）。头感器有一个由两个支持细胞包围成的孔，感觉神经细胞发出的静纤毛通过孔与外界接触。静纤毛上有对外界分子的受体，如受体 ODR-10 就能够与联乙醯（diacetyl，2 个乙酰基对接的产物，对人呈现出强烈的奶油味）结合。TYRA-3 则是酪胺（tyramine）的受体，这些受体都是 G 蛋白偶联的受体（G protein-coupled receptor，GPCR），在线虫的静纤毛上超过 1000 种。由于线虫只有少数味觉细胞，所以每根静纤毛上有多种味觉受体，说明线虫只能简单地分辨“有害”还是“无害”，而不像哺乳动物那样，每根静纤毛只包含 1 种味觉受体。

线虫感知低氯化钠溶液的受体不是 GPCR，而是一类名为 degenerine（DEG）的受体分子。这类分子是一种钠离子通道，它们能够感知低浓度的氯化钠溶液并且打开通道，让钠离子进入细胞，降低膜电位而触发神经脉冲。不仅是线虫，其他动物，包括蜗牛、昆虫、青蛙，甚至是哺乳动物（包括人在内），都用这类受体感知氯化钠，所以这类受体是动物的“咸味受体”。在哺乳动物中，这种受体称为上皮钠离子通道（epithelial sodium channel，ENaC），二者统称为 DEG/ENaC。

（2）昆虫的味觉也依靠静纤毛

典型的昆虫味觉感受器是位于外皮上的空心的毛，毛的顶端有一个开口，内部有数个感觉神经细胞，通过它们的静纤毛（这里称为神经纤维）与外界接触。例如，昆虫腿部的味觉感受器就有 4 个感觉神经细胞，分别为感受甜味（蔗糖）的 S 神经纤维、感受苦味（如奎宁和黄连素）和高盐的 L2 神经纤维、感受低盐溶液的 L1 神经纤维和感受水的 W 神经纤维。甜味、低盐溶液和水都能使昆虫伸出口器，让昆虫准备进食或喝水。反之，苦味和高盐会使口器缩回，让昆虫回避这些物质。

昆虫的味觉受体名称以 Gr（gustatory receptor）开始，后面以数字表示不同的受体。例如 Gr5a 和 Gr64a 都为感受各种糖类分子所需，共同表达于感知甜味的 S 神经纤维上。对苦味的感觉需要 Gr66a 和 Gr93a，它们共同表达于感觉苦味的 L2 神经纤维上。昆虫对咸味也是由 DEG/ENaC 类型的受体感觉的，表达于感受低浓度盐水的 L1 神经纤维上。除了感受甜、苦、咸等味道，昆虫还能够“尝”到水的“味道”。这是由表达于感知水的 W 神经纤维上的 ppk28 受体（pickpocket 28）实现的。

（3）哺乳动物用微绒毛上的受体尝味道

哺乳动物的味觉功能主要是由口腔中的舌执行的。舌表面有感觉味道的结构，称为味蕾（taste bud），总数有数千个，每个味蕾含有 50～100 个味觉细胞，聚集成球状，埋于舌的上皮细胞中。每个味觉细胞在味蕾开口处发出微绒毛，上面有味道感受器。溶解于唾液的外来味觉分子和这些微绒毛上的受体分子结合，触发神经脉冲，所以哺乳动物的味觉不用静纤毛，而是用微绒毛，这也说明静纤毛和微绒毛在接收外界信息上的功能可以互换。

动物接收甜味和鲜味的受体属于 GPCR 中的 T1R 家族（T 表示 taste，R 表示 receptor，1 是受体的类型）。这个家族只有 3 个成员，T1R1、T1R2、T1R3。受体 T1R2 和 T1R3 一起，形成混合型受体，就是甜味受体。能够同时结合于 T1R2 和 T1R3 受体的分子就被感知为甜味。受体 T1R1 和 T1R3 一起，形成混合受体，就是鲜味受体，能够同时结合于 T1R1 和 T1R3 受体上的分子就被感觉为鲜味。哺乳动物感受苦味的受体也是 G 蛋白偶联的受体，属于里面的 T2R 家族。T2R 家族有约 30 个成员，以结合不同类型的苦味物质。哺乳动物对酸味（pH 值降低）的感觉是由 TRP 类型的受体（TRPP3）感知的，在 pH 值降低到 5.0 左右时受体被激活，从而在神经系统中产生酸的感觉。感受咸味的受体则是上文提及的 DEG/ENaC。

7. 静纤毛和微绒毛在嗅觉中的作用

嗅觉探测的主要是存在于空气中的分子，但是这些分子也必须先溶解于水，才能与受体分子结合，产生嗅觉信号。从这个意义上讲，嗅觉与味觉并无根本的区别，嗅觉受体也很容易从味觉受体转变而来。动物使用的嗅觉受体和味觉受体也非常相似，也使用静纤毛或微绒毛作为感受气味的结构。

（1）昆虫用静纤毛感受气味

昆虫（如果蝇）的嗅觉分子受体（odorant receptor，OR）是表达在触角（antennae）和下颚须（maxillary palp，口器旁边的一对触须）上的。它们上面长有毛形感器（sensillum），即突出表皮的毛状物。毛形感器有多种，其中的锥状感受器（basiconic sensillum）表达嗅觉受体。锥状感受器突出于表皮之外，内有淋巴液，感觉神经细胞发出的静纤毛就浸泡在淋巴液中，上面有嗅觉受体。锥状感受器的外皮上有许多小孔，空气中的味觉分子经过这些小孔进入感受器，溶解在淋巴液中，再被转运至纤毛的嗅觉感受器上，从而传递嗅觉信息。

昆虫的嗅觉受体（odorant receptor，OR）和昆虫的味觉受体（gustatory receptor，Gr）一样，也含有 7 个跨膜区段，它们的羧基端的氨基酸序列有相同之处，这说明 OR 和 Gr 有共同的祖先。

（2）脊椎动物用静纤毛或微绒毛作为嗅觉感受器

包括鱼类、两栖类、爬行类、鸟类和哺乳类在内的脊椎动物，都用鼻腔内的嗅觉细胞探测各种分子的味道。

鱼类在水中生活，鼻腔不是用于呼吸，而是用于嗅觉。水从鼻腔前面的小孔进入，从鼻腔后方的小孔流出，鼻腔内的嗅觉细胞就可以探测水中一些分子的“气味”，虽然这些分子不是存在于空气中，而是溶在水中的。鱼类也有味蕾，但是不在鼻腔内，而是在唇、鳃、口腔和咽喉中，所用的受体也与鼻腔中的不同，所以鱼类的嗅觉和味觉是不同的感觉，虽然引起嗅觉和味觉的分子都是溶在水里的。青蛙是两栖动物，有用于在空气中呼吸的肺，鼻腔中不同的腔室有不同的嗅觉受体。中腔（middle cavity）总是充满水，用于在水中的嗅觉，其嗅觉受体类似鱼的嗅觉受体；主腔（primary cavity）内总是充满空气，用于在空气中呼吸，其嗅觉受体也与哺乳动物的嗅觉受体类似。从爬行动物开始，动物多在陆上生活，用肺呼吸，鼻腔中的嗅球（olfactory bulb）就是嗅觉神经细胞所在的部位。

对各种脊椎动物嗅觉细胞的研究表明，它们既可以用静纤毛，也可以用微绒毛作为嗅觉受体的所在部位。例如，鲨鱼、鳐鱼（ray）、银鲛（ratfish）只用微绒毛，八目鳗（lamprey）、蛇、青蛙、乌龟只用静纤毛，七鳃鳗（hagfish）、硬骨鱼类、蝾螈两种都用，鸟类的同一嗅觉细胞上静纤毛和微绒毛都有。这些例子再次说明，细胞用于接收信号的结构只是突出于细胞的线状物，无论它是静纤毛还是微绒毛。

以此类推，如果静纤毛和微绒毛上有能够感知光线的受体，它们就可以成为接收光线信息的结构，在动物的视觉中发挥作用，实际情形也是如此。

8. 静纤毛和微绒毛在视觉中的作用

视觉接收光线所携带的信息，而动物接收光信息的分子是视黄醛（retinal）。视黄醛分子中有一根由两个异戊二烯单位组成的链，里面所有的双键都是共轭的。在没有光照时，这根链处于“拐弯”的状态，即其中一个双键是“反式”的。光照使“弯棍”变为“直棍”，即全反式结构。视黄醛结合在一个称为视蛋白（opsin）的分子上，共同组成视紫质（rhodopsin）。视黄醛分子的形状变化会带动视蛋白分子的形状变化，而视蛋白又是G蛋白偶联受体，在形状变化时可以活化G蛋白，将信息传递下去。

由于可见光的能量密度较低，若要感光细胞发出神经脉冲，需要大量的视紫质分子，这就需要大面积的细胞膜容纳这些视紫质分子。从理论上讲，微绒毛拥有巨大的表面积，自然适合用于这个目的。每个细胞只拥有1根静纤毛，要扩大静纤毛的表面积，可以让静纤毛的结构扩展，横向长出许多片状结构，这样1根静纤毛也可以拥有巨大的表面积。

这两种方法还真的都被动物采用了。昆虫复眼中的感光细胞使用微绒毛，人眼视网膜上的视杆细胞和视锥细胞则使用静纤毛，但是人眼视网膜中的感光节细胞（与视力无关，接收的光信号用于调整生物钟）又使用微绒毛。在低等动物中，水母幼虫眼睛使用微绒毛，而水母成虫眼睛使用的却是静纤毛。

9. 静纤毛在动物发育过程中的作用

要从由单细胞构成的受精卵这一个细胞发育成为有复杂结构的动物，细胞必须接收外部指令，静纤毛就是细胞接收信息的受体蛋白最佳的工作场所。Hedgehog（刺猬蛋白，hh）信息通路，特别是其中的 Sonic hedgehog（Shh）信息通路、Notch 信息通路，以及 Wnt 信息通路在胚胎发育和组织器官形成上发挥关键作用，这些信息通路的起始蛋白都位于静纤毛上，例如刺猬蛋白信息通路中起始阶段的 Smoothened 和 Patched 就位于静纤毛上。血小板衍生生长因子受体 α（platelet derived growth factor receptor α，PDGFR-α）位于静纤毛上，使细胞具有极性的 Par3 蛋白也位于静纤毛上。静纤毛缺失的小鼠在胚胎发育阶段就会死亡，这说明静纤毛在动物发育中有重要作用。

胚胎发育需要许多细胞准确无误地移动到它们最终的位置上，而静纤毛就是接收外部信息，决定细胞移动方向的结构，虽然静纤毛的位置并不在移动细胞的最前方，但静纤毛的方向也指向细胞移动的方向。创伤修复需要成纤维细胞（fibroblast）移向组织损伤处，细胞上面的静纤毛也指向伤口，静纤毛受损的成纤维细胞就不再对外界信号起反应，不能向伤口移动。在人的免疫系统中，中性粒细胞接收感染处发出的化学信号，如产生白介素-8（IL-8）、干扰素-γ（interferon-γ，IFN-γ），并向感染处移动。如果静纤毛功能不正常，中性粒细胞也不能对这些化学信号起反应。

10. 纤毛病

由于纤毛，包括动纤毛和静纤毛，在动物发育和各种生理功能中的重要作用，纤毛功能异常会引起一系列症状，统称为纤毛病（ciliopathy）。由于不同的基因缺陷所影响纤毛功能的情形不同，纤毛病也有许多种，其中最著名的是巴尔得-别德尔综合征（Bardet-Biodl Syndrome，BBS），其症状包括嗅觉丧失、听觉丧失、视网膜退化、智力障碍、多囊肾、肥胖、多指（趾）等。

目前，对鞭毛、纤毛和微绒毛功能的研究还处在初期阶段，以上介绍的也只是其中的部分例子，许多问题还没有答案，但是从已经获得的研究结果来看，从领鞭毛虫继承下来的鞭毛和微绒毛，以及由鞭毛演变成的纤毛，包括动纤毛和静纤毛，在动物身上发挥的作用远超出人们的想象。就在你看这篇文章的时候，眼睛内的静纤毛就在不停地工作，身体各处的动纤毛、静纤毛和微绒毛也在发挥各自的作用，从而使人们得以正常生活和工作。所以应该像对待细胞的其他细胞器一样，对身体内的鞭毛、纤毛和微绒毛给以足够的重视。

主要参考文献

[1] Gardiner M B. The importance of being cilia. HHM1 Bulletin，2008，18（2）：32.

[2] Satir P，Pedersen L B. The primary cilia at a glance. Journal of Cell Biology，2010（123）：499.

[3] Babu D，Roy S. Left-right asymmetry：Cilia stir up new surprise in the node. Open Biology，2013（3）：130052.

[4] Bisgrove B W，Yost H J. The roles of cilia in development disorders and disease. Development，2006（133）：4131.

线粒体、叶绿体与细胞演化

地球上的生物都是由细胞组成的。按照细胞结构和功能的复杂程度，可以将细胞分为原核细胞（prokaryotic cells）和真核细胞（eukaryotic cells）。原核细胞是地球上最先出现的细胞，构造比较简单，细胞内没有细胞核，遗传物质 DNA 为环状分子，只与少量蛋白质结合，所以基本上是“裸露”的。由于没有细胞核，DNA“游离”在细胞质中。原核细胞分为细菌（bacteria）和古菌（archaea）两大类，其共同特征是没有细胞核。古菌的名称中虽然有一个“古”字，其实在某些方面比细菌要“新”。例如，古菌用于基因转录和蛋白质合成的基因就更像真核细胞。原核细胞都以单细胞生命的形式存在。虽然有些细菌可以聚集在一起形成链状（如链球菌），但是链中的每个细胞仍然独立生活繁殖，细胞之间没有分工，所以不是真正意义上的多细胞生物。

多细胞生物（细胞之间有分工的生物体）都是由真核细胞组成的。也有一些单细胞生物（如酵母菌、变形虫、草履虫等）由一个真核细胞组成，但是在尺寸上（几十到几百微米）要比原核细胞（1 微米）大得多。与原核细胞不同，真核细胞内具有由两层膜包裹的细胞核，DNA 位于细胞核中，与细胞质分开，并且 DNA 不再是环状结构，而是分为若干线性片段，每段与一些碱性蛋白质（如组蛋白）结合，形成染色质（chromatin）。这些染色质在细胞分裂时高度螺旋化，缩短变粗，形成染色体（chromosome）。除细胞核之外，真核细胞还有许多由膜包裹的“细胞器”，如线粒体（mitochondria）、叶绿体（chloroplasts）、溶酶体（lysosome）、高尔基体（golgi apparatus）等。这些细胞器各自执行不同的功能。例如，线粒体是细胞的“动力工厂”，将葡萄糖和脂肪酸等分子氧化成二氧化碳和水，释放出的能量则用于合成高能化合物ATP；叶绿体可以进行光合作用，利用光能将水分解为氢和氧，氢被用于合成有机物，氧则被释放到大气中，成为空气中氧气的来源；溶酶体是细胞的“垃圾回收站”，负责处理回收废弃的分子，同时消化外来微生物；高尔基体则与细胞内复杂的膜系统——内质网（endoplasmic reticulum）一起，对合成的蛋白质进行修饰和转运。

既然被称为真核生物，自然会想到它与原核生物最重要的区别就是具有细胞核。细胞核为何如此重要？细胞核不过是用两层膜将DNA包裹起来而已，这有什么必要性和优越性吗？而且在澳大利亚的淡水湖中，科学家发现了一种细菌“隐球出芽菌”（*Gemmata obscuriglobus*），这种细菌呈球形，像酵母菌那样进行出芽生殖。从隐球出芽菌核糖体RNA（5S rRNA和16S rRNA）的序列来看，隐球出芽菌应该属于细菌中的“浮霉菌门”（Planctomycetes）。奇怪的是，这些细菌却有由两层膜包裹的细胞核，这说明细胞核并不是真核生物的专利。

原核生物的DNA是环状的，而真核生物的DNA是线状的，是否具有线状DNA的生物就是真核生物？引起莱姆病（Lyme disease）的伯氏疏螺旋体（*Borrellia burgdorferi*）是原核生物，却含有一个100万个碱基对长的线性DNA。真核生物的其他特征，例如细胞内部的膜系统、基因中的“内含子”（intron）、细胞“骨架”等，也可以在原核生物中找到。真核生物和原核生物的根本区别是什么？是什么事件使原核生物变成了真核生物？

如果要找一个真核生物都有而原核生物绝对没有的特征，那就是真核生物的细胞中含有线粒体。只有具备了线粒体这个“动力工厂”，复杂的细胞结构和功能才有能量供应的保证。由于真核细胞比线粒体大得多，每个真核细胞可以含有数百到数千个线粒体，相当于细胞中有成百上千个“动力工厂”，给真核细胞的生命活动提供强大的动力，从而使得真核细胞的各种复杂功能成为可能。

对于“真核生物的细胞都有线粒体”的说法，也有人持反对意见。其根据是有些真核生物的细胞没有线粒体。例如寄生在人类小肠内可引起腹泻的“兰氏贾第鞭毛虫”（*Giardia almblia*，简称贾第虫）是一种单细胞真核生物，没有线粒体。贾第虫属于古虫界（Excavata），古虫界中有许多寄生的低级真核生物。这些生物一般都没有线粒体，曾经被认为是最原始的真核生物，还没有进化到能够获得线粒体的阶段，被称为“无线粒体原生生物”（amitochondriate）。但随后的研究发现，这些生物含有热休克蛋白 70（heat shock protein70，Hsp70）基因、伴侣素蛋白 60（chaperonin60，cpn60）基因和伴侣素蛋白 10（chaperonin10，cpn10）基因。这些基因只在线粒体或者变形菌中发现，而在古菌和革兰氏阳性细菌中则没有发现，说明这些“古虫”都曾经获得过线粒体，只是后来因营寄生生活或在无氧条件下生活，不再需要线粒体，从而使这些细胞中的线粒体退化了。

线粒体又是从何而来？是否由真核细胞在进化过程中“制造”出来的？对线粒体进行研究发现，线粒体不仅仅是一个细胞器，更像是一个细胞。它由两层膜（外膜和内膜）包裹，外膜通透性较大，可以让分子量为几千的分子通过，类似革兰氏阴性细菌的外膜。内膜通透性较小，不能让带电离子通过，类似细菌的内膜（真正的细胞膜）。线粒体有自己的 DNA，且为环状，类似于细菌的环状 DNA，它还有自己合成 mRNA 和蛋白质的系统。线粒体合成蛋白质的核糖体（70S）不像真核生物的核糖体（80S），而是更像细菌的核糖体（70S）。一些抗菌素能够抑制线粒体和细菌的蛋白合成，但对人体细胞的蛋白合成没有影响；而另一些药物能抑制人体细胞的蛋白合成，而对线粒体和细菌的蛋白合成没有影响，说明两种细胞的性质不同。像细菌那样，线粒体的基因是编码在操纵子（operon）中的，即功能相关的基因共用一个启动子，而不像真核生物那样，每个基因有自己的启动子。线粒体的大小也与细菌相当。线粒体也像细菌那样，通过分裂繁殖。真核细胞不能“制造”线粒体，所有的线粒体必须从已有的线粒体分裂而来。这也符合“细胞只能来自细胞”的定律。

通过对线粒体中的基因进行分析（如磷酸丙糖异构酶基因），发现它们和一类细菌，即变形菌门（Proteobacteria）中的一种 α 变形菌（alpha-proteobacteria）的基因最为相似。变形菌门是一大类革兰氏阴性细菌，外膜主要以脂多糖构成，因其形状多变而被称为变形菌。科学家根据这些证据认为，线粒体是由一些原核生物细胞（可能是一种古菌的细胞）“吞并”了 α 变形菌的细胞，彼此形成共生关系而进化演变的。古菌细胞给 α 变形菌细胞提供稳定的生活环境，而变形菌细胞则向古菌细胞提供能量。因此真核细胞实际上是两种细胞的混合物，是“细胞套细胞”，它们各自的DNA至今还存在。

此过程是如何发生的，目前已无法考证，但肯定不是一种细菌“摄食”另一个细菌造成的。吞食是一个非常复杂的过程，需要有控制细胞形状的“细胞骨架”，还要有类似肌肉收缩的蛋白质使细胞膜包裹另一个细胞，而原核生物并不具备这些功能，所以，所有原核生物都没有吞食功能，而且细菌细胞膜外部还有细胞壁或荚膜等形状较为固定的结构，也不利于吞食，所以细菌之间没有互相吞食的情形。一种可能性是细菌细胞被机械力压开（类似石头滚动），而又没有将细胞彻底压碎，细胞在恢复过程中正好将附近的一个细菌包裹进去。一个细菌包裹进另一个细菌后，不是两者之间形成对抗，前者将后者消灭，而是互相适应，最后形成共生关系。要成功实现此过程，概率非常小，所以原核生物出现数亿年后，才有这种共生的情况发生。而且从所有真核生物的线粒体基因来看，它们都来自同一个祖先，也就是这样的细胞融合只发生过一次。但就是这次“幸运”的细胞融合导致了真核生物的诞生。

经过几十亿年的进化，后来变为线粒体的那个α变形菌已经“面目全非”了，它的外面已经没有细胞壁，也没有肽聚糖。在α变形菌细胞演变为线粒体的过程中，α变形菌的一些基因逐渐转移到古菌细胞的DNA中，使线粒体DNA中的基因越来越少，最后只剩下蛋白质合成所需要的转移RNA（tRNA）、核糖体RNA（rRNA），以及少数为蛋白质编码的基因。这些蛋白质基本上都是高度亲脂的膜蛋白，如果在细胞质中合成，转移到线粒体中将会很不方便，所以它们的基因就留在线粒体中，以便“就地制造”这些亲脂蛋白质。在不同的真核生物中，线粒体基因转移到细胞核DNA中的程度不同。例如，单细胞真核生物异养鞭毛虫（*Reclinomonas americana*）的线粒体DNA有69 000个碱基对，97个基因，其中62个基因为蛋白质编码，算是保留得比较多的。而在人的线粒体中，DNA只有16 000个碱基对，37个基因，其中13个基因为蛋白质编码。引起疟疾的疟原虫（*Plasmodium falciparum*）的线粒体DNA只有6000个碱基对，含5个基因。尽管不同真核生物的线粒体DNA大小差别很大，基因数量也不一样，但所有线粒体中的基因都不会超出变形菌门细菌基因的范围，这说明线粒体的确是从变形菌门的细菌变化而来的。

线粒体氧化食物分子和合成 ATP 的强大功能，使真核细胞成为“超级消费者”。与原核细胞相比，真核细胞就像工业化国家，有大量发电厂提供充足的能源，而原核生物则像比较原始的农业国家。但是线粒体只能增加对有机物的消费，并不能增加有机物的合成。真核细胞的生长繁殖，仅靠自己变成“超级消费者”还不行，还必须有“超级生产者”，这样线粒体消耗的物质才有充足的来源。这就是细胞的另一种俘获过程，将进行光合作用的细菌变成叶绿体。

该俘获过程比起当初古菌包裹变性菌要容易多了，因为真核细胞不但有“骨骼系统”，还有“肌肉系统”（能够收缩的分子，如肌球蛋白），可以主动地使细胞膜变形，包裹和吞食其他细胞。最适合俘获的对象就是能够进行光合作用的蓝细菌（cyanobacteria），而最早获得蓝细菌，并使其变为叶绿体的真核生物可能是灰胞藻（glaucophyte），它的叶绿体比较原始，称作蓝小体（cyanelles）。蓝小体含有由肽聚糖（peptidoglycans）组成的细胞壁，说明蓝细菌细胞壁的残留还没有彻底消失干净。

叶绿体的出现使得真核细胞变成了“生产者”。由于真核细胞可以容纳一个巨大的叶绿体（如衣藻）或者大量的小叶绿体（如绿色植物的细胞），它们就变成了“超级生产者”，从异养生物变成自养生物，同时为异养生物供给有机物。

由于真核细胞具有吞食能力，所以在第一次获得蓝细菌并将其变成叶绿体之后，还可以直接捕获具有叶绿体的真核生物（红藻和绿藻），将这些叶绿体据为己有。例如，绿藻可以再吞食其他绿藻，成为眼虫藻（euglenids）。这样捕获后形成的叶绿体就有三层膜。内面的两层来自叶绿体的双层膜，而最外侧的膜则来自被吞食绿藻的细胞膜。红藻也可以吞进红藻，形成隐藻（cryptomonas）。红藻也可以吞进绿藻，形成变形虫样的藻类（chlorarachinophyte）。在这两种情况下，被捕获的叶绿体就有 4 层膜，其最外层的膜与内质网相连。

在有些情况下，被吞食的绿藻和红藻的细胞核有些还能够幸存。例如，在隐藻和变形虫样藻类中，这些被吞食的藻类细胞核就位于叶绿体的双层膜外和更外面的膜之间，形成“共生核”（nucleomorph）。它们周围残留的细胞质中含有 80S 核糖体，说明它们是真核生物的遗迹，它们含有很小的染色体（只有几十万个碱基对），说明是在退化的过程中。

有些藻类甚至可以第三次获得叶绿体。例如，一些红藻在经过两次获得叶绿体以后，形成双鞭毛藻（dinoflagellates，又称甲藻）。它们还可以吞食其他红藻，形成杜氏甲藻（durinskia）和鳍藻（dinophysis）。所以这些能够进行光合作用的藻类的细胞就是“细胞套细胞再套细胞”了。在第三次获得叶绿体所形成的共生核中，DNA 的长度没有变小，说明退化过程还没有开始。

一些低级动物也能够捕获和利用叶绿体为自己制造养料，使自己既像动物，又像植物。例如，海蛤蝓（又名海蜗牛，一种软体动物）以海藻为食，它们将海藻消化后，留下叶绿体，且消化道中的内皮细胞将这些叶绿体吞进去，让叶绿体在这些内皮细胞中存活，为自身制造营养。叶绿体在这些内皮细胞中存活的时间不同，有些只能存活几天，有的则能够存活 10 个月之久。绿叶海蛤蝓（*Elysa chlorotica*）只需食用海藻 2 周，就能终生保有海藻的叶绿体。

正是这种“细胞套细胞”的组成方式，产生了“动力工厂”线粒体，使得真核生物的出现成为可能。具有线粒体的真核细胞能够使用足够多的能量从事越来越复杂的生命活动。线粒体强大的氧化“燃料分子”的能力使得真核细胞成为“超级消费者”。“细胞套细胞”的方式也产生了叶绿体，使一部分真核细胞从“超级消费者”变成“超级生产者”（如藻类和陆生植物），这又给仍然为“超级消费者”的真核生物（如动物）提供了源源不断的有机物供其消费，使“超级消费者”能够进一步发展，最后产生了人类。

主要参考文献

[1] Vellai T，Vida G. The origin of eukaryotes：The differences between prokaryotic and eukaryotic cells. Proceedings of the Royal Society of London，Series B，1999，266：1571-1577.

[2] Gray M W，Burger G，Lang B F. The origin and early evolution of mitochondria. Genome Biology，2001，2（6）：reviews 1018.1-1018.5.

[3] Keeling P J. The endosymbiotic origin，diversification and fate of plastids. Philosophical Transactions of the Royal Society，Series B，2010，365：729-748.

[4] McFadden G I. Chloroplast origin and integration. Plant Physiology，2001，125：50-53.

细胞核的功能

地球上的生物都是由细胞组成的，而细胞又可以按照进化阶段的先后和结构的复杂程度分为两大类：原核细胞和真核细胞。原核细胞的历史比真核细胞更为久远。在澳大利亚西部皮尔巴拉沉积岩（Pilbara terrane）中发现了叠层石是由蓝细菌（*Cyanobacteria*）的菌膜留下的结构，而皮尔巴拉岩层的形成年代在35亿年前的太古代（Archaeaneon），说明原核细胞在地球上至少有35亿年的历史。真核细胞大约出现在20亿年前，也就是原核生物诞生后约15亿年之后。在诞生之初，真核细胞也是单细胞生物，但比原核生物的细胞（大约1微米）大得多，真核单细胞生物的大小从几微米到几百微米不等，平均几十微米。例如，酵母菌的直径约为4微米，长可达50微米；衣藻细胞长10～100微米，草履虫长180～280微米，变形虫的长度甚至达到220～740微米。假设将真核生物的细胞想象成一个房间，那么原核生物就相当于一个暖水瓶。在显微镜下，真核细胞最显著的特征就是有一个与周围细胞质明显分开、界限分明的细胞核。根据此特点，这些细胞被称为真核细胞，由这些细胞组成的生物也被称为真核生物（eukaryotes，其中词根 karyo-是“核”的意思，而前缀 eu-在这里就是“真正”的意思）。由于光学显微镜的分辨率受可见光波长（400～700纳米）的限制，无法看清1微米以下的结构，所以在更高分辨率的显微镜发明之前，真核生物细胞中能够被清晰辨认的结构就是细胞核。

电子显微镜的发明使得科学家能够看到细微至0.2纳米的微观结构。科学家使用电子显微镜发现，真核细胞的结构特点不仅仅是具有细胞核，还具有其他被膜包裹的一些结构，称为细胞器，其中包括线粒体、叶绿体、内质网、高尔基体、溶酶体、过氧化酶体等，有些真核微生物含有食物泡和收缩泡。对这些细胞器进行深入研究发现，它们各有自己的特殊功能。细胞核是遗传物质 DNA 的“栖身和工作之所”；线粒体是细胞的“动力工厂”，ATP 在这里合成；叶绿体是进行光合作用的场所；内质网和高尔基体是对蛋白质进行修饰、分类和转运的器官；溶酶体是细胞的“垃圾回收站”，处理废物，让物质循环使用；过氧化酶体处理对细胞有害的过氧化物等。

为了让这些细胞器“各司其职”、独立运转，所有的细胞器都由膜包裹，以防止内容物混入细胞质，就像工厂里不同的工序需要在不同的车间中进行。线粒体和叶绿体是进行能量转化的地方，需要膜结构维持跨膜的氢离子梯度；进入内质网和高尔基体的蛋白质将被运送到细胞膜上或细胞外，因此也需要膜防止它们进入细胞质；溶酶体中含有各种水解酶，而且 pH 在 5 左右，自然也需要膜保证酸性的内环境，并防止这些水解酶进入细胞质。

相比之下，细胞核由膜包裹就不太好解释。细胞核不过是储存 DNA，并且将 DNA 中的基因转录为信使核糖核酸（mRNA）的场所，没有膜包裹也不妨碍这些功能。原核细胞就没有细胞核。在原核细胞里，DNA 是“漂浮”在细胞质中的，基因的转录、mRNA 指导蛋白质合成，都是在细胞质中进行的，这两个过程并没有在空间上区分开。而在真核细胞中，DNA 转录为 mRNA 在细胞核中进行，蛋白质的合成却在细胞质中进行，二者在空间上是分开的。DNA 转录为 mRNA 后，蛋白质合成还不能开始，因为合成蛋白质的核糖体在细胞质中，需 mRNA 分子被转运到细胞质中，蛋白质合成才能开始。这样从 DNA 转录为 mRNA 再到蛋白质合成，中间就有一个延后期。而且许多分子经过核膜上的孔进出细胞核时，还需要消耗能量（需要水解 GTP）。真核细胞为什么要“自找麻烦”？换句话说，真核细胞中细胞核的功能究竟是什么？

这是因为真核细胞为蛋白质编码的基因中含有内含子，而原核细胞中为蛋白质编码的基因基本上没有内含子。这些内含子是线粒体带给真核细胞的“不速之客”，它的出现使得细胞核成为必然。要知道什么是内含子，就要从 1977 年美国两个实验室的意外发现说起。

在20世纪70年代以前，人们对基因的认识是很简单的：基因就是DNA分子上为蛋白质编码的区段，再加上控制基因表达的“开关”，即启动子（promoter）；当启动子“开启”基因时，这段编码的DNA序列就被转录为信使核糖核酸（mRNA），mRNA再指导核糖体合成蛋白质；为蛋白质编码的DNA序列是连续的，mRNA分子中为蛋白质编码的RNA序列也是连续的。在原核生物中情况确实如此。例如，在大肠杆菌中，合成mRNA的过程还没有完成，附近的核糖体就“迫不及待”地“抓住”mRNA，开始蛋白质合成了。所以在原核生物中，合成mRNA和合成蛋白质是在同一个场所，几乎同时进行。

这种“编码序列是连续的”的观念在1977年被打破了。1977年，美国冷泉港实验室的里查德·罗伯兹（Richard J. Roberts）和麻省理工学院的菲利浦·夏普（Phillip A. Sharp）同时研究引起人类感冒的腺病毒（adenovirus）。这种腺病毒的主要蛋白称为六邻体（hexon），是包裹病毒DNA的表面蛋白质。他们先从被病毒感染的细胞中提取到六邻体的mRNA，为了寻找病毒 DNA 中为六邻体蛋白编码的部位，他们让mRNA和病毒的DNA“杂交”，即让mRNA的序列与DNA分子上的相应序列通过碱基配对彼此结合。出乎意料的是，六邻体mRNA和DNA的4个区段结合，这4个区段之间没有与mRNA结合的部分则游离出来，形成3个环。这个结果使他们认识到，腺病毒DNA为六邻体蛋白质编码的序列不是连续的，而是分为许多段。在这些实验结果的基础上，美国科学家瓦尔托·基尔伯特（Walter Gilbert）于1978年提出了内含子（intron）的概念。内含子是阻断基因连续线性表达的DNA序列，在mRNA合成后被“剪切”掉，不出现在成熟的 mRNA分子中。而负责为蛋白质编码的区段则被称为外显子（exon），它们被内含子分隔开，在转录过程中与内含子一起被转录。当mRNA分子中的内含子序列被剪切掉以后，外显子的序列就连在一起，使基因可以连续表达，从而指导蛋白质的合成，就像内含子未曾存在过一样。假设为蛋白质编码的DNA序列为几段不连续的红线，断开的部分由白线（内含子）连接，那么将白线剪掉，把断开的红线部分连起来的过程就叫作mRNA的剪接（splice）。罗伯兹和夏普的研究结果促使科学家开始系统研究真核生物的基因，发现许多基因中的编码序列也是不连续的，也就是说，很多真核生物的基因中含有内含子。这是基因结构观念上的大革命，罗伯兹和夏普也因此获得了1993年的诺贝尔生理学或医学奖。

内含子是如何起源的，至今学术界还没有统一的意见。一种假说认为，内含子在生命出现的早期，在RNA世界时就已出现了。当时DNA还没有出现，RNA分子则“身兼数职”：既要催化自身的合成，又要催化蛋白质的合成，还要用自己的核苷酸序列为蛋白质中的氨基酸序列编码。要使一个长长的RNA分子连续序列为蛋白质编码，合成的蛋白质又要具有生物活性，这种可能性非常小，就像把英文中的26个字母随机地排列在一起会出现一段有意义的文字那样困难。比较可能的情况是RNA分子内有许多小的片段，每个片段分别负责给一些氨基酸编码，再有选择性地把这些区段结合起来，就有可能产生具有生物活性的蛋白质。这就像随机排列的字母不容易产生有意义的词和句子，但如果有选择性地去掉一些字母，就可以连成有意义的词和句子。由于RNA分子具有自我剪接的能力，这样的过程是有可能发生的。当然这是一个漫长和随机的过程，但最终是可以实现的。一旦这样的组合被固定下来，它们就可以在DNA出现后，被复制到DNA分子中，然后在mRNA阶段再进行剪接。现在原核生物以RNA为最终产物（如tRNA和rRNA）的基因（即不为蛋白质编码的基因）中，就还有许多这样的片段，它们能够在RNA分子被合成后，自己把自己剪切掉，包括Ⅰ型和Ⅱ型内含子（这两种内含子的自我剪切方式不同）。经过几十亿年的时间，能够自我剪切的RNA内含子类型居然还有两种，说明内含子在RNA生命阶段就已出现的学说是有一定道理的。不过在原核生物出现后，这种为蛋白质编码的方式就不再理想了。因为在合成的mRNA分子中，有很大一部分是不为蛋白质编码，需要去除的“废物”。这些内含子既占据DNA的空间，使得原核生物在复制DNA时要付出更多的“成本”，在合成mRNA时，细胞还要消耗资源合成这些废物，然后剪除它们。对于结构简单的原核生物来说，因为资源有限，还必须迅速繁殖才能与其他原核生物竞争。如果去掉这些“废物”，既能节省资源，又能加快繁殖速度，对于原核生物的生存无疑是非常有利的。经过亿万年的进化，原核生物基本上将内含子“清除”掉了。为蛋白质编码的DNA序列是连续的，生成的mRNA也不需要剪接，可直接用于指导蛋白质的合成，因此在原核生物中，存在转录和蛋白质合成同时同地进行的状况。在这种情况下，细胞核的存在也没有必要，因此原核生物绝大多数没有细胞核。原核生物的基因之间也有一些无效的DNA序列，不过一般只占DNA序列的10%～15%，残余的内含子序列也基本上“躲”在这些地方。

另一方面，真核生物的DNA中却含有大量的内含子，而且越是高级的生物（如哺乳动物和开花植物），基因中内含子的数量越多。为蛋白质编码的基因几乎都含有内含子。例如，人类每个基因中平均含有8.1个内含子，拟南芥（*Arabidopsis thaliana*）每个基因中平均含有4.4个内含子。就连低等动物，如果蝇（*Drosophila melanogaster*），每个基因中也平均有3.4个内含子。而许多原核生物总共也只有几个内含子。也许有人会产生疑问：原核生物想尽量去掉的东西，真核生物怎么会让它存在并且让其繁荣？原因可能有两个：一是真核生物有线粒体提供能量，“财大气粗”，不在乎这点“废物”的存在。真核生物是以质量取胜，即通过自身强大多样的功能取胜，而不是像原核生物那样以数量取胜，所以不必拼命繁殖。二是真核生物巧妙地利用了内含子的存在，用于合成更多的蛋白质。在原核生物中，因为编码序列是连续的，没有“花样”可玩。编码序列什么样，蛋白质就什么样，一个编码程序只能生成一种蛋白质，即一个基因对应一种蛋白质。而在真核生物中，由于编码序列是最后“拼接”起来的，如果改变拼接方法，只使用其中的一些编码区段，让外显子以不同的方式结合，就可以利用同一个基因指导合成不同的蛋白质。这种拼接外显子的方法叫作选择性剪接（alternative splicing）。例如，果蝇的*dsx*基因是性别控制基因，该基因有6个外显子。如果把外显子1、外显子2、外显子3、外显子5、外显子6拼接在一起，就会形成一个使果蝇发育为雄性的转录因子（transcription factors，TFs），如果将外显子1、外显子2、外显子3、外显子4拼接在一起，就会形成一个使果蝇发育为雌性的转录因子。如此，同一个基因就能产生功能完全相反的两种蛋白质。指导合成蛋白质种类最多的基因，要数果蝇的*DSCAM*基因，该基因有24个外显子，可以形成38 016种不同的组合，即生成38 016种蛋白质！而果蝇的全部基因数才15 016个。在人类基因的全部DNA序列测定以后，发现其中只有大约21 000个基因。此结果出乎许多人的预料，甚至有人认为这是对人类的羞辱，因为那么低级的原核生物大肠杆菌（菌种K-12）都有4377个基因，其中4290个基因为蛋白质编码。考虑到人体结构的复杂性远远超过大肠杆菌，人类理应至少有100 000个以上的基因才“合理”。其中的奥妙就在于人类的基因能够灵活地进行选择性剪接，所以2万个左右的基因可以指导合成10万种以上的蛋白质。这就可以解释为什么生物越高级，为蛋白质编码的基因中内含子越多。

为蛋白质编码的基因中出现内含子，转录的mRNA就无法直接在核糖体中指导蛋白质的合成，因为那样会把内含子序列误认为有效编码，合成出错误的蛋白质，所以必须先将mRNA中的内含子去除，然后才能用指导合成蛋白质。而去除内含子的剪接过程是比较慢的，怎样才能防止内含子去掉之前合成蛋白质的过程就已开始？唯一的办法就是阻止核糖体接触到尚未“加工”完毕的mRNA。也就是说，转录和蛋白质合成的场所必须在空间上分开，这就是细胞核的作用。细胞核的核膜能够防止完整的核糖体进入细胞，而mRNA在剪接完成前都不会离开细胞核，这样核糖体接触到的就只能是加工完毕的mRNA。事实上，真核生物在加工mRNA时还不只是去掉内含子，还要给mRNA“穿靴戴帽”，“穿靴”就是给mRNA分子加上一个由100～250个由腺苷酸（A）组成的“尾巴”，这个“尾巴”叫作“多聚A尾巴”。“戴帽”是在mRNA的“头”（5′端）的鸟苷酸中的嘌呤（G）上加1个甲基（$—CH_3$）。这两个修饰使得mRNA分子更加稳定，也等于是给mRNA分子戴上了离开细胞核的“放行徽章”。所以细胞核的出现，是内为蛋白质编码的基因中出现内含子的必然结果。

如果将各种真核生物同种基因中内含子的位置做比较，就会发现内含子的位置有许多是相同的。例如动物和植物之间有17%的内含子位置相同，真菌和植物之间有13%的内含子位置相同。甚至人类和开花植物拟南芥之间，都有25%的内含子位置相同。这些事实说明，真核生物基因中的内含子出现的时间非常早，在所有真核生物的共同祖先中就出现了。根据各种模型的推测，在最早的真核生物中，为蛋白质编码的每个基因平均含有2～3个内含子。由于细菌DNA含有的内含子数量极少，在最初的真核生物形成时，一定有一个内含子数量突然大量增加的事件。由于原核生物经过10多亿年的进化，内含子已基本消除，真核生物的共同祖先又是从原核生物进化而来的，内含子的突然增加是如何发生的？2006年，美国科学家尤金·库宁（Eugene V. Koonin）提出了一个假说，他认为是后来要变成线粒体的α变形菌进入寄主细胞后，其DNA中的内含子“入侵”寄主的DNA并在那里繁殖，使得最初的真核细胞基因中含有大量的内含子。

真核生物为了适应这种情况，进化出了细胞核将DNA和核糖体分开，同时进化出了更有效的方式剪除掉mRNA中的内含子序列，这就是剪接体（spliceosome）。剪接体是由细胞核内的5个小分子RNA（snRNA，包括U1、U2、U4、U5和U6）和蛋白质组成的巨型复合物。5个snRNA分别识别内含子的各个部位，例如，U1会先辨识内含子的5′端剪接位（内含子5′端与外显子结合的地方），而U2识别3′端剪接位（内含子3′端与另一个外显子结合的地方）上游的“分支位点”。该步骤将mRNA上要被剪切除去的内含子定位。然后，由U4-U5-U6组成的三聚体加入，使得分支位点上一个腺苷酸（A）被连到内含子的5′端上，使它脱离外显子，同时内含子的RNA链形成一个“套马索”那样的环状结构。脱离了内含子的5′外显子再与3′外显子结合，内含子即被剪切。

剪接体剪除内含子的过程与Ⅱ型内含子自我剪切的过程极为相似，例如都有形成“套马索”那样的结构和中间步骤，RNA分子的空间结构也高度一致。所以真核生物的剪接体应该是从原核生物的Ⅱ型内含子进化而来的。Ⅱ型内含子进行自我剪切，而剪接体的5个snRNA则是Ⅱ型内含子分开的片段，再与蛋白质形成复合体。所有的原核生物都没有剪接体，剪接体是真核生物进化出来的，即将原来自我剪切的内含子分成几段，再分别与蛋白质结合。即便是在人类细胞中，实际剪切内含子的分子还是剪接体中的snRNA，蛋白质只起辅助作用。核糖体合成蛋白质时，起催化作用的仍然是RNA（rRNA）分子。这些事实都说明，最初的生命是RNA的世界，真核生物基因中的内含子也是由RNA分子中的Ⅱ型内含子进化而来的。

有趣的是，并不是所有的真核生物都含有大量的内含子。对于那些单细胞的真核生物，繁殖速度在生存竞争中仍至关重要。这些单细胞的真核生物与单细胞原核生物一样，都去除了大量的内含子。例如，裂殖酵母（*Schizosaccharomyces pombe*）每个基因平均只有 0.9 个内含子，出芽酵母（*Saccharomyces cerevisae*）的内含子数量更少，每个基因平均只有 0.05 个内含子。而多细胞的真核生物则在进化过程中不断增加内含子的数量，人类甚至达到每个基因平均有 8 个以上的内含子。

因此，线粒体的出现在给真核生物带来充足能量的同时，也带来了内含子的入侵。为蛋白质编码的基因中内含子的出现，又迫使细胞形成细胞核以便将 DNA 和核糖体分隔开来，这大概就是真核细胞出现的根本原因，其他的改变都是在这个基础上进行的。而且细胞核一旦生成，还被赋予其他功能。一些调控基因的蛋白质（例如雌激素受体）平时是存在于细胞质中的，不与 DNA 发生关系。只有当雌激素分子进入细胞与雌激素受体结合时，这些受体才进入细胞核，开始基因调控的工作。细胞质中的蛋白质进入细胞核，细胞核中的 mRNA 进入细胞质，都需要时间，这个时间上的延迟也被真核细胞巧妙地利用，构成生物钟的负反馈回路。不过这些都是核膜的次要作用，其最根本、最重要的功能，还是阻止没有剪接完成的 mRNA 分子接触到合成蛋白质的核糖体，以避免这些带内含子的 mRNA 分子指导合成错误的蛋白质。

主要参考文献

[1] Lopez-Garcia P，Moreira D. Selective forces for the origin of the eukaryotic nucleus. Bioessays，2006，28（5）：525-533.

[2] Koonin E V. The origin of introns and their role in eukary-ogenesis：A compromise solution to the intron-early versus intron-late debate. Biology Direct，2006，1：22.

[3] Rogoain I B，Carmel L，Csuros M，et al. Origin and evolution of splicesomal introns. Biology Direct，2012，7：11.

[4] Lambowitz A M，Zimmerly S. Group II introns：Mobile ribozymes that invade DNA. Cold Spring Harbor Perspectives in Biology，2011，3：a003616.

细胞的信号接收和信号传输

所有生物都是开放系统，从环境中得到能源和建造身体的材料，而环境的状况是生物难以控制的。特别是单细胞生物，因其较小，只有 1 微米左右，除了形成生物膜（由大量细胞在固体表面形成的膜）以便固定自己之外，这些细胞在环境中常常身不由己，很容易“随波逐流”，被水流和风带到不同的地方，因此单细胞生物生存环境的状况，如光照、温度、酸碱度、渗透压、无机盐的种类和浓度、有机物的种类和浓度、其他细胞的存在情形等，都容易发生较大的变动。一旦外部环境发生剧烈变化，单细胞生物必须尽可能稳定细胞内环境，以保证各项生命活动正常进行。这就要求单细胞生物有感知这些变化的手段，以做出相应的反应，例如趋光和避光反应、向营养物浓度高的地方游动、调整自己的酶系统以便合成需要的酶并且停止合成不再需要的酶等。这就是单细胞水平的信号感知和反应系统。

多细胞生物，尤其是结构复杂得多细胞生物，身体的多数细胞生活在相对稳定的内环境中。例如，动物的多数细胞就“浸泡”在组织液中，而组织液的无机盐组成、酸碱度、营养成分、渗透压等都是基本恒定的。但既然是多细胞生物，每个细胞就必须与体内的其他细胞协调活动，使整个身体的状况保持在最佳状态，这就需要细胞之间有信息来往，并对接收到的信息做出反应。动物的身体并非一成不变，动物在其生命周期的不同阶段，身体的状况也在不断变化，各种细胞的种类、数量和活动必须做出相应变化以适应生长、发育、繁殖、衰老化等不同时期的需求。这是由动物体内的信号系统控制的，每个细胞也必须能够接收这样的信息并做出反应。身体活动有昼夜节律，细胞活动必须据此节律做相应的改变。进食后血糖会升高，剧烈运动后心跳会加速，动物必须把状态的变化控制在一定范围内，并且尽快使之恢复至正常水平。多细胞生物在受伤或遭遇微生物侵袭感染时，身体也要做出相应的反应，消除感染并使伤口尽快愈合。这些过程都需要细胞具备接收外部信号和执行所得指令的能力。

因此，细胞接收和传输信息并执行指令的能力是生物对内、外环境变化做出反应的基础。本文将介绍细胞水平上主要的信号接收和传输机制，以及这些机制的形成和进化过程。

1. 蛋白质分子用“开”和“关”的方式传递信息

细胞没有眼睛和耳朵，没有电缆光纤，更没有大脑，有的只是蛋白质、DNA、各种糖类和脂类物质、无机盐，以及各种小分子（如氨基酸和核苷酸等）。如果细胞要用这些分子组成信号传输和反应系统，好像有点强其所难。但细胞又是生物接收信号和做出反应的基础，所以生物必须使用细胞所拥有的材料建造一个信号系统。实际上，生物不仅用这些“材料”建造出了信息处理系统，而且这个系统的工作方式还出人意料的巧妙。

细胞内的各种分子，能够担当此信息系统主角的，只能是蛋白质分子。蛋白质分子不仅能够催化化学反应并参与细胞结构的建造，而且还能在“有功能”和“无功能”或“开”和“关”这两种状态之间转换，这就使蛋白质具有接收和传输信号的功能，类似于计算机用“0”和“1”代表电路“通”和“不通”这两种不同的状态，并借此传递信息。而且由于蛋白质也是细胞中各种生理活动的执行者（例如催化化学反应和调控基因表达），其自身状态的改变也同时会改变其功能状态，从不执行某种功能到开始执行，或者停止执行以前在使用的功能，这些改变就相当于是对信息的反应。在大多数情况下，蛋白质分子（一种或多种）就可以完成所有这些任务。在另外一些情况下，一些小分子（如核苷酸），甚至一些无机离子（如钙离子），也可以起到信号传输者的作用，但是形成或释放这些非蛋白分子和接收这些分子信号的，仍然是蛋白质分子。

（1）蛋白质分子接收信息的原理

要想知道蛋白质分子的功能为何如此强大，先要了解蛋白质分子如何形成自己特有的功能状态。蛋白质是由许多氨基酸线性相连，再折叠成具有三维结构的生物大分子。由于肽链中碳-碳之间的单键可以旋转，这些碳原子伸出的化学键不在一条直线上，理论上同一种蛋白质可以折叠成无数种形状。就好像用牙签把小塑料球穿成串，插在每个塑料球上的两根牙签又不在一条直线上，而且牙签还可以旋转，这根由塑料球和牙签组成的链就可以被折叠成无数种形状。如果是这样，蛋白质就不可能有特定的功能了。幸运的是，细胞中肽链折叠的方式并不是任意的，而是受能量状态的控制。在水溶液中，由于蛋白质分子中各个带电原子之间的相互作用（吸引或者排斥），以及蛋白质分子中亲脂部分的聚团倾向，不同的折叠方式就具有不同的能量状态。绝大多数的结构都具有比较高的能量状态，就像位于山顶或山坡上的石头，处于不稳状态，随时可以滚下坡，而处于最低能量状态的结构就像位于沟底的石头，不会自发滚动，是最稳定的状态。一般来讲，处于最低能量状态的结构就是蛋白质分子在细胞中的结构，也是其执行生理功能时的结构。许多蛋白质（如胰岛素）即以这种状态存在并发挥作用。

但这种能量最低状态的结构是可以改变的。如果蛋白质结合了另一个分子，而该分子也有一些功能基团，蛋白质分子中原子之间的相互作用情形就会发生变化，原来的形状就不一定再是能量最低状态，而要改变成另一种形状才更稳定，这种现象叫作“变构现象”（allosteric effect）。蛋白质的功能高度依赖于其三维空间结构。例如，酶的反应中心通常是肽链的不同部分通过肽链折叠聚到一起形成的，蛋白质形状的改变与功能密切相关，原来没有功能的蛋白质分子会因形状改变而变成有功能的分子，或者原来有功能的蛋白质分子会因此功能丧失。一旦去除结合的分子，蛋白质的形状又恢复原样，这样蛋白质分子就能在功能“开”或“关”状态之间来回转换。

细胞内有成千上万种分子，如果这些分子都能与某种蛋白质分子结合并改变其形状和功能，那么蛋白质分子就不仅仅是在两种形状之间来回变换，而是在数千种形状中变换了。幸运的是这种情形并不会发生。细胞中分子的种类虽多，但这些分子基本上互不结合，而是各行其是。要与某种蛋白质分子结合，首先结合面的形状要完全匹配，这就像碎成两段的卵石，断面必须形状完全吻合才能重新拼在一起。其次是结合面上电荷的分布也必须匹配，一方带有正电的地方，另一方就要带负电，至少不带电，以免出现同种电荷相斥的情形。在这两个条件的限制下，能与蛋白质特异结合的分子便屈指可数了，在很多情况下只能是一对一地结合。这就保证了蛋白质分子只能在两种形状之间来回转换。

这种情形的后果之一是蛋白质能与信息分子特异结合，从而用一对一的方式接收所结合分子所携带的信息。特异结合是信号辨别的首要条件。如果蛋白质不加区别地结合多种类型的分子，假设一种蛋白质能同时结合葡萄糖和二氧化碳，这两种信号也就无从区分了，蛋白质分子也不能只有“开”和“关”，或者说“0”和“1”两种状态。所以每种信息分子都需要能与其特异结合的蛋白质分子一对一地获传递信息。这些与各种信号分子特异结合，并接受其信息的蛋白质分子叫作“受体”（receptor）。与受体蛋白质结合，并且通过改变受体蛋白的形状，将信息传递给受体的分子就叫作“配体”（ligand）。每种配体分子都需要与其匹配的受体分子相结合。在信息链中，信息分子和配体分子是一个意思。

这种与配体分子的特异结合相当于细胞“认字”。在人类的语言中，每个名词代表一个特定的意思，识别这些意思可以先用视觉器官看见这个词，或者用听觉器官听见这个词，这些信号被输入大脑后，还要经过大脑对信号的分析，才能知道某个词的意思。而在细胞水平，每种信号分子本身就是一个词。细胞虽然不能叫出葡萄糖和胰岛素的名字，但是通过受体与它们的特异结合，就相当于接收到这个词所携带的信息。

（2）蛋白分子传递信息的原理

受体通过特异结合感知了某种信息分子的存在后，如何将信息传递下去？在这里细胞采取了相同的策略，即将接收到信号，并且改变了形状的受体分子作为信号传递链中下一级蛋白分子的配体分子，以改变下一级蛋白分子的形状。改变了形状的下一级蛋白分子又可以作为再下一级蛋白分子的配体，信号便这样逐级传递下去，直到最后的效应分子，通过它的形状改变使其活性被激活，或者使原来的活性消失，整个信号的反应过程就完成了。

在受体分子没有结合配体分子时，其形状与下一级蛋白分子不相匹配，不能起到下一级蛋白分子配体的作用，整条链是关闭的。第 1 个受体分子与配体分子结合后，受体分子的形状发生改变，使其变得与下一级的蛋白分子形状匹配，相当于从“关”到“开”，从而能与下一级蛋白分子特异结合，这样逐层依次打开，便构成了细胞中的信息传递链。

通过与配体分子结合改变形状传递信息的方式虽然有效，但也有局限性。蛋白质形状的改变需要配体分子一直与之结合，配体分子一旦离开，蛋白质又会恢复到原来的形状。如果在配体分子离开前信息还未传递下去，就相当于原来接收到的信息又丢失了。这对于不用移动位置就能够传递信息的受体分子不是问题，但是如果作为下一级信息分子的受体必须移动到新的位置才能传递信息，而配体分子又无法和受体分子一起移动时，问题就出现了。例如，细胞外的信息分子常常不能进入细胞，而细胞膜上的受体又常常不能离开细胞膜，这种情况下，细胞膜上的受体又是如何将信息传递到细胞核中去？解决办法就是给细胞内的下一级受体分子打上“印记”，使下一级受体分子在离开上一级配体分子（如细胞膜上的受体）后还能保持变化后的形状。这个“印记”就是对受体蛋白进行修改，例如在氨基酸侧链上加上带电基团，这些基团引入的电荷会改变蛋白质分子中原子之间的相互作用，形状也就相应改变了，而且在配体分子离开后还能继续保持这个状态。

因局部电荷改变而影响蛋白质分子形状的经典例子就是人的镰状细胞贫血。在血红蛋白基因中，第 6 位为谷氨酸编码的 GAG 序列突变成 GTG，所编码的氨基酸变成了缬氨酸。谷氨酸的侧链带负电，而缬氨酸的侧链不带电，相当于蛋白质在那个位置失去了一个负电荷。就是这一个负电荷缺失，使得 β-血红蛋白的形状完全改变，生理功能也就相应地丧失，相当于从“开”变为“关”。当然这种突变造成的氨基酸替换是不可逆的，不能使蛋白质分子起到开关的作用。要让蛋白质分子能够在两种状态之间来回转换，这种修饰必须是可逆的。生物最常用的方法是在蛋白质中一些氨基酸的侧链上加上磷酸基团。磷酸基团含有负电荷，如果在合适的地方将其引入蛋白质分子，即可改变蛋白质的形状和功能。只要这个磷酸基团一直存在，蛋白质的新状态就可以一直保持，而不再需要配体分子。如果这个磷酸基团又可以很方便地除掉，蛋白质的形状和功能就又会恢复到以前的状态。以这种方式蛋白质分子即可在两个状态下来回转化，从而起到开关的作用。在蛋白质分子中加上磷酸基团的过程叫作蛋白质的磷酸化（phosphorylation），催化这个反应的酶叫作蛋白激酶（protein kinase），该过程可将 ATP 分子末端的磷酸基团转移到蛋白质中氨基酸的侧链上去。去掉这个磷酸基团的过程叫去磷酸化（dephosphorylation），催化这个反应的酶叫作磷酸酶（phosphatase）。这两种酶互相配合，可使蛋白质来回地“开”和“关”，成为信号系统中的开关。蛋白质分子中能够反复接受和失去磷酸基团的氨基酸残基有组氨酸、天冬氨酸、丝氨酸、苏氨酸和酪氨酸。

使受体蛋白磷酸化的方式有两种，一种是受体分子自身就有蛋白激酶的活性，但是在没有与配体分子结合时，这种活性是被隐藏了的。受体分子的结合使受体蛋白形状改变，蛋白激酶的活性被释放。如果两个受体蛋白分子又在一起组成二聚体，它们就能互相磷酸化，效果相当于是“自我”磷酸化。另一种方式是配体分子本身就是蛋白激酶，在与下游的受体蛋白特异结合的同时将下游的受体蛋白磷酸化。被磷酸化的蛋白也可能是蛋白激酶，磷酸化后形状改变，其蛋白激酶的活性被活化，又能使更下游的受体分子磷酸化，这样信息也可以一级一级地传递下去。

相反的情形也能够发生，即受体分子在没有结合配体分子时具有激酶活性，结合配体分子后激酶活性反倒消失。不管是哪种情形，都是配体分子的结合使受体分子的状态改变，因而可以传递信息。

细胞的信息传递链不一定完全由蛋白质组成，信息链中的配体分子也不一定是蛋白质，但是它们与受体蛋白的结合也能改变受体分子的形状，或者同时被磷酸化。信息传递链中的某些蛋白质也可以利用它们被激活的酶活性生产一些非蛋白信息分子。这些分子又作为配体分子与下游的受体蛋白结合，改变其形状，从而将信息传递下去。

最后的受体蛋白分子一般是具有其他功能的蛋白质，在与配体分子结合或者同时被磷酸化后其功能被激活，从而发挥效应分子的作用。无论是作为酶催化化学反应，还是通过结合 DNA 调控基因表达，都可以实现细胞对信息的反应。

蛋白质分子和配体分子结合改变形状或者同时被磷酸化，功能也随之改变，改变了功能的蛋白质又可以作为下一级信息分子的配体，使其改变形状或者磷酸化，最后到达效应分子，这就是细胞中信息系统工作的总机制。下文具体介绍细胞中的各种信息传递链。它们虽然各有特点，复杂程度也不尽相同，但是都逃不出这个总的机制。

2. 原核生物的信号传输和反应系统

原核生物基本上都是单细胞生物，与具有内环境的多细胞生物相比，原核生物面临的环境变化更为剧烈，需要能够感知环境变化，并且根据这些变化做出反应的系统。原核细胞虽然相对简单，但是它们的信号系统却巧妙有效。下文介绍原核细胞传递信息和做出反应的具体方式。

（1）原核生物的单成分系统——一个蛋白包揽全过程

在许多情况下，信息分子可以进入细胞内部。一些营养物如氨基酸和糖类物质，可以通过主动运输方式进入细胞内部，相当于信息已经在细胞内，这就减少了细胞内信息传递的旅程。当然，识别这些营养物分子并且将它们转运至细胞内也是信号接收和执行的过程，但是在细胞内的营养分子仍然是原来的信息分子，所以可以将转运过程分开来看。在信息分子进入细胞的情况下，原核细胞中一个蛋白质分子就可以完成信号接收-反应信号输出的全过程，叫作信息传递和反应的“单成分系统”（one component system）。

例如，许多细菌都自身能合成色氨酸（tryptophan），都有能够生产合成色氨酸的酶。但是如果环境中已有足够的色氨酸，细菌再生产合成色氨酸的酶就是一种浪费。细菌如何得知环境中已经有大量的色氨酸，从而关掉与合成色氨酸有关的基因？这个任务看似复杂，需要有分子首先发现细胞内有色氨酸分子，再向细胞“报告”，细胞接到信息后再发出指令，关闭合成色氨酸酶的基因。事实上完成这个任务的只有一种蛋白质，叫 trp 抑制物。当细胞中没有色氨酸的时候，trp 抑制物上的两个 DNA 识别区段彼此靠得很近，此时的 trp 抑制物便因形状不匹配而不能结合在 DNA 分子上。一旦细胞里面有色氨酸分子，色氨酸分子结合到 trp 抑制物上，trp 抑制物的形状就会发生改变，两个 DNA 识别部分彼此分开，使 trp 抑制物正好能够嵌进 DNA 分子上的沟槽内，从而与 DNA 分子结合。trp 分子上识别 DNA 部分的氨基酸序列决定了它们只能与有关酶调控部分的 DNA 序列相结合，即启动子的特殊 DNA 序列上。这种结合相当于给这些基因上了一把“锁”，使这些基因不能被“打开”，有关的酶就不能被合成了。在这里色氨酸就是信号（配体）分子，通过与抑制物结合将信号传出，告诉细胞已经有色氨酸了。抑制物形状改变就是接收信号的过程，而通过形状改变可获得结合 DNA 的功能，结合于有关基因的启动子，阻止细菌生产与色氨酸合成相关的酶，相当于是反应信号的输出。当色氨酸缺乏时，trp 抑制物上没有色氨酸结合，又会恢复到不能结合 DNA 的状态，此时抑制解除，合成色氨酸的酶又可以被生产了。在这个过程中，抑制物并没有发生任何化学变化，改变的只是形状和依赖形状的功能，就起到了开关的作用。一个看似复杂的问题，解决的过程和方法却如此简单。

另一个例子是乳糖酶（lactase）的合成。在环境中没有乳糖的时候，能够水解乳糖并将其变成细胞可以利用的葡萄糖和半乳糖的乳糖酶就应该停止合成。不过这里的情况要复杂一些。细菌最喜欢的“食物”还是葡萄糖，不是乳糖。在有葡萄糖的时候，即便有乳糖存在，水解乳糖的酶也不会合成。只有环境中没有葡萄糖只有乳糖时，水解乳糖的酶才会被合成。细胞是如何感知葡萄糖和乳糖的存在状况并且做出正确决定的？原来细胞里有一种抑制物蛋白，在不结合配体分子时就有功能，这种蛋白结合在 DNA 分子上，阻止乳糖酶的生产。当环境中有乳糖存在时，乳糖的代谢物之一异乳糖（allolactose）便会结合在抑制物上，改变它的形状，使其不再结合在 DNA 分子上，这相当于解除了抑制。但是解除抑制不等于基因就可以表达，还需要具有活化作用的蛋白质来驱动。但是这种活化蛋白质（catabolite activator protein，CAP）自身并不能结合在 DNA 分子上，只有与环腺苷酸（cyclic AMP， cAMP）这种小分子结合后，CAP 才会改变形状并结合于 DNA 分子上，从而激活基因的表达。细胞中 cAMP 的浓度又是与葡萄糖的浓度成反比的。在有葡萄糖的时候，cAMP 的浓度很低，活化分子基本不起作用，无法合成乳糖酶。只有在葡萄糖浓度很低时，cAMP 的浓度才显著上升，使活化蛋白发挥作用合成乳糖酶。在这里，乳糖的代谢物就是信息（配体）分子，通过与抑制物相结合来传递信息，使抑制物改变形状从 DNA 分子上脱落，解除抑制，是反应信号的输入。葡萄糖存在的信号由 cAMP 传递给活化蛋白分子，活化蛋白分子改变形状结合在 DNA 分子上，使基因表达，是反应信号的输出。

在上述两个例子中，都是一个蛋白分子既接收信号又对信号做出反应。在第一个例子中，trp 抑制物在有色氨酸的情况下从无功能变为有功能（trp 抑制物）；在第二个例子中，乳糖酶基因抑制物在有乳糖的情况下从有功能变为无功能，CAP 蛋白在没有葡萄糖的情况下从无功能变为有功能，这些都是单成分系统的典型例子。

单成分系统占原核生物信号传输和反应系统的大部分，这些蛋白质多数通过与 DNA 结合或解离发挥作用，而且它们的 DNA 结合部分都是所谓的“螺旋-转角-螺旋”结构（helix-turn-helix，HTH，由一段短肽链将两段卷成螺旋状的肽链连接在一起）。由于要与 DNA 接触，单成分系统的蛋白质分子必须在细胞之内，因此也只能感知细胞内的信号，对于细胞外的信号则难以探测。为了接收细胞外的信息，原核生物还发展出了含有两个成分的信号传输和反应系统。

（2）通过磷酸根转移传输信号的双成分系统

前文介绍了许多信息分子可以进入细胞内部，省去信息从细胞外传输到细胞内的过程，所以一个分子即可完成信息接收和信息反应的任务。但也有一些信息分子，如硝酸盐和亚硝酸盐，不能进入细胞内部，为了接收细胞外部的信号，细胞表面必须有蛋白质分子组成的受体。这些蛋白质应该是跨膜蛋白，即含有跨膜区段，以便稳定地位于细胞膜上。这些蛋白质在细胞膜外的部分可以跟细胞外的信号分子结合并接收传递的信号；膜内部分则负责将信号传输到细胞内部。由于这些蛋白质位于细胞膜上，不可能再结合 DNA，要想调控基因的表达，还需要细胞内的分子将信息传递给 DNA 分子。因此，该系统至少需要两个蛋白分子协同作用，一个接收细胞外的信号并将信号传递到细胞内，另一个在细胞内接收细胞膜上的受体传递的信号，再进入细胞核调节基因表达，发挥反应信号输出的作用。研究表明，在许多情况下，两个成分的系统即可工作，这叫作信号传输的“双成分系统”（two component system），以区别上文提到的单成分系统。

双成分系统面临的问题是膜上的蛋白如何将信息传递给细胞内的蛋白。在单成分系统中，一个蛋白质分子在结合配体分子后即可完成形状改变和功能改变的过程，因为该配体分子伴随蛋白分子在细胞内移动的全程。而在双成分系统中，细胞外的信息分子却无法伴随细胞膜上的受体将信息传递到细胞核内，故要求细胞膜上的受体将信息传递给细胞内的另一个蛋白分子，此时膜上的受体对于细胞内的蛋白质分子来说就是配体。问题是，膜上的受体不能离开细胞膜，无法与细胞内的蛋白分子一直保持结合状态，伴随其到 DNA 分子上发挥作用。即使细胞内的分子因与膜上受体结合而改变了形状，这种形状的改变也无法在离开细胞膜上的受体后继续保持，所以必须有一种方法，使得细胞内蛋白在离开膜上受体后仍可保持变化后的形状，方法之一就是使细胞内的蛋白质磷酸化。在此，双成分系统采取了“迂回”策略，并非直接将细胞内的蛋白磷酸化，而是通过两个蛋白之间转移磷酸根的方式使细胞内的蛋白磷酸化。这种方式很适合在原核细胞中发挥作用，所以在原核生物中，这种转移磷酸根的方式不止一种。

1）通过组氨酸残基和天冬氨酸残基之间转移磷酸根传递信息的双成分系统

在这个双成分系统中，细胞膜上的受体分子与细胞外的信号分子结合时，受体分子改变形状，同时其“蛋白组氨酸激酶”（protein histidine kianse）的活性被释放，也就是将 ATP 作为磷酸根的供体，给其他蛋白质分子的组氨酸侧链加上磷酸根的活性。但这个活性不是用于使细胞内的蛋白分子直接磷酸化的，而是首先使蛋白质自身磷酸化。通常激酶是使其他蛋白分子磷酸化的，如何才能使自身磷酸化？原核细胞采取了一个很“聪明”的方式，即让受体分子以二聚体的形式存在，这样每个受体分子就有一个其他蛋白质分子在旁边，尽管此蛋白质分子与受体分子相同。在受体分子结合底物分子后，获得的组氨酸激酶的活性就能将二聚体中对方分子的一个组氨酸残基磷酸化。虽然这还是让另一个蛋白质分子磷酸化，但是由于被磷酸化的蛋白质分子与自己相同，效果与自我磷酸化是一样的，所以这个过程也被称为“自我磷酸化”（autophosphorylation）。下文提及的其他受体分子的自我磷酸化即为此意。

但仅靠自我磷酸化还不能将信息传递给细胞内的蛋白分子。此时细胞采取的策略是将磷酸根转移到细胞内的蛋白分子上。受体分子上与组氨酸相连的磷酸键是高能磷酸键，将这个磷酸根转移到细胞内接收信号的蛋白分子的一个含天冬氨酸的侧链上，效果相当于直接将这个天冬氨酸磷酸化。磷酸根转移在生物中是个普遍现象，事实上第1步组氨酸激酶的作用就是将一个磷酸根从ATP转移到组氨酸侧链上。在细胞合成ATP时，有种方式便是将能量代谢中间产物的高能磷酸键上的磷酸根转移到ADP分子上，以合成ATP。

天冬氨酸残基的磷酸化给细胞内蛋白增添了负电荷，使其形状发生改变，从单体结合成二聚体，该二聚体可以结合到DNA上，调控基因的表达。因此，在双成分系统中，膜上接收细胞外信号的分子是组氨酸激酶（histidine kinase，HK），而细胞内接收HK传递的信号并做出反应的分子叫“反应调节因子”（response regulator，RR）。HK接收细胞外的信号之后，信号输出是组氨酸残基上的磷酸根。反应调节因子RR接收HK传递的信号（一个天冬氨酸残基接收HK组氨酸残基上的磷酸根）后状态改变，反应输出是结合于DNA，影响基因表达。

由于反应调节因子以二聚体形式与DNA结合，DNA上面也相应地有两段相同的结合序列。例如，结核杆菌（*Mycobacterium tuboculosis*）决定其致病性的一个信号系统就是双成分系统，叫作PhoP/PhoR，其中反应调节因子PhoP就是以二聚体形式结合在DNA上，结合的DNA序列是：

5′-TCACAGCnnnnTCACAGC-3′

上述DNA序列中有两个完全相同的序列TCACAGC（大写字母表示），分别与二聚体中的两个反应调节因子结合，其间被4个碱基对分开（小写字母n表示）。这个直接重复序列（方向相同的DNA重复序列）也说明在反应调节因子的二聚体中，两个反应调节因子的朝向相同，即以“脸靠背”的方式结合成二聚体。

多数情况下，双成分系统都是以这种方式工作的，即通过反应调节因子结合于 DNA 上发挥作用，通过基因表达状况的改变实现生物对外界信号的反应，这与单成分系统大多也是通过与 DNA 结合发挥作用一样。但并非所有的反应调节因子都通过结合 DNA 发挥反应信号输出的作用。例如有的反应调节因子在被磷酸化后具有“双鸟苷环化酶”（diguanylate cyclase）的活性，使两个 GTP 分子能够彼此相连，成为一个环状信号分子，再将信息传递给其他系统。有些还具有“甲基转移酶”（methyltrasferase）的活性，通过在分子之间转移甲基（而不是转移磷酸根）传输信号等。

在受体 HK 未接收到信号时，便不再让自身的组氨酸磷酸化，而是具有磷酸酶的活性，脱掉反应调节因子中天冬氨酸残基上的磷酸根，使其转换回无功能状态，以供受体 HK 下次使用。所以受体分子既可以是组氨酸激酶，又可以是磷酸酶，关键在于是否有外部信号分子结合。这种“身兼两职”是原核细胞受体 HK 系统的特点。在真核细胞中，激酶和磷酸酶是不同的分子，以增加调节的灵活性。

为了对不同的信息加以区分，一种受体 HK 只与它反应调节因子配对，所以信号只能传递给自己的反应调节因子，而不会传递给其他受体 HK 的反应调节因子，这样不同受体 HK 接收到的信号（相当于认识到不同的词）就不会在反应调节因子阶段相混淆。在许多细菌中，受体 HK 的基因与其配对的反应调节因子的基因存在于同一个操纵子（operon）中，受同一个启动子控制，这样可以保证它们同时被表达或同时不表达，从而避免受体 HK-反应调节因子对中，只有其中一个蛋白被表达，而与其配对的蛋白却不被表达的情形。

2）通过丝氨酸残基和苏氨酸残基之间的磷酸根转移传递信息的双成分系统

在原核细胞的双成分系统中，感受外部信号，自我磷酸化，并将磷酸根传递给反应调节因子（RR）的并不仅限于组氨酸激酶。例如，B 族链球菌（group B streptococcus）就有使用丝氨酸或苏氨酸激酶传递信息的双成分系统。B族链球菌平时寄生在人的消化道和尿道内，在某些情况下可以引起感染并出现炎症。这是因为B族链球菌在一些情况下能够产生毒素。控制毒素（如β-溶血素）产生的有多个双成分系统。一个是“经典”的受体 HK-RR 系统，由 CovS 和 CovR 组成。CovS 是感受蛋白，具有组氨酸激酶的活性，它将磷酸根传递到反应调节蛋白 CovR 的一个天冬氨酸残基上，使 CovR 结合在 DNA 上，启动β-溶血素的生产，使B族链球菌产生致病性。而在非致病状态下，另一个膜蛋白 Stk1 却具有丝氨酸/苏氨酸激酶活性，而且能够将磷酸根转移到 CovR 的一个苏氨酸残基上，使它不能结合于 DNA，β-溶血素也无法生成。

虽然在原核细胞双成分系统中，使用丝氨酸/苏氨酸激酶的双成分系统只占小部分，大部分仍然使用组氨酸激酶系统，但是丝氨酸/苏氨酸激酶在原核细胞中出现却意义重大。组氨酸激酶系统是在组氨酸侧链中咪唑环第3位氮原子加上磷酸根，而丝氨酸/苏氨酸激酶系统却是在丝氨酸和苏氨酸侧链的羟基上加磷酸根。磷酸化的对象不同，对酶结构的要求也不一样，所以丝氨酸/苏氨酸激酶的结构也与组氨酸激酶不同，却与同样是在羟基上（尽管是在与苯环相连的羟基上）加磷酸根的酪氨酸激酶相似。例如，丝氨酸/苏氨酸激酶和酪氨酸激酶的催化域都由大约270个氨基酸残基组成，而且都分为12个亚域。在催化中心都有1个天冬氨酸残基，在 ATP 结合部分都有1个赖氨酸残基，而且附近都有富含甘氨酸的氨基酸序列等。在这些相似性的基础上，这两种激酶被认为有共同的来源，统称为 Hanks 激酶，以该领域内的主要研究者美国科学家 Steven K. Hanks 命名。

丝氨酸/苏氨酸激酶在原核生物中被发现，也表明原核生物已经具有发展出酪氨酸激酶的基础，因为在酪氨酸残基上加磷酸基团，与在丝氨酸和苏氨酸残基上加磷酸基团一样，也是通过侧链上的羟基，激酶的催化机制类似。由于磷酸化之后的组氨酸和天冬氨酸的化学结构不是很稳定，而磷酸化的丝氨酸、苏氨酸、酪氨酸却很稳定，适合在多细胞的动物细胞内参与信息的传递，这就为动物细胞内高度复杂的信号传递系统奠定了基础。

3. 动物细胞的信号传输系统

原核细胞中信号系统的数量与基因总数的平方成正比，即细胞需要控制的参数随着基因数的增加而非线性地快速增加。结构比较简单的原核生物如此，结构更为复杂的多细胞动物更是如此。例如，人的身体就由多个系统组成，每个系统包括若干器官，每个器官有不同的组织和不同类型的细胞，这样人体内细胞的总数就超过 60 万亿个，分为 200 种不同类型的细胞。超过 2 万个基因控制着所有细胞的活动。人体不仅要协调所有细胞的活动，还要对外部环境的变化做出反应，需要非常复杂的信号接收、信号传递，以及信号处理系统。在细胞水平上，位于细胞膜上接收细胞外来信号的受体分子种类增加，机制多样；细胞内传递信息的分子则分为多个层次，而且信息链之间互相交连，形成复杂的信息网络系统。下文将逐个介绍多细胞动物身体中，细胞水平上的信号系统。为叙述简洁起见，下文用“动物”一词代表多细胞动物。

动物细胞虽然复杂，但并非所有的信号系统都复杂。能用简单方式解决问题，就不需要更加复杂的系统。动物细胞的单成分系统就是一个实例。本文从这个最简单的信号传输和反应系统开始介绍。

(1) 动物细胞的单成分系统

许多信息分子是亲脂的，通过扩散作用可穿过细胞膜到达细胞内部，直接将信息传递给细胞内的受体分子。例如，雌激素[estrogen，如雌二醇（estradiol）]、雄激素[androgen，如睾酮（testosterone）]、孕酮（progesterone，又称黄体酮）、糖皮质激素（glucocorticoid）、盐皮质激素（mineralcortocoid）等都是以胆固醇为原料合成的信号分子，统称为“类固醇”（steroid）类分子。它们具有与胆固醇分子类似的基本骨架，可以直接穿过细胞膜进入细胞。除了类固醇类的分子外，甲状腺素[thyroxine，包括三碘甲状腺素 triiodothyronine（即所谓的 T3）和四碘甲状腺素 tetraiodothyronine（即所谓的 T4）]，维生素 A 和维生素 D、视黄酸（retinoic acid）也是亲脂性分子，也可以直接穿过细胞膜进入细胞内部。由于信息分子可以直接进入细胞内部，省去将信号从细胞外传递到细胞内的步骤，信号传输系统相对比较简单，尤如原核生物的单成分系统，仅用 1 个分子即可完成任务。

在细胞内部等待与信号分子结合的，也是一类受体分子，在与这些信号分子结合后，即可作为转录因子结合在 DNA 上影响基因的表达，所以在与配体分子结合后，这些信号分子就变成了转录因子。这类分子的基本结构相似，都以二聚体形式与 DNA 结合，与 DNA 结合的结构都是“锌指”（zinc finger，即蛋白质分子中的指状突起，里面含有锌离子），所以这些蛋白被归为一类，叫作“核受体”（nuclear receptor），可以直接在细胞核中发挥作用。

核受体主要分为两类。第一类平时存在于细胞质中，与热休克蛋白结合。此时的核受体没有生理活性。在与进入细胞的信号分子（配体分子）结合后，核受体的形状发生改变，从热休克蛋白上脱落，形成二聚体。这时分子中所含的进入细胞核的信号肽链被暴露，被核膜上的通道识别并被转运到细胞核内，以转录因子的身份调控有关基因的表达。这一类的核受体包括雌激素受体、雄激素受体、孕激素受体、糖皮质激素受体、盐皮质激素受体等。

第二类核受体平时存在于细胞核中。在没有信号分子（配体分子）时，此类核受体与“辅抑制物”（co-repressor）分子结合，没有转录因子的活性。在与配体分子结合后形状改变，与辅抑制物分子脱离，改而与“辅活化物”（co-activator）分子结合，作为转录因子调控有关基因的表达。这类受体包括视黄酸受体、甲状腺素受体、维生素 D 受体等。

由于核受体以二聚体形式与 DNA 结合，DNA 上也有两个相同的序列对应这两个核受体分子。在多数情况下，这两个 DNA 序列彼此相同，但是方向相反，彼此之间有三个碱基对的距离。如果将两条 DNA 链的序列都写出来，并且用大写字母表示结合序列，用小写字母 n 表示非结合序列，雌激素受体结合的 DNA 序列如下：

5′-AGGTCAnnnTGACCT-3′

3′-TCCAGTnnnACTGGA-5′

由于 DNA 双螺旋中的 2 条链序列互补且方向相反，如果从另一条链读上述序列，而且也是从 5′ 至 3′ 的方向，读出来的序列与上面的序列是相同的，例如上面序列中右半部分的TGACCT，在互补链上倒过来读即为AGGTCA，正好与上面序列中左半部分的序列相同。这种序列即为“回文结构”（palindrome），即正读和倒读都是一样的序列。例如英文中的“madam”和中文中的“人人为我，我为人人”就是回文结构。

核受体在DNA上的结合序列为回文结构这一事实，说明在二聚体中两个核受体分子是以“面对面”的方式结合的，因此方向相反。回文结构中间的三个碱基对（用n表示）则是两个核受体分子DNA结合区之间的距离。这与原核细胞中双成分系统中反应调节因子的DNA结合情形不同。在反应调节因子的DNA结合序列中，两个结合序列方向相同，说明两个反应调节因子是以“面对背”的方式结合的，因此二聚体中两个蛋白的方向是相同的。

雄激素受体结合的DNA序列与雌激素受体结合DNA序列相似。事实上，多数核受体的DNA序列都是上文给出的雌激素受体DNA结合序列的变种，一般只有2～3个碱基对不同。这说明所有的核受体都有共同的来源，后来逐渐分化为不同信号分子的受体。

动物的单成分系统和原核生物的单成分系统有许多相似之处，例如都由1个分子构成，平时都位于细胞内，在与配体分子结合后改变形状，与DNA结合调控基因的表达。但它们之间也有巨大差别。例如原核细胞的单成分系统中蛋白质是单体在起作用，而动物的核受体则是二聚体在起作用。原核系统中蛋白质与DNA结合的结构是“螺旋-转角-螺旋”结构（helix-turn-helix，HTH，是一段DNA短链将两段卷成螺旋状的DNA链连接在一起），而动物的核受体是用锌指结构与DNA结合，所以它们结合的DNA序列也不同。

这些差别说明，动物的单成分系统与原核生物的单成分系统是由不同类型的蛋白质分子组成的，彼此并无传承关系。原核生物的单成分系统在动物中没有发现，说明在动物中已经被淘汰。而动物的单成分系统在原核生物中也不存在，所以是真核生物自己发展出来的。而且这种系统只存在于动物中，在单细胞的原生动物、藻类、真菌、植物中都没有发现，说明这是动物在进化过程中为适应动物的特殊需要而出现的。这从单成分系统的数量随着动物复杂性的增加而增加也可以看出来。例如，最原始的动物海绵只有 2 种核受体，栉水母也只有 2 种，扁盘动物中的丝盘虫有 4 种，刺细胞动物中的海葵已经增加到 17 种，小鼠有 49 种，人有 48 种。出乎意料的是比较低级的线虫居然有 270 种！也许线虫还没有发展出高等动物的信号系统，而更多地依赖这种简单而有效的单成分系统。

（2）动物细胞的双成分系统

与原核细胞一样，动物细胞外的许多信息分子不能用扩散的方式穿过细胞膜进入细胞内部。尤其动物还用多种多肽分子（较小的蛋白类分子，长度从几个氨基酸到几十个氨基酸不等）和蛋白分子作为信息分子在细胞之间传递信息，如胰岛素（insulin）、胰高血糖素（glucagon）、生长激素（growth hormone）、催乳素（prolactin）、催产素（oxytocin）、上皮生长因子（epidermal growth factor）、白细胞介素（interleukin）等。与胚胎发育有关的一些信息分子，如 Wnt 蛋白、刺猬蛋白（hedgehog）、成纤维细胞生长因子（FGF）、骨成型蛋白（BMP）等也都是蛋白分子。这些多肽分子和蛋白质分子无法通过细胞膜进入细胞，要想传递所携带的信息，必须在细胞表面有专门的受体蛋白来接收。

由于多数信息最后可导致基因表达的改变，因此这些信息必须有某种方式传递到细胞核中，而膜上的受体显然无法做到。这就需要细胞内的分子将信息中转到细胞核中，所以靠细胞表面受体接收信息的系统至少需要两个成分。虽然总体来说，动物细胞传递信息的系统要比原核生物复杂得多，但动物也有一些类似原核生物那样的双成分系统，只是具体的作用机制有些差别。

在原核细胞中，细胞膜上的受体蛋白具有组氨酸激酶的活性，在与配体分子结合时，将自身的一个组氨酸残基磷酸化，然后再将该磷酸根转移到细胞内的反应调节因子的一个天冬氨酸残基上。被磷酸化的反应调节因子结合在 DNA 上，调节相关基因的表达。而在动物细胞中，具有组氨酸激酶活性的受体蛋白被淘汰，取而代之的是具有酪氨酸激酶活性的细胞表面受体。这些受体一般也以二聚体形式存在，在有配体分子结合时形状发生改变，激活酪氨酸激酶，并将自身磷酸化（其实是双体中的受体蛋白分子彼此磷酸化），所以在动物细胞中，被磷酸化的氨基酸残基不是组氨酸，而是酪氨酸。

从这一步往下，动物细胞传递信息的方式也与原核生物有些不同。在原核生物中，受体分子将自我磷酸化后的磷酸根转移到反应调节因子的天冬氨酸残基上，而在动物细胞中，酪氨酸残基上的磷酸根并没有被转移到细胞内传递信息的分子上，而是受体蛋白利用自身的酪氨酸激酶活性，直接将细胞内负责传递信息的蛋白质分子上的一个酪氨酸残基磷酸化，最终使细胞内传递信息的分子磷酸化，改变其性质后，再将信息传递下去。这一类具有酪氨酸激酶活性的受体叫作“受体蛋白质酪氨酸激酶”（receptor protein tyrosine kinase，RTK），中文简称“受体酪氨酸激酶”，在动物细胞中信息传递过程中起重要作用。

受体酪氨酸激酶将信息传递至细胞核的方式有多种，有些非常复杂，要经过几次信息传递，即需要多个信息分子用接力的方式，才能将信息传递至细胞核中。但是动物细胞中也有“快速通道”，直接将信息从细胞膜传递进细胞核，这就是动物细胞的双成分系统。

1）EGF 受体-STAT 双成分系统

动物细胞双成分系统的一个典型例子，就是上皮生长因子（EGF）传递信号方式中的一种。位于细胞膜上的 EGF 受体在与 EGF 分子结合后，形成二聚体，使“自我”磷酸化，再用已激活的酪氨酸激酶活性使细胞内的信息分子磷酸化。此处，细胞内的信息分子类似原核细胞中的反应调节因子，也是在被磷酸化后与 DNA 结合从而影响基因的表达。接收 EGF 受体信息的是一类叫作“信号传输和转录活化因子”（signal transducers and activators of transcription，STAT）的蛋白质。STAT 蛋白除了有能够被磷酸化的酪氨酸残基外，还有一个功能域，可以与磷酸化的酪氨酸残基结合，叫作“SH2 域”（Src homology 2，表示与 Src 蛋白上的一个功能域相似）。由于被磷酸化的 STAT 分子上既有被磷酸化的酪氨酸残基，又有能够结合磷酸化的酪氨酸残基的 SH2 域，两个 STAT 分子彼此结合形成二聚体，进入细胞核与 DNA 结合，调控有关基因的表达。

既然以二聚体形式与DNA结合，与STAT分子结合的DNA序列也相应含有2个结合区域，而且与核受体的结合区一样是回文结构，说明2个STAT分子也是以“面对面”的方式形成二聚体的。人体内有7种STAT分子，从不同的细胞表面蛋白接收信息，这些STAT分子的结合DNA序列非常相似，核心序列都是：

$$5'\text{-TTC（n）}_{3\sim4}\text{GAA-}3'$$

$$3'\text{-AAG（n）}_{3\sim4}\text{CTT-}5'$$

将2个结合序列分隔开的是3～4个碱基对。不同的STAT分子对间隔长度的要求不同。例如，STAT6与含有4个碱基对间隔的结合序列亲和力更高，而STAT1和STAT3更倾向于使用3个碱基对的间隔。STAT5与含有2个碱基对间隔的序列也可以结合，但若与含有4个碱基对间隔的序列结合，其亲和力则要小得多。除了核心序列，不同的STAT分子对其周围的序列也有“偏好”，这样不同的STAT分子就能与相应的基因启动子结合，信号就不会彼此混淆了。

2）Jak-STAT双成分系统

除了从EGF受体接收信息，STAT分子还从干扰素（interferon）受体接收信息，只是过程更加复杂。干扰素是人体的免疫细胞在受到病毒入侵时分泌的信号蛋白，以便给周围细胞传达有病毒入侵的信号，让这些细胞启动对抗病毒入侵的程序。干扰素受体在结合干扰素后也会形成二聚体，不过干扰素受体并不具备蛋白激酶的活性，而是将与其结合的细胞内的酪氨酸激酶Jak活化（Janus Kinase，以罗马双面神Janus的名字命名，因为它含有两个几乎相同的催化域，但其中一个只起调控作用）。由于受体在结合干扰素后形成二聚体，它们也能与两个Jak激酶分子结合，让它们彼此靠近并将对方磷酸化。磷酸化后的Jak激酶活性更高，再将受体的酪氨酸残基磷酸化，还能使受体分子上的多个酪氨酸残基磷酸化。这些磷酸化的酪氨酸残基作为STAT分子的“停靠码头”，通过它们的SH2域与磷酸化受体结合，使它们靠近Jak激酶，从而被Jak激酶磷酸化。总的结果是干扰素与受体的结合导致了STAT分子的磷酸化，与EGF受体直接使STAT分子磷酸化相同，但这里借助了Jak激酶的作用。

在这个过程中，Jak激酶可看作原本受体激酶的一部分，后来分离出去，由不同的基因编码。所以 Jak-STAT 系统仍然可以看成双成分系统，是信息从细胞膜传递到 DNA 的“直通车”。激酶部分从受体分离出去的情况在原核生物中就已经出现，使得细胞获得多一层的调控机制，例如可以在细胞质中自由运动的激酶部分就能使多种受体磷酸化。

3）TGF-β/BMP-Smad 双成分系统

另一个细胞膜-DNA 信息“直通车”系统就是“转化生长因子-β”（transforming growth factor-β，TGF-β）受体或骨成型蛋白 BMP 和 Smad 组成的双成分系统。TGF-β 是动物细胞分泌的信号蛋白分子，可以使成纤维细胞的性质发生变化。TGF-β 和骨成型蛋白 BMP 属于同一蛋白超级家族，它们的下游信号分子同属另一个家族的蛋白质，叫 SMAD。

SMAD 是细胞内传递信息的蛋白，由果蝇中 MAD（mother against decapentaplegic）和线虫中同源分子 SMA（small body size）两个名称合并而成。SMAD 蛋白分为三类。第一类是从受体处接收信号的 R-SMAD（R 表示 receptor），包括 SMAD1、SMAD2、SMAD3、SMAD5 和 SMAD8/9。第二类是起协助作用的 co-SMAD（其中 co 表示 common mediator），只有 SMAD4 这一种。第三类是起抑制作用的 I-SMAD（其中 I 表示 inhibitory），包括 SMAD6 和 SMAD7，起到抑制前两类 SMAD 蛋白的作用。

细胞表面有两类受体分子（类型Ⅰ和类型Ⅱ）能与 TGF-β 和 BMP 结合。它们除了能与这些信息分子结合外，还具有丝氨酸/苏氨酸蛋白激酶的活性，能够在下游蛋白分子中的丝氨酸或苏氨酸残基上加上磷酸基团。这两种受体都以二聚体形式存在，在与配体分子结合后形成四聚体（包含 2 个Ⅰ型受体和 2 个Ⅱ型受体）。Ⅱ型受体会使四聚体中的Ⅰ型受体磷酸化，使Ⅰ型受体活化。活化的Ⅰ型受体又会使细胞内 SMAD 分子磷酸化，活化这些分子，使信号传递下去。

如果 BMP 与Ⅰ型受体和Ⅱ型受体结合，活化类型Ⅰ受体时，R-SMAD 中的 SMAD1 和 SMAD5 被磷酸化进而被活化。活化的 SMAD1 和 SMAD5 再和 SMAD4 形成三聚物并进入细胞核，起转录因子的作用，调控基因表达。如果是 TGF-β 结合在Ⅰ型和Ⅱ型的受体上，则是 SMAD2 和 SMAD3 被磷酸化进而被活化。活化了的 SMAD2 和 SMAD3

也与 SMAD4 结合形成三聚物，进入细胞核调控基因表达。因此双成分系统也可以通过受体的丝氨酸/组氨酸激酶活性传递信息。

（3）动物细胞的“激酶多米诺骨牌”多成分系统

动物细胞的单成分系统和双成分系统虽然快捷有效，但在这两种系统中，信号基本上是“单线传递”的，即一种信号对应一种反应物分子。而动物细胞受到大量外部信号分子控制，如果每种信号都是单线传递、各自反应，彼此之间没有联系，没有细胞总体上的宏观调节，则无法精密控制动物细胞高度复杂的生理活动并对外界信号做出综合反应。如果信号传输链被分成许多段，每段由不同的蛋白质负责，这些位于信号链中间的蛋白质就可以同时从几种信号传递链上获取信号，也可以将信号传输给不同的信号链。这种信号传递链之间的横向联系，就可以组成动物细胞中的信息传递链和信息处理网，综合平衡各种信号，最后做出细胞最优反应策略。这种多成分信息传递通路之一，就是由多个激酶组成的信息传递链。

与原核生物用细胞表面的受体组氨酸激酶接收和传递信号不同，许多动物细胞表面的受体使用酪氨酸激酶活性接收和传递信号。上文介绍过的 EGF 受体就属于这类。除了 EGF 受体，还有多种蛋白质或多肽信息分子的受体也都是酪氨酸激酶型受体，包括胰岛素（insulin）、胰岛素样生长因子（insulin like growth factor-1，IGF-1）、神经生长因子（nerve growth factor）、血小板源生长因子（platelet derived growth factor，PDGF）、成纤维细胞生长因子（fibroblast growth factor，FGF）、肝生长因子（hepatocyte growth factor，HGF）、血管内皮细胞生长因子（vascular epithelial growth factor，VEGF）、巨噬细胞集落刺激因子（macrophage colony-stimulating factor，M-CSF）等。这些信息分子不仅利用受体的酪氨酸激酶活性传递信息，而且信息链的组成远比双成分系统复杂，是多层次、多成分的。人的细胞一共含有 58 种酪氨酸激酶型细胞表面受体，其中多数是多成分系统中的组成部分。

在这类系统中，每个细胞表面受体的单体都含有一个跨膜区段，有一个位于细胞膜外的氨基端和一个位于细胞膜内的羧基端。不同受体细胞外的部分结构不同，与不同的配体分子结合，以保证信号不被混淆。在没有配体分子时，有些受体以单体存在，有些以二聚体形式存在。在有配体分子时，受体分子形成二聚体，以便自我磷酸化。为了将受体分子组合成二聚体，有些配体分子本身就以二聚体形式存在，如 PDGF。EGF 虽然以单体形式存在，但在结合受体分子时，还同时与细胞表面的蛋白多糖分子硫酸乙酰肝素（heparan sulfate proteoglycan，HSPG）结合，依靠 HSPG 分子周期性地排列将两个 EGF 分子带到一起，起到二聚体的作用。

原核细胞的组氨酸激酶型受体在将自身的一个组氨酸残基添加磷酸根后，就完成了自我磷酸化任务，向下传递信息的方式是将组氨酸上的磷酸根转移至反应调节因子中的天冬氨酸残基上。而动物细胞的受体酪氨酸激酶在给自身的一个酪氨酸残基上添加磷酸根后，自我磷酸化的过程还没有结束。第一个酪氨酸残基被磷酸化后，受体的酪氨酸激酶活性增加，进一步给受体分子中的其他酪氨酸残基上也添加磷酸根，最后在受体分子上形成多个磷酸化的酪氨酸残基。这些磷酸酪氨酸并非将所携带的磷酸根转移到下一层的信号分子上，而是作为细胞内其他信号蛋白的“停靠码头”，让信号蛋白结合在受体分子上，改变性质并将它们活化，从而将信号传递下去。

细胞内从酪氨酸激酶型受体分子上接收信息的蛋白质分子具有 SH2 域，能够识别磷酸化的酪氨酸。上文提到 EGF 受体-STAT 双成分信号通路时就已提到了 SH2 域，STAT 蛋白分子即是通过该 SH2 域与 EGF 受体上磷酸化的酪氨酸残基结合。SH2 域的形状类似双孔插座，一个孔接受受体分子上磷酸化的酪氨酸残基，另一个孔接受该酪氨酸残基附近隔两个氨基酸残基的异亮氨酸。受体分子上这两个氨基附近的其他氨基酸残基不同，决定了不同蛋白需要不同的 SH2 域与之结合，如此，不同的信号蛋白就能与受体分子上不同的磷酸酪氨酸结合。例如，PDGF 受体被活化后，位于分子第 740、751、771、1009、1021 位上的酪氨酸残基都被磷酸化。细胞内的 PI3 激酶结合于第 740 和 751 位的磷酸酪氨酸，GAP 结合于第 771 位的磷酸酪氨酸，磷脂酶 C-γ（PLC-γ）结合在第 1029 位和第 1021 位的磷酸酪氨酸上。所以活化的受体就像一个码头，可以让多只船舶分别在各自的船位停靠。这样同一个受体分子就可以将信号传递向不同的信号通路，其中最主要的 MAP 激酶通路。

1）由多个激酶组成的信息传递“多米诺骨牌”链——MAP 激酶通路

在受体酪氨酸激酶向下传递信息时，主要通路之一通向 MAP 激酶。MAP 激酶是这条通路中比较靠近“下游”的信号传递分子，几乎是信息传递链的终端，所以这条通路被称为 MAP 激酶通路。该通路的特点是信号传递过程中，多数通过激酶反应完成，即这条信息链的主要部分由激酶组成。在没有外界信号时，这些激酶都未被磷酸化，不具有蛋白质激酶活性，处于关闭状态。当信号分子结合到细胞表面受体时，信号链启动，活化后的激酶分子将下一级的激酶磷酸化并将其激活。被激活的激酶继续磷酸化更下一级的激酶，使其活化。这样的激酶链就像多米诺骨牌，第一个激酶被活化（这里相当于倒下）会使后面的激酶逐级次第活化（倒下）。直至将信号传递给 MAP 激酶。

MAP 激酶（mitogen-activated protein kinase，MAPK），全称是“促分裂素原活化的蛋白激酶”。在研究早期，科学家尚不明确有多少种信号可以活化 MAP 激酶，所以命名时较为宽泛，称为“外部信号调节的激酶”（extracellular signal regulated kinase，Erk）。目前这两种名称都在使用，且指的是同一个蛋白激酶。与受体酪氨酸激酶不同，MAP 激酶是丝氨酸/苏氨酸激酶，即在蛋白质分子的丝氨酸/苏氨酸残基上加磷酸根以改变它们的性质，从而对传入细胞的信息做出最终反应。位于 MAP 上游的激酶，即组成激酶多米诺骨牌链的也都是丝氨酸/苏氨酸激酶，包括 Raf 和 MEK。MEK 是使 MAP 激酶磷酸化的酶，所以是 MAP 激酶（即 MAPK）的激酶（MAP kinase kinase，MAPKK）。Raf 是 MEK 的激酶，所以是 MAP 激酶的激酶的激酶（MAP kinase kinase kinase，MAPKKK）。Raf 的磷酸化使得 MEK 磷酸化，MEK 的磷酸化又使 MAPK 磷酸化，组成激酶的“多米诺骨牌”链：Raf（MAPKKK）—MEK（MAPKK）—MAP 激酶（MAPK）。

MAP 激酶几乎是信号链中最终端的激酶，它使最后对外来信号做出反应的蛋白质分子（称为“效用分子”，effector proteins）磷酸化，改变其性质，使其发挥作用。例如，MAP 激酶可直接使转录因子 Myc 磷酸化，在其第 62 位的丝氨酸残基上加上磷酸根，延长 Myc 分子的寿命，从而在基因调控上起到更多作用。对于有些效用分子，MAP 激酶还需要再经过一次激酶步骤，才能使效用分子磷酸化。例如 MAP 激酶不能直接使转录因子 CREB 磷酸化，而是先使 Mnk 激酶磷酸化，磷酸化的 Mnk 激酶才能使 CREB 分子中第 133 位的丝氨酸残基磷酸化并与其他转录因子一起结合到 DNA 上影响基因的表达。再如合成蛋白质的核糖体中含有一个亚基蛋白 S6。S6 的磷酸化可提高核糖体合成蛋白质的效率。但 MAP 激酶不能直接使 S6 蛋白磷酸化，而是先使 S6 亚基激酶磷酸化，S6 亚基激酶再使 S6 蛋白磷酸化。从这些例子可以看出，MAP 激酶是这条信息链上最后的共同激酶，是信息向各种效用分子传递的分支点。而且 MAP 激酶使最后的效应分子磷酸化时，使用的还是激酶信号传递链。例如上文谈到的转录因子 CREB 的活化就是通过 Mnk 激酶，而 Mnk 激酶又是被 MAP 激酶磷酸化的。所以 Raf 应该是“CREB 的激酶的激酶的激酶的激酶”（CREBKKKK）。在动物细胞中，这类由激酶组成的多米诺骨牌链是信息传递的重要方式。

2）G 蛋白的作用

在 MAP 激酶信号传递链中，从 Raf 到效用分子的部分由激酶组成，并且都位于细胞质中。但是信号从位于细胞膜上的受体酪氨酸激酶传递到 Raf 的途径却迂回曲折。其中一个重要的节点是 Ras 蛋白。Ras 蛋白得名于最初发现它的大鼠肉瘤（rat sarcoma）。但 Ras 蛋白的活化并不依赖磷酸化，而且 Ras 蛋白也不是激酶，它输出信息的方式也并非直接将 Raf 磷酸化。要想知道信息是如何从受体分子传递到 Ras，再从 Ras 传到 Raf 分子上的，这就要了解 Ras 蛋白的工作方式。

Ras 是“鸟苷酸结合蛋白”（quanosine nucleotide binding protein，G protein）家族的成员，中文名称是 G 蛋白。G 蛋白分为两大类：“小”的 G 蛋白和“大”的 G 蛋白。“小”G 蛋白分子量在 2 万～2.5 万，以单体存在。Ras 就是小 G 蛋白的一种。另一大类属于“大”的 G 蛋白，分子量在 4 万以上，叫 G_{α}，在处于关闭状态时与另外 2 个蛋白 G_{β} 和 G_{γ} 组成的二聚体 $G_{\beta\gamma}$ 结合，形成异质三聚体（$G_{\alpha\beta\gamma}$）。大 G 蛋白 G_{α} 和小 G 蛋白 Ras 虽然有大小之分，但其调控机制相同。它们既能够结合 GTP（三磷酸鸟苷），也能够结合 GDP（二磷酸鸟苷）。在结合 GTP 时处于活化状态，而结合 GDP 时分子是另一种形状，不具有活性。如果用 GTP 取代 GDP，相当于在 G 蛋白分子上增加 2 个负电荷，其效果相当于使蛋白的一个氨基酸残基磷酸化，所以使蛋白质磷酸化和用 GTP 置换 GDP 的原理相同，都是通过在蛋白质分子上增加负电荷使蛋白质分子形状改变。首先介绍小 G 蛋白 Ras 的功能，大 G 蛋白 α 的功能会在后文介绍。

既然活化 Ras 的方法是将结合的 GDP 替换成 GTP，那就需要一个蛋白质来执行。此处由鸟苷酸置换蛋白（guanosine nucleotide exchange factor，GEF）完成。GEF 结合在 G 蛋白上，使 G 蛋白和 GDP 的结合变得松弛。由于细胞中 GTP 浓度远高于 GDP，G 蛋白分子上的 GDP 就被 GTP 自然置换。G 蛋白结合 GTP 后改变形状并处于活化状态，可以将信息传递给下游的分子。G 蛋白在完成传递信息的任务后，将结合的 GTP 变成 GDP，恢复至失活状态。G 蛋白具有 GTP 水解酶的潜在活性，与细胞中的另一个蛋白——GTP 酶活化蛋白（GTPase-activating protein，GAP）结合后，水解酶的活性被激活，GTP 被水解为 GDP，同时释放 1 个磷酸分子，G 蛋白恢复至失活状态。因此 GEF 蛋白活化 G 蛋白，而 GAP 蛋白使 G 蛋白失活，这两种蛋白使 G 蛋白能够在两种状态下来回变换，作为信息传递链中的“开关”。活化 Ras 的 GEF 和受体有什么关系？

受体酪氨酸激酶要将信息传递给 Ras，首先需要活化 GEF。Ras 蛋白没有跨膜区段，不是真正的膜蛋白，但其羧基端的两个半胱氨酸残基上连有脂肪酸（软脂酸），可以将 Ras 蛋白附着在细胞膜内侧。受体分子要活化 Ras，不仅先要活化 GEF，还必须让 GEF 分子在细胞膜附近，这样才能与 Ras 分子接触。要做到这一点，最简单的办法就是受体分子直接结合 GEF。但出人意料的是，受体分子并不能直接结合和活化 GEF，必须通过 Grb2 转接蛋白。Grb2 含有 1 个 SH2 域，能与受体上磷酸化的酪氨酸残基结合。Grb2 还含有 2 个 SH3 域，可以结合至 GEF 分子上 2 个富含脯氨酸残基的部位。所以 Grb2 的作用是受体分子与 GEF 的“中间人”，又称作“信号转导接头蛋白”（adaptor protein），这就像中国和美国的电源插头、插座形状不匹配，需要转接插头（adaptor plug）一样。受体分子通过 Grb2 将 GEF 蛋白带到细胞膜附近与 Ras 蛋白接触，利用 Ras 将结合的 GDP 换成 GTP，活化 Ras

分子，从而完成信息从受体分子到 Ras 分子的传递。

为什么受体酪氨酸激酶要绕这么一个圈子才将信号传给 Ras 分子？首先因为 Ras 分子并非通过磷酸化被激活，所以受体的酪氨酸激酶活性在这里派不上用场，而只能用 Ras 被磷酸化的酪氨酸残基作为与其他分子的结合点。而能够活化 Ras 的鸟苷酸置换蛋白 GEF 又不含有 SH2 域，无法与磷酸化的受体分子结合，所以还必须通过转接分子。这种迂回的办法早已被动物使用。例如，在低级动物线虫（*C. elegans*）中，就有一个结构与 Grb2 非常相似的转接蛋白 sem-5，具有类似的作用。同时含有 SH2 域和 SH3 域的蛋白分子还有许多，它们在细胞中充当“转接插头”的角色，把原来不能结合的蛋白质结合在一起。这也是细胞中蛋白质分子之间相互作用中的有趣现象。

Ras 信息传递的下一站就是 Raf，即上文所述“激酶多米诺骨牌链”的起始点。Raf 的名称来自 rapidly accelerated fibrosarcoma，即 Raf 是与鼠类纤维肉瘤的发生密切相关的蛋白质。其实，不仅是 Ras 和 Raf，这条信号传递链上的蛋白质都与癌症有关。因为这条信息传递链与细胞的生长分裂密切相关，如果信息传递失控，持续地给细胞增生的信号，就会诱发肿瘤。

Raf 需要被磷酸化才能被活化，然而 Ras 蛋白并不是激酶，怎样活化 Raf? 这个问题困扰了科学家许多年，科学家一直在寻找使 Raf 磷酸化的激酶。直到 2013 年美国科学家才发现，活化的 Ras（即结合有 GTP 分子的）与 Raf 分子结合后，会让另一个 Raf 分子与该 Raf 分子结合，形成二聚体。由于 Raf 自身即为激酶，二聚体的形成使得 Raf 分子自我磷酸化，类似于细胞表面的受体分子在结合配体分子后，形状改变，形成二聚体后再自我磷酸化。

经过这些“艰难曲折”，信息终于传到了 Raf 这一级，从此信息传递就走上了“康庄大道”。Raf 是激酶，它的下游分子也是激酶，而且都是丝氨酸/苏氨酸激酶，包括最终端的 MAP 激酶。所以从 Raf 开始，信息传递都是通过丝氨酸/苏氨酸激酶的活性实现的。

综合以上通路，MAP 激酶通路的主要步骤为：受体酪氨酸激酶—Grb2—GEF—Ras—Raf（MAP-KKK）—MEK（MAPKK）—MAP 激酶（MAPK）—效应物。

MAP 激酶信号传递链出现的时间非常早。例如，单细胞真核生物出芽酵母（*Saccharomyces cerevisiae*）虽然没有受体酪氨酸激酶，但也有相当于从 Raf 到 MAP 激酶的信号传递链，其中 Ste11 相当于动物的 Raf，Ste7 相当于动物的 MEK，Fus3 和 Kss1 相当于动物的 MAP 激酶。在植物中也有 MAP 激酶，而且有 A、B、C、D4 种。这说明 MAP 激酶路线或部分路线，早在真核生物的信号传递中就已发挥重要作用。而从受体酪氨酸激酶到 Ras 的信息传递路线，则是动物后来进化出来的。

为什么动物细胞的细胞表面受体使用酪氨酸激酶，而细胞内的信息传递链却使用丝氨酸/苏氨酸激酶？这个问题很有趣。受体酪氨酸激酶处于活化状态的时间非常短，大约只有 1 分钟左右，就被磷酸酶脱掉酪氨酸残基上的磷酸根，恢复至失活（即关闭）状态。也许是信息快速转换的需要，受体分子的活性只能维持很短的时间，即大部分细胞表面受体在多数时间处于“待命”状态，以使之及时和新到来的细胞外信息分子发生反应。而细胞内的反应需要足够多的效应分子，需要信号持续的时间更长一些。磷酸化的丝氨酸和苏氨酸非常稳定，存在的时间要长得多，使得细胞有足够的时间对信号做出反应。

（4）动物的 G 蛋白-蛋白激酶 A 系统

动物的 G 蛋白-蛋白激酶 A 系统也是动物细胞的多成分信号传输系统，但在这条信息传递链中，几乎找不到激酶的位置，只有到了最后一步，与效应分子相互作用时才转换成激酶，像上文谈到的 MAP 激酶，通过磷酸化使效应分子活化。

在这个系统中，G 蛋白仍然起关键作用，其重要性相当于前面介绍过的激酶多米诺骨牌链前面的 Ras。但信息从细胞膜上的受体传递到 G 蛋白并不需要像酪氨酸激酶型受体那样要经过 Grb2 和 GEF 这样迂回曲折的步骤，而是受体本身就具有 GEF，即鸟苷酸置换蛋白的活性，直接可以将 G 蛋白所结合的 GDP 置换成 GTP。这种类型的受体因直接与 G 蛋白相互作用，所以被称作“G 蛋白偶联受体”（G protein-coupled receptor，GPCR）。

从细胞膜到细胞核中的DNA，中间可以有几十微米的距离，传递信息的蛋白分子又无法通过磷酸化使自己处于“开”状态，一旦离开上一级的蛋白分子就无法保持自己的功能状态，所以如果要全靠信息分子诱导变形来传输信息，就得有一个从细胞膜到细胞内目标位置且中间不能间断的蛋白分子链，但显然这不现实。所以除了利用蛋白与蛋白之间的相互作用使下一级蛋白分子依次变形外，这套系统还利用了其中一个成分的酶活性，产生能够在细胞质中自由扩散，携带信息的非蛋白分子第二信使（second messenger），然后再将信息传递给信息链末端的激酶。

虽然这套系统和上文提到的激酶多米诺系统都使用G蛋白作为关键成分之一，但是前者需要受体的酪氨酸激酶活性，信息链的主要部分也由激酶组成，后者却不需要受体分子有任何酶的活性，仅通过受体结合配体分子后的形状改变，就能直接起到GEF的作用，使G蛋白结合的GDP换成GTP。产生第二信使的酶的活化和末端激酶的活化，也不是通过磷酸化来完成的，仍然是蛋白分子变形。所以蛋白分子依次变形是这类信息传递链的主要特点。鉴于此，前一个系统被称为“受体酪氨酸激酶信息通路”（receptor protein tyrosine kinase pathway），而以GPCR为起始的系统叫作“与G蛋白偶联的受体信息通路”（G-protein coupled receptor pathway），以区别两者的作用机制。

G蛋白偶联信号传输系统广泛参与动物细胞的信息传递过程，包括视觉、嗅觉、味觉、对脑中神经递质的反应（如血清素、多巴胺），免疫反应中的组胺、对激素的反应（如肾上腺素、胰高血糖素、后叶加压素）、传递体内有关血压、心率等过程的信息等。人体约有800种G蛋白偶联受体分子，充分说明这些G蛋白偶联系统在动物信息传递中的重要作用。

1）信息传递链膜上的起始部分：G蛋白偶联受体GPCR

该信息传递链的起始受体分子与受体酪氨酸激酶便不相同。受体酪氨酸激酶只有一个跨膜区段，而G蛋白偶联受体GPCR却有7个跨膜区段。这7个跨膜区段围成一个管腔，但这个管腔并非离子通道，而是便于GPCR蛋白的变形。在管腔部分，跨膜区段的走向并不是彼此平行的，而是类似于枪管内部来复线的走向。受体分子的氨基端在细胞膜外，羧基端在细胞膜内，7 个跨膜区段之间的肽链形成 6 个半环，3 个在细胞膜外，3 个在细胞膜内。这样，G 蛋白偶联受体较酪氨酸激酶型受体有更加复杂的结合面，可以与细胞外的各种信息分子及细胞膜内面的 G 蛋白结合，传递各种的信息，是动物细胞接收和传递信息的重要分子。不同 GPCR 蛋白的氨基酸序列也不相同，以便与大小、形状差异很大的细胞外信息分子结合。例如，人鼻腔中就有 391 种不同的嗅觉受体，在数量上几乎占人体中 G 蛋白偶联受体分子种数（791 种）的一半，以和不同的嗅觉分子结合。

虽然细胞外的信息分子（即配体分子）在大小和结构上差异很大，但它们通过 GPCR 传递信息的机制都是一样的。配体分子与受体的结合也能改变受体分子的形状，但受体分子并不像受体酪氨酸激酶那样形成二聚体，而是自身空间结构发生改变，包括 7 个跨膜区段在膜内相对位置的改变，这样就能使与受体分子结合的 G 蛋白将结合的 GDP 置换成 GTP，相当于活化的受体分子本身起到“鸟苷酸置换因子”GEF 的作用。

在这个系统中，G 蛋白不像 Ras 蛋白那样以单体存在，而是与另外两个蛋白分子结合，形成异质三聚体。在这里相当于 Ras 的 G 蛋白叫作 G_α，其他两个蛋白分别叫作 G_β 和 G_γ，组成的三聚体叫 $G_{\alpha\beta\gamma}$，其中 G_β 和 G_γ 可以形成稳定的异质二聚体 $G_{\beta\gamma}$，在没有 G_α 的时候也不会分开。G_α 和 G_γ 上都连有脂肪酸，脂肪酸可以插入细胞膜中，这样 $G_{\alpha\beta\gamma}$ 三聚体就被脂肪酸系在细胞膜的内面上。

在这个三聚体中，G_α 蛋白上结合的是 GDP 而处于没有活性的状态。在受体与配体分子结合而被活化时，与 G_α 蛋白结合的 GDP 被置换成为 GTP。该置换改变 G_α 的形状，使其活化，相当于将 G_α 蛋白从“关”变为“开”。活化了的 G_α 蛋白由于形状改变不再与 $G_{\beta\gamma}$ 结合而脱离出来，但因为 G_α 上和 G_γ 上都连有脂肪酸，分开了的 G_α 单体和 $G_{\beta\gamma}$ 二聚体仍然留在细胞膜的内面，不会进入细胞质。

活化的 G_α 在脱离 $G_{\beta\gamma}$ 后，由于“随身携带”着能使它活化的 GTP，所以在离开受体后仍然处于“开”的状态，可以将信息向下传递。信息传递的下一站也是一个膜蛋白，叫作腺苷酸环化酶（adenylate cyclase）。在没有与其他分子结合时，腺苷酸环化酶处于“关闭”状态，没有酶活性。但由于该酶与活化的 G_α 都位于细胞膜的内表面，它们就有“碰面”的机会。一旦活化的 G_α 与腺苷酸环化酶结合，就会改变腺苷酸环化酶的形状并将其激活，信息便会传递给腺苷酸环化酶分子。

到这一步，信息的传递仍然没有离开细胞膜，受体、G_α 蛋白和腺苷酸环化酶都位于细胞膜上或与细胞膜相连。如果没有一种机制将信息传递到细胞内，这样的信息传递在很多情况下是没有意义的。再用蛋白与蛋白相互作用改变形状传递信息的方式不可能将信息传递到细胞内，因为这需要连续不断的蛋白链从细胞膜伸到细胞内。如果不采取磷酸化的方式，细胞必须使用一种分子，在离开细胞膜以后仍然能够传递信息，这就是动物细胞使用的环腺苷酸（cyclic AMP，cAMP）分子。

2）将信息从细胞膜传到细胞质内的第二信使：环腺苷酸 cAMP

腺苷酸环化酶是一种酶，但不是激酶。它可以用 ATP 为原料合成环腺苷酸 cAMP。之所以名称里有“环”字，是因为虽然它也是一种单磷酸腺苷 AMP，不过磷酸根除了与核糖 5 位碳原子上的羟基以脂键相连外（这点与普通 AMP 相同），还与核糖 3 位碳原子上的羟基以脂键相连，相当于两个人手拉手组成一个环形。这个带有环状结构的 cAMP 分子与 AMP 一样高度溶于水，在合成以后从腺苷酸环化酶上脱离，进入细胞质。由于其环状结构可以被许多蛋白分子识别而结合，改变自身形状，cAMP 也就成为传递信息的分子。由于 cAMP 具有极好的水溶性，可以在细胞质中自由移动，将信息从细胞膜内侧传递到细胞的各个部分，从而参与调节细胞的许多活动，所以 cAMP 被称为是第二信使（second messenger）。而细胞外的信息分子作为信息最初来源的配体分子，被称为第一信使（first messenger）。信号从受体到腺苷酸环化酶相当于从边关（相当于细胞膜）的哨兵到边关的军事机构之间的传递，而 cAMP 是那个离开前线，往后方报信的“人”。

信使分子 cAMP 进入细胞质后，负责接收其信号的分子为蛋白激酶 A（protein kinase A，PKA）。当细胞内 cAMP 浓度很低时，PKA 分子结合在一种具有调节作用的蛋白二聚体（regulatory dimer）上，每个调节蛋白各结合一个。此时 PKA 没有活性。当细胞内 cAMP 浓度升高时，4 个 cAMP 分子结合到二聚体上，每个调节蛋白结合 2 个 cAMP 分子。在调节蛋白结合 cAMP 分子后其形状便会发生改变，不再结合 PKA 分子。于是 PKA 便从调节蛋白二聚体上脱离，重新恢复其功能，这样信息就从 cAMP 传递至 PKA 分子上。

PKA 是一种丝氨酸/苏氨酸激酶，可以在多种效应蛋白的丝氨酸或苏氨酸残基上加磷酸根，改变其性质以实现对信息的反应。例如，胰高血糖素与受体结合可促使细胞中 cAMP 的合成；cAMP 可使磷酸化酶激酶（phosphorylase kinase）磷酸化进而活化该激酶；磷酸化酶激酶再使磷酸化酶被磷酸化，并激活其磷酸化酶活性。磷酸化酶（phosphorylase）也是在其他分子上加磷酸根，但与激酶将 ATP 上的磷酸根转移到蛋白质分子中的氨基酸残基不同，磷酸化酶是将无机磷酸转移到非蛋白分子上，如糖原磷酸化酶（glycogen phosphorylase，此处注意不要将 glycogen 和 glucagon 混淆）在糖原或淀粉分子上加磷酸根，开始水解为葡萄糖的过程。

PKA 也可以直接使转录因子 CREB 磷酸化，从而激活这个转录因子，使其结合于 DNA 上，发挥调节基因表达的作用。事实上 CREB 这个名称就是“对 cAMP 做出反应的 DNA 序列的结合蛋白”（cAMP response element binding protein）的简称。

PKA 还可以通过磷酸化开启一些离子通道。例如，心肌细胞上的钙离子通道，在心肌细胞收缩时起作用。PKA 也能活化小肠绒毛细胞上的氯离子通道，在小肠分泌水的过程中发挥作用。

从 PKA 的这些作用可以看出，PKA 的位置和作用相当于受体酪氨酸激酶系统中的 MAP 激酶，是信号传递链末端的激酶，直接控制各种效应分子并对信号做出反应。为了更好地发挥 PKA 的作用，动物细胞内还有专门使 PKA 锚定在细胞某个特定部位的蛋白质，即 PKA 锚定蛋白（AKAP），它们与 PKA 结合，带 PKA 到细胞内的特定位置，如离子通道、细胞骨骼、中心粒等，以使 PKA 就近发挥作用。

从以上叙述可以看出，G 蛋白偶联受体分子基本上不使用蛋白质分子磷酸化的手段传递信息，而主要依靠蛋白-蛋白之间的直接相互作用改变蛋白形状，以达到“开”和“关”的目的。在蛋白-蛋白相互作用不能再延伸时，细胞利用 GDP 到 GTP 的置换使 G_α 蛋白在离开受体后仍保持活化状态，活化位于细胞膜上的腺苷酸环化酶。从细胞膜到细胞内的信息传递，则使用非蛋白分子环腺苷酸 cAMP。只有到了与效应分子直接打交道的阶段，才重新使用激酶，在这个系统中则是 PKA。

这套系统是真核生物所特有的，也是比原核生物大得多也复杂得多的真核细胞信息传递所必需的。它出现的时间非常早，在单细胞的真核生物如酵母中，以及所有动物祖先的单细胞动物领鞭毛虫中就已经出现，是动物细胞中数量最大的信号传递系统。

（5）信息磷脂分子——磷脂酰肌醇在动物细胞信号传递中的作用

第二信使 cAMP 是核苷酸类的信息传递分子，是非蛋白信息分子。除了 cAMP，动物细胞还使用糖类分子来作为第二信使，这就是肌醇（inositol）。肌醇的化学名称是“环己六醇”，即 6 个碳原子以单键连成环状，每个碳原子上连 1 个氢原子和 1 个羟基（—OH）。这种结构与葡萄糖非常相似，而且它们的分子式都是 $C_6H_{12}O_6$，所以肌醇是一种糖，甜度约为蔗糖的一半。动物细胞也是用葡萄糖为原料生产肌醇的。

由于碳原子的 4 个化学键不在一个平面上，因此这个 6 碳环也不在一个平面内，最稳定的空间结构像一把椅子，有椅背、椅面（用来坐的平面）和椅子 2 条前腿构成的平面，所以肌醇的这个形状叫“椅形”。由于每个羟基都有 2 个可能的方向，相对于朝向椅子的“上方”和“下方”，理论上椅形肌醇应该由 2^4 种不同的羟基方向组合，但自然界中存在的肌醇只有 9 种构象，动物细胞中的肌醇（myo-inositol）只是其中一种，此外还有鲨肌醇（scyllo-inositol）等。由于肌醇的特殊构象，使其成为动物细胞中重要的信息传递分子。

在动物细胞中，肌醇并不游离存在，而是作为磷脂分子的一部分，存在于细胞膜中朝向细胞质的那一层。磷脂分子由甘油、脂肪酸、磷酸根和与磷酸根相连的分子组成。甘油（丙三醇）的 3 个羟基中，2 个用脂键与脂肪酸相连，另一个羟基用脂键与磷酸根相连，磷酸根上再连接一个亲水分子，例如丝氨酸、胆碱、乙醇胺、肌醇等。根据磷酸根所连的分子类型，磷脂在化学上也被称为“磷脂酰某分子”，例如磷脂酰丝氨酸、磷脂酰胆碱等。连有肌醇的磷脂分子则叫作磷脂酰肌醇（phosphatidylinositol，PI）。

在磷脂酰肌醇分子中，肌醇分子与磷酸根相连的那个碳原子被定义为1号碳原子，其余碳原子分别为2～6号碳原子。细胞膜内侧有激酶，给这些碳原子上的羟基加磷酸根，使其磷酸化。不同的激酶使不同碳原子上的羟基磷酸化，例如磷脂酰肌醇-4激酶（PI4-kinase）使4号碳原子上的羟基磷酸化，磷脂酰肌醇-5激酶（PI 5-kinase）使5号碳原子上的羟基磷酸化等。第2号和第6号碳原子上的羟基一般不被磷酸化，因为它们靠近1号碳原子，空间上的阻碍使激酶难以接近这些羟基，所以除1号位的羟基与磷脂分子相连外，只有3号、4号、5号这3个位置的羟基能够被磷酸化，并且由不同的磷脂酰肌醇激酶所催化。

在没有进行信息传递时，磷脂酰肌醇中的肌醇有3种状态，分别是：①没有被磷酸化，即原来的磷脂酰肌醇（简称PI）；②在第4位磷酸化［磷脂酰肌醇-4-磷酸，phosphatidylinositol-4-phosphate，PI（4）P］；③在第4、5位磷酸化［磷脂酰肌醇-4，5-二磷酸，phosph-atidylinositol-4，5-diphosphate，PI（4，5）P2或PI2］。

在需要这些磷脂分子传递信息时，这些磷脂将以两种方式被修改，修改后传递信号的方式也不同。第一种方式是将PI（4，5）P2中的磷酸肌醇从磷脂分子中分离出来，自己成为信息分子。另一种方式是不把磷酸化的肌醇分子分离出来，而是将其保留在磷脂分子上，只是在其3号位再加上1个磷酸根，让它起到“码头”的作用。

1）磷脂酶水解产生的肌醇三磷酸IP3和二脂肪酸甘油DAG都是信息分子

上文提到的磷脂酰肌醇的几种形式中，PI（4，5）P2是处于“待命”状态的磷脂分子。当磷脂酶C（phospholipase C，PLC）被活化（获得信息）后，它能将PI（4，5）P2中的磷酸肌醇分子及其与甘油分子相连的磷酸根一并水解下来，形成“1，4，5三磷酸肌醇”（inosi-tol-1，4，5-trihosphate，IP3）。此处应注意不要将IP3与PIP2混淆，虽然二者的肌醇都与3个磷酸根相连且都处在1、4、5位，但PIP2连在磷脂分子上，无法离开细胞膜，而IP3已脱离磷脂部分成为“自由之身”，可以脱离细胞膜进入细胞质了。并且由于IP3与cAMP一样水溶性强，可以在细胞质内自由运动，将信息传递给细胞内的分子，所以是另一种“第二信使”分子。

磷脂酰二磷酸肌醇 PI（4，5）P2 上的 IP3 部分被去掉以后，余下的部分为二脂肪甘油（diacylglycerol，DAG），是两个脂肪酸分子通过脂键与甘油分子相连，因其高度亲脂性，DAG 被留在细胞膜中，成为另一种信号分子。

2）三磷酸肌醇（IP3）-钙调蛋白路线

许多细胞内的蛋白分子都可以结合 IP3 接收其携带的信息，其中一个重要的蛋白质是位于内质网膜上的 IP3 受体。内质网（endoplasmic reticulum，ER）是真核细胞内复杂的膜系统，含有与细胞质相隔绝的“内腔”（lumen）。ER 腔内的溶液组成与细胞质差别很大，例如腔内就有高浓度的钙离子（Ca^{2+}）。在细胞没有接收到外界信号时，细胞质内的 Ca^{2+}浓度是很低的，只有 10～100 纳摩/升。这是由于细胞膜和内质网膜上的钙离子泵不断地将钙离子泵到细胞外或内质网腔内的缘故。当细胞接收到外界信息，IP3 被生成并且被释放到细胞质内，IP3 会扩散到内质网膜，与膜上的 IP3 受体结合，IP3 受体是一种钙离子通道，平时处于关闭状态，当与 IP3 结合时形状改变，通道打开，于是内质网内腔中的钙离子就“蜂拥而出”进入细胞质，使得细胞质内的钙离子浓度瞬间达到 500～1000 纳摩/升，即增加 50～100 倍。

细胞质内高浓度的钙离子本身就是一种信号，一些蛋白可以结合钙离子，改变自己的性质，即从“关”的状态变为“开”的状态，将信息传递下去。一个重要的例子是钙调蛋白（calmodulin，即 calcium-modulated protein）。钙调蛋白有 4 个钙离子结合位点，当 4 个结合位点都结合了钙离子时，钙调蛋白便会改变形状，暴露出一个亲脂面，与其他蛋白质相互作用。

钙调蛋白重要的下游信号分子叫作“依赖于钙调蛋白的蛋白激酶”（calcium/calmodulin-dependent protein kinase，CaMK）。CaMK 是丝氨酸/苏氨酸蛋白激酶，共有 10 种，分为四大类，可使效应分子磷酸化，活化它们，以最后对细胞外的信号做出反应。在这个意义上，CaMK 相当于上述两个系统中的 MAP 激酶和 PKA，都是处于信号链末端的激酶，通过使效应分子磷酸化对外来信号做出反应。从细胞膜上的受体开始，这条从磷脂酶到 CaMK 的信号传递路线就是：

PLC—IP3—ER 上的钙通道—钙离子释放—钙调蛋白—CaMK。

在整个信息传递链中，也是只在最后一步才采用蛋白激酶，而且也是丝氨酸/苏氨酸激酶。

3）二脂肪酸甘油 DAG-蛋白激酶 C 路线

磷脂酶 C 水解 PI（3，4）P2 后，IP3 分子离开，进入细胞质，而二脂肪酸甘油分子 DAG 则留在细胞膜内，活化蛋白激酶 C（protein kinase C，PKC）。PKC 的活化不仅需要 DAG，而且需要 IP3 释放的钙离子。当 PKC 结合钙离子后，再与膜上的 DAG 相互作用，形状发生改变，暴露出激酶的反应中心，可以使其他蛋白质分子上的丝氨酸或苏氨酸残基磷酸化，使它们处于打开的状态，对细胞外的信号做出反应。

人体内有 15 种不同类型的 PKC，可以将信号传递到细胞内，调节多个生理过程，包括基因表达、免疫反应、细胞生长、学习记忆等。因此，磷脂酶 C 通过 IP3 和 DAG 这两个信息分子，可以将信息通向依赖钙调蛋白的激酶 CaMK 和蛋白激酶 C 这两条路线，激活终端效应分子对信号做出反应，因此从磷脂酶 C（PLC）到 PKC 的信息传递路线是：

PLC—DAG—PKC

4）磷脂酶 C 可以从受体酪氨酸激酶和 G 蛋白偶联受体处接收到信号

说到这里，还没有讲磷脂酶 C（PLC）是从哪里接收到信号的。磷脂酶有多种，有些可以从受体酪氨酸激酶路线那里获取信号，有些可以从 G 蛋白偶联受体路线那里获取信号。

磷脂酶 C-γ（PLC-γ）分子上含有能够与磷酸化受体上酪氨酸残基结合的 SH2 域，能够与活化了的酪氨酸激酶型的受体（即已经“自我”磷酸化的受体）直接结合。例如，与 PDGF 受体上被磷酸化的第 1009 位和 1021 位的酪氨酸残基结合。这种结合可激活 PLC 的磷脂酶 C 活性，就近水解细胞膜中的 PI（4，5）P2，生成 IP3 和 DAG。

在 G 蛋白偶联受体通路中，有一种 Gγ 蛋白叫作 $G_{q/11}$，它能够和磷脂酶 C-γ（PLC-γ）结合，使其磷脂酶 C 被活化。被活化的 PLC-γ 也可以水解细胞膜上的 PI（4，5）P2，生成 IP3 和 DAG。

5）磷脂酰肌醇-3激酶开启另一条信息通路

在PIP2分子中，3个磷酸根分别在第1、4、5位，第3位碳原子上的羟基尚未磷酸化。如果第3位的羟基也被磷酸化，肌醇分子就获得了一个新功能，即作为其他信息分子停靠的“码头”，让这些分子彼此作用，将信息传递下去，从而开辟另一类信息通路。磷酸化3位羟基的酶由于能够开启新的信息通路，所以本身也是信息传递分子。这个酶就是磷脂酰肌醇-3-激酶（phosphatidylinositol-3-kinase，PI3-kinase）。

PI3激酶的作用是在肌醇3号位的羟基上加上磷酸根。如果肌醇已经在第4位被磷酸化，就会生成磷脂酰肌醇（3，4）二磷酸，即PI（3,4）P2，与上文提及的PI（4,5）P2不同。如果肌醇已经在第4和第5位上被磷酸化，PI3激酶就会将其变成磷脂酰肌醇（3,4,5）三磷酸，即PI（3,4,5）P3。

PI（3，4）P2和PI（3，4，5）P3由于都有3、4位羟基被磷酸化，这种结构能被细胞质中的信息分子所识别，结合到膜上的这两种磷脂分子上。蛋白质与这两种磷脂结合的区域叫作PH域，是pleckstrin homology的简称。人体内大约有200种蛋白质含有PH域，说明PI（3,4）P2和PI（3,4,5）P3在信息传递中具有重要作用。

例如，前面谈到的PLC-γ就可以结合到PI（3，4）P2和PI（3，4，5）P3上。同时，BTK（Bruton’s tyrosine kinase）也结合到附近的PI（3，4）P2和PI（3,4,5）P3上，使它能够与PLC-γ接触，使PLC-γ磷酸化而被活化。所以，PLC-γ不仅能够通过SH2域与受体酪氨酸激酶结合被活化，也可以通过与结合PI（3,4）P2和PI（3,4,5）P3而被BTK活化。

PI（3,4）P2和PI（3,4,5）P3还可以将两个蛋白——激酶PDK1（phosphatidylinositol dependent protein kinase）和蛋白激酶B（protein kinase B，也称作Akt）也结合至细胞膜的内面，使PDK1将蛋白激酶B磷酸化而活化，蛋白激酶B再进入细胞质，使效应分子磷酸化，实现对细胞外信号的反应。例如，PKB可以让一种使细胞“自杀”（apoptosis，即细胞的程序性死亡）的蛋白质BAD（BCL2 antagonist of cell death）磷酸化，使其丧失功能，促进细胞的生存。

与磷脂酶 C 一样，PI3 激酶也可以通过多种途径被活化，既能通过其 SH2 域与受体酪氨酸激酶结合，例如结合于 PDGF 受体上的第 740 位和 751 位的磷酸化酪氨酸残基上而被活化，也可以与已经活化的 Ras 结合而被活化，还可以与 G 蛋白被活化后产生的 $G_{\beta\gamma}$ 二聚体结合而被活化。

从以上内容可以看出，磷酸化肌醇分子可以通过多种途径获得信息，包括受体酪氨酸激酶通道和 G 蛋白通道；也能够通过多种方式传递信息，包括产生 IP3 活化钙离子通道、产生 IP3 和二脂肪酸甘油 DAG 活化磷脂酶 C、激活 IP3 激酶生成 PI（3，4）P2 和 PI（3，4，5）P3，然后活化 PLC-γ 和蛋白激酶 B。这样，磷酸肌醇分子将不同的信号传递链彼此联系起来，形成信号传输网络，以适应动物细胞复杂信息接收和处理的需要。

4. 小　　结

从上述实例知晓细胞（无论是原核细胞还是真核细胞）如何接收和传递信息，并且对外来信息做出反应。担任这些任务的主要是蛋白质分子，即使在信息传递链中有一些非蛋白分子，如 cAMP 和 IP3，但产生这些分子和接收这些分子所传递的信息的仍然是蛋白质分子。

蛋白质分子能够担当这些任务有两个原因。一是蛋白质分子的形状可以改变，与蛋白质分子形状密切有关的功能也会相应随之改变，这样蛋白质分子就可以在有功能和无功能，即“开”和“关”两种状态之间来回变换。一个蛋白状态的改变又会通过与下游的蛋白质分子相互作用改变下游分子的状态，下游分子又可以改变更下游分子的状态，这样一级一级地状态依次改变，就是细胞中信息传递的方式。

第二个原因是蛋白质是具有生物功能的分子在状态改变后对信号做出最后的反应，成为效应分子。信息传递链终端的效应分子多是转录因子，通过调控基因的表达状况来对信号做出反应。

改变蛋白质形状和功能的方法有多种，可以是结合另一个蛋白，例如受体分子和配体分子结合，鸟苷酸置换蛋白 GEF 与 Ras 蛋白结合；也可以是结合另一个小分子或离子，如 cAMP 和钙离子；也可以是一些氨基酸残基的侧链被磷酸化，如组氨酸、天冬氨酸、丝氨酸、苏氨酸、酪氨酸侧链的磷酸化。这些结合改变了蛋白质分子中各个部分相互作用的状态，使蛋白质分子采取另一种能量最低的形状。

在信息分子可以进入细胞内部时，一个蛋白质分子就可以完成信息接收-信息反应的任务。这些蛋白质本身就是转录因子，通过与信息分子结合而改变状态，获得或丧失激活基因表达的功能，例如原核细胞中控制色氨酸生产的 trp 抑制物，控制乳糖酶生产的抑制物和对葡萄糖浓度做出反应的 CAP 分子，以及真核细胞中的核受体等。

在信息分子不能进入细胞时，细胞表面必须有受体，这些受体可以是蛋白激酶，如原核细胞中的受体组氨酸激酶、原核细胞和真核细胞中的丝氨酸/苏氨酸激酶，以及动物真核细胞中的受体酪氨酸激酶。受体使细胞内接收信息的分子磷酸化，改变状态，将信息传递下去。这些受体也可以不具有酶活性，而是通过与配体分子结合后形状发生改变，再改变细胞内与它们结合的蛋白分子，如 G 蛋白。

信息从细胞膜传递到细胞内需要水溶性分子，如受体酪氨酸激酶系统中的 Raf、G 蛋白偶联的受体系统中的 cAMP，以及从磷脂酰肌醇分离出来的 IP3。信息的传递过程可以是由激酶组成的“多米诺骨牌链”（如 Raf-MEK-MAP 激酶），也可以通过其他分子或离子，如钙离子，以及细胞中 IP3 的受体分子。

靠近信息传递链终端的分子通常是激酶，它们直接或通过另一个激酶使效应分子磷酸化，通过效应分子的活化来实现对信息的反应。受体酪氨酸系统中的 MAP 激酶、与 G 蛋白偶联受体系统中的蛋白激酶 A（PKA）、被三磷酸肌醇 IP3 活化的蛋白激酶 C（PKC）、被钙离子和二脂肪酸甘油（DAG）活化的蛋白激酶 B（PKB），以及被钙调蛋白活化的 CaMK，都是靠近信息链终端使效应分子磷酸化的激酶，而且这些激酶都是丝氨酸/苏氨酸激酶，利用磷酸化的丝氨酸和苏氨酸的稳定性可以让效应分子有较长反应的时间。

在单成分系统和双成分系统中，信息基本上是单线传递的，彼此相关性不大。而在更复杂的信息链中，信息却可以在信息链之间交汇，形成信息网络。例如，磷脂酶 C（PLC）和 IP3 激酶可以从不同的途径被活化。

本文仅介绍了几条主要的细胞信息传递线路，实际的情形还要复杂得多。但是从这些例子中，能够看到细胞如何用单线或者网络型的信息链接收和传递信息，并且对信息做出反应。

主要参考文献

[1] Wuichet K，Zhulin I B. Origins and diversification of a complex signal transduction system in prokaryotes. Science Signaling，2008，3（128）：ra50.

[2] Stock J B，Ninfa A J，Stock A M. Protein phosphorylation and regulation of adaptive responses in bacteria. Microbiological Reviews，1989，53（4）：450.

[3] Ulrich1 L E，Koonin E V，Zhulin I B. One-component systems dominate signal transduction in prokaryotes. Trends in Microbiology，2005，13（2）：52.

[4] Lawson C L，Swigon D，Murakami K S，et al. Catabolite activator protein（CAP）：DNA binding and transcription activation. Current Opinion in Structural Biology，2004，14（1）：10.

正转和反转的三羧酸循环

三羧酸循环是细胞能量代谢和化学合成的核心。它就像一个“磨盘”，葡萄糖、脂肪酸及一些氨基酸的共同代谢产物，均以乙酰辅酶A的形式进入循环，在那里被完全“磨碎”，分解为氢原子和二氧化碳，同时合成ATP。燃料中的碳原子以加水脱氢的方式，被氧化为二氧化碳放出。燃料分子中原有的氢原子和通过加水反应获得的氢原子被脱氢酶脱下，供给电子传递链以合成更多的ATP。三羧酸循环也是细胞中化学反应的“转盘路”，各种分子从不同的“路口”进来，又从不同的“路口”出去，合成氨基酸、脂肪酸、胆固醇、葡萄糖、血红素等细胞所需要的分子。

三羧酸循环是由德国科学家汉斯·克雷布斯（Hans Adolf Krebs，1900—1981）最后测定确立的，被命名为克雷布斯循环（Krebs Cycle），克雷布斯也因此获得了1953年的诺贝尔生理学或医学奖。三羧酸循环由9个成员组成，依次是柠檬酸、顺-乌头酸、异柠檬酸、α-酮戊二酸、琥珀酰辅酶A、琥珀酸、延胡索酸、苹果酸、草酰乙酸。在此反应链中，每个成员经过化学反应转变成下一个成员，转一圈之后又回到起始点，开始另一圈循环。由于柠檬酸是乙酰辅酶A进入循环后的第1个产物，所以被排在首位。柠檬酸是含有3个羧基的分子，所以该循环又称为“柠檬酸循环”或“三羧酸循环”。在此循环中，每个成员就像是转盘路中的一个“路口”，与各种分子的代谢路线相连。

氨基酸的合成和相互转化主要通过三羧酸循环进行，其中乙酰辅酶A是关键的中间代谢产物。例如谷氨酸的合成路线就与三羧酸循环的起始阶段相同，即从乙酰辅酶A开始，逐步合成循环中第4位的

α-酮戊二酸，α-酮戊二酸与氨基结合，就变成了谷氨酸；糖酵解的产物丙酮酸加上氨基可以生成丙氨酸，也可以生成三羧酸循环中第 9 位的草酰乙酸，草酰乙酸与氨基结合，就变成了天冬氨酸。葡萄糖酵解的中间产物之一，磷酸烯醇式丙酮酸，就是合成苯丙氨酸、酪氨酸、色氨酸的原料。通过三羧酸循环，氨基酸之间也可以互相转化，例如酪氨酸、苯丙氨酸、亮氨酸、异亮氨酸、色氨酸的中间代谢产物都是乙酰辅酶 A，因此，这些氨基酸就可以通过三羧酸循环合成谷氨酸和天冬氨酸，谷氨酸又可以转化为谷氨酰胺、脯氨酸和精氨酸。另外一些氨基酸（甲硫氨酸、缬氨酸、苏氨酸）的代谢产物从琥珀酰辅酶 A 这个路口进入循环，也可以转化成为谷氨酸和天冬氨酸。天冬氨酸的脱氨产物——草酰乙酸，可以用于合成葡萄糖，其中间产物之一——3-磷酸甘油酸，可以转化为丝氨酸，而丝氨酸又可以转化为甘氨酸和半胱氨酸。由于乙酰辅酶 A 是葡萄糖和脂肪酸的共同代谢产物，所以葡萄糖和脂肪酸可以通过三羧酸循环生成氨基酸。

乙酰辅酶 A 可以反向合成脂肪酸。在乙酰辅酶 A 羧化酶的作用下，乙酰辅酶 A 生成丙二酰辅酶 A。这两种分子上的乙酰基和丙二酰基被转移到酰基载体蛋白（ACP）上，开始脂肪酸合成，每次反应添加 1 个乙酰基（含 2 个碳原子）单位，直至合成十六碳的饱和脂肪酸（软脂酸）。十六碳饱和脂肪酸再被脂肪酸合成酶Ⅲ延长，每次也添加 2 个碳原子单位，因此，以这种方式合成的脂肪酸中的碳原子数目皆为双数。通过这条途径，葡萄糖和氨基酸就可以转化为脂肪酸，人体也继承了这种机制，如果摄入过量的淀粉和蛋白质，就会产生大量的脂肪酸，这就是人饮食过量会导致肥胖的原因。

除乙酰辅酶 A 外，琥珀酰辅酶 A 在一些生物合成过程中也扮演着重要角色。电子传递链中有许多负责转移电子的蛋白质，其中就包含以血红素作为辅基的蛋白质，例如各种细胞色素 b、细胞色素 c 等。由此可见，血红素不是在运输氧气的血红蛋白形成时才出现的，而在生命产生的早期阶段，血红素就已是能量代谢所必需的了。血红素以谷氨酸为原料，通过三羧酸循环中第 5 位的琥珀酰辅酶 A 合成氨基酮戊酸，再经过一定的生物合成途径而得以形成。人体内的胆固醇也是通过琥珀酰辅酶 A 合成的。所以说，三羧酸循环是细胞化学反应的

“中心枢纽”。

虽然三羧酸循环与生物合成有关，但其主要功能还是将燃料分子彻底分解，使碳原子氧化成为二氧化碳，所以三羧酸循环是一种氧化型的循环。而在生命形成初期，有机物的种类有限，在没有那么多东西可供代谢的情况下，细胞利用氧化还原反应获得能量，利用还原性分子如氢和硫化氢提供反应所需的氢原子，利用二氧化碳中的碳作为碳源来合成有机物，就显得尤为重要。例如海底热泉能够提供氧化还原反应的能量，也能提供具有还原性的硫化氢分子，但却没有提供现成的有机物供原核生物使用，这些原核生物就必须自己合成有机分子，利用无机分子如二氧化碳作为碳源。那时的生物是否有三羧酸循环？答案也许出乎意料，那时的原核生物不但有三羧酸循环，而且这个循环是逆向进行的，这就与早期生物固定二氧化碳中碳原子的机制有关。

在藻类和植物等真核生物中，二氧化碳通过“卡尔文循环”（Calvin cycle）被组入有机物分子。这个循环是在美国科学家梅尔文·卡尔文（Melvin Ellis Calvin，1911—1997）主导下发现的，卡尔文因此获得了 1961 年的诺贝尔化学奖。在卡尔文循环中，二氧化碳分子与 1，5-二磷酸核酮糖结合，生成一个不稳定的六碳分子，并随即被水解为 2 分子的 3-磷酸甘油酸，3-磷酸甘油酸再从 NADH 那里接受 2 个氢原子变成磷酸甘油醛，就进入了葡萄糖的合成路线。磷酸甘油醛还能被酶催化，生成 1，5-二磷酸核酮糖，开始新一轮的循环。所以卡尔文循环只有 5 个成员，依次是 3-磷酸甘油酸、1，2-二磷酸甘油酸、3-磷酸甘油醛、5-磷酸核酮糖、1，5-二磷酸核酮糖。但是在古菌和部分细菌等原核生物中，这种固定二氧化碳中碳原子的机制并不存在，说明卡尔文循环是后来才发展出来的。早期的生物一定有其他机制用于固定二氧化碳中的碳原子。

研究发现，许多原核生物，包括变形菌（proteobacteria）、绿色硫细菌、代谢硫的古菌等，是利用逆向的三羧酸循环来完成这项工作的。细胞利用 ATP 的能量，把二氧化碳结合到琥珀酸（通过琥珀酰辅酶 A 这个临时产物）上，同时接受 2 个氢原子，生成 α-酮戊二酸，α-酮戊二酸再结合 1 个二氧化碳分子，变成草酰琥珀酸（oxalosuccinate），再结合 2 个氢原子，就变成异柠檬酸。这与氧化型三羧酸循环中异柠檬酸到α-酮戊二酸再到琥珀酰辅酶 A 的反应方向、产物正好相反。二氧化碳还能以类似的机制与乙酰辅酶 A 结合，生成丙酮酸。丙酮酸与 1 分子的二氧化碳结合，生成草酰乙酸。草酰乙酸再以逆向三羧酸循环的方式，依次生成苹果酸、延胡索酸、琥珀酸。因此逆向的三羧酸循环的稳定成员还包括丙酮酸、乙酰辅酶 A、草酰琥珀酸，但却不包括琥珀酰辅酶 A。逆向的三羧酸循环有 11 个成员，依次是乙酰辅酶 A、丙酮酸、草酰乙酸、苹果酸、延胡索酸、琥珀酸、α-酮戊二酸、草酰琥珀酸、异柠檬酸、顺乌头酸、柠檬酸，这种逆向三羧酸循环每转 1 圈，即可固定 4 个二氧化碳分子中的碳原子。

由于这个循环是逆向进行的，主要目的是将二氧化碳中的碳原子还原为有机物，所以逆向进行的三羧酸循环被称为是还原型的，而以氧化碳原子为目的的三羧酸循环被称为是氧化型的。由于这两种三羧酸循环的方向相反，因此效果也相反，氧化型的三羧酸循环合成 ATP，产生氢原子和二氧化碳，而早期逆向的三羧酸循环消耗 ATP 和氢原子，固定二氧化碳分子中的碳，用它合成有机物。

还原型的三羧酸循环和氧化型的三羧酸循环虽然参与成员几乎相同，但是前者消耗能量和氢原子，后者释放能量和氢原子，所以它们使用的酶并不完全相同。例如在氧化型的三羧酸循环中，丙酮酸被氧化成乙酰辅酶 A 时，氢原子是转移到 NAD^+分子上的，而在还原型的三羧酸循环中，把乙酰辅酶 A 还原为丙酮酸的氢原子却不是来自 NADH，而是来自被硫化氢还原的铁氧化还原蛋白（ferredoxin）。在氧化型的三羧酸循环中，α-酮戊二酸被氧化成琥珀酰辅酶 A 时，脱下的氢原子也是转移到 NAD^+分子上的，而在还原型的三羧酸循环中，琥珀酸被还原为α-酮戊二酸时所需要的氢原子也不是来自 NADH，而是来自铁氧化还原蛋白。在氧化型的三羧酸循环中，乙酰辅酶 A 和草酰乙酸结合生成柠檬酸时，由柠檬酸合成酶催化；而在还原型的三羧酸循环中，柠檬酸被分解为乙酰辅酶 A 和草酰乙酸时，由柠檬酸裂解酶催化，并且需要 ATP 提供能量。因此，还原型三羧酸循环需要 3 个关键酶才能运转，分别是铁氧化还原蛋白——丙酮酸合成酶（ferreodoxin: pyruvate synthase)、铁氧化还原蛋白——α-酮戊二酸合成酶（ferredoxin:

α-ketoglutarate synthase）和柠檬酸裂解酶（citrate lyase）。

生物氧化碳原子的方式是加水脱氢，而固定碳原子的方式正好相反，是加氢脱水。在氧化型的三羧酸循环中，加水反应分别在乙酰辅酶 A 与草酰乙酸结合形成柠檬酸、琥珀酰辅酶 A 被转化为琥珀酸和辅酶 A，以及延胡索酸变成苹果酸时进行的。在还原型的三羧酸循环中，脱水反应分别在乙酰辅酶 A 变成丙酮酸、苹果酸变成延胡索酸以及琥珀酸变为 α-酮戊二酸时进行的。异柠檬酸通过脱水和加水变成柠檬酸，净结果是没有加水或脱水，但是与氧化型的三羧酸循环中的顺序相反。

即使在原核生物中，三羧酸循环也可以正向进行，但要视其生长条件而定，例如绿色硫细菌就可以使三羧酸循环双向进行。在细菌缺乏有机碳源的情况下，绿色硫细菌只能从二氧化碳分子中获取碳原子合成有机物，此时三羧酸循环是逆向进行的，即为还原型循环，而与氧化型三羧酸循环有关酶的合成则被抑制。如果在绿色硫细菌的培养基中加入乙酸作为有机碳源和能源，三羧酸循环的进行方向就会改变，即用正转的三羧酸循环产生能量。

引起胃溃疡的幽门螺杆菌（*Helicobacter pylori*），其三羧酸循环既不是完全正向进行，也不是完全逆向进行，而是正向和逆向的部分都有。这种细菌没有 α-酮戊二酸脱氢酶、琥珀酰辅酶 A 合成酶和琥珀酸脱氢酶，说明三羧酸循环的完整环状反应无法进行，因此，幽门螺旋杆菌便用部分的还原反应链合成琥珀酸，部分的氧化链合成 α-酮戊二酸。

当地球大气中出现大量氧气时，光合作用已能够合成大量的有机物，氧的出现也使得燃料分子的彻底氧化成为可能。在这种情况下，氧化型的三羧酸循环对生物的用处就更大了。但是氧化型的三羧酸循环需要正向进行，而二氧化碳的固定却需要三羧酸循环逆向进行，为了解决这个矛盾，一种固定二氧化碳的新机制出现了，这就是卡尔文循环。卡尔文循环的出现使得氧化有机物和固定二氧化碳的化学反应分离开，使其各司其职，互不干扰，此时，氧化型三羧酸循环才发展为真核生物氧化有机物和产生能量的中心。由于还原型三羧酸循环的成员与氧化型三羧酸循环的成员完全重合，这些成员也可以合成各种有机分子（如氨基酸、脂肪酸和血红素），所以循环方向的逆行并不影响生物合成这些有机分子。

既然真核生物继承了原核生物的三羧酸循环，并且将其循环方向进行逆转，使还原型的三羧酸循环变成了氧化型的三羧酸循环，那么，是否真核生物细胞的三羧酸循环全都是正向进行的？也不完全是。例如，还原型三羧酸循环的关键酶之一的柠檬酸裂解酶，就在真菌、藻类、植物和动物组织中被发现，柠檬酸裂解酶的作用是利用谷氨酰胺反向合成乙酰辅酶 A，再用乙酰辅酶 A 合成脂肪酸。棕色脂肪就是用这种方式合成脂肪酸，在缺氧条件下，这更是细胞合成脂肪酸的主要方式。黑色素瘤由于生长迅速，细胞常处在缺氧环境中，氧化性三羧酸循环产生的氢原子没有足够的氧气进行氧化，因此，三羧酸循环的正向运转受到阻碍，此时癌细胞利用谷氨酰胺为原料，生成 α-酮戊二酸，再逆向运转部分三羧酸循环，依次生成草酰琥珀酸、异柠檬酸、顺乌头酸、柠檬酸。柠檬酸裂解酶将柠檬酸分解为乙酰辅酶 A 和草酰乙酸，其中的乙酰辅酶 A 就可以用于脂肪酸的合成。

这些事实说明，生物在有机合成和能量代谢的机制上是非常灵活的，总体原则是在已有的分子和反应机制上加以整合和修改，发挥新功能，而不是什么事情都从头做起。这倒不是因为生物“知道”这样做的好处，而是“万事皆重来”的生物相对于“整合已有资源”的生物来说，其竞争力明显处于劣势。最初的还原型三羧酸循环是在无氧条件下出现的，可能整合了二氧化碳中碳原子还原、氨基酸合成、血红素合成和脂肪酸合成的路线，成为一个有 11 个成员的循环。异养生物的出现使得生物可以利用其他生物的材料构建自己的身体并获得能量，自己动手从头合成有机物不再必要，分解代谢成为异养生物首先要进行的活动。而大气中氧气的出现又使彻底氧化食物分子中的氢和碳并将其变成水和二氧化碳成为可能。这时三羧酸循环的作用就发生了改变，从还原碳原子变为氧化碳原子，循环的运转方向也就发生了逆转，成为氧化型循环。由于不再需要乙酰辅酶 A 还原为丙酮酸这条路线，丙酮酸氧化为乙酰辅酶 A 的步骤就从循环中分离出来，使循环的成员减到 9 个。虽然现在人体内的三羧酸循环进行方向与原核生物相反，但是循环的基本结构却是在几十亿年前就确定了。人类生命所依赖的，仍然是原核生物当初的创造和贡献。

主要参考文献

[1] Smith E，Morowitz H J. Universality in intermediary metabolism. Proceedings of National Academy of Sciences，2004，101（36）：13168-13173.

[2] Wachtershauser G. Evolution of the first metabolic cycle. Proceedings of National Academy of Sciences，1990，87：200-204.

[3] Tang K H，Blankenship R E. Both forward and reverse TCA cycles operate in green sulfur bacteria. Journal of Biological Chemistry，2010，285（46）：35848-35854.

[4] Filipp F V，Scott D A，Ronai Z A，et al. Reverse TCA cycle flux through isocitrate dehydrogenases 1 and 2 is required for lipogenesis in hypoxic melanoma cells. Pigment Cell & Melanoma Research，2012，25（3）：375-383.

为什么地球上的生物使用左旋氨基酸和右旋糖分子

地球上的生物都是以碳元素为基础的。碳原子是“四价”的，可以用 4 个化学键与其他原子相连，其中碳原子彼此以单键或双键相连，形成链状或环状的化合物，再连以各种功能基团，形成生命所需要的各种复杂分子。可以说，没有碳就没有地球上的生命。

碳原子的 4 个化学键使复杂生命分子的产生成为可能，但同时也带来了另一个复杂的问题，那就是有些以碳为骨架的分子，特别是氨基酸和糖类分子，具有不对称性，也叫作“手性”（chirality）。人的手是不对称的，如果以中指为轴，食指和无名指就不对称，拇指和小指也不对称，但人的左手和右手却有一个对称面，彼此互为镜像。如果物体自身是不对称的，镜面内、外的两个物体就不能通过转动而彼此重合，例如左手和右手就不能彼此重合，左手的手套，右手就戴不进去，这就是“手性”，是对两个不对称物体互为镜像这种现象的描述。分子也一样，分子的手性是指结构相同的分子（原子构成及连接顺序都相同，且具有相同的分子式），却有两种空间构型，彼此成为镜像且无法通过旋转而重合。那么，分子的手性是怎样产生的？

碳原子与其他原子相连的 4 个化学键不在一个平面上，而是在空间中向 4 个方向伸出，就像正四面体的中心与 4 个顶角的连线。如果与碳原子相连的 4 个原子或原子团彼此不同，就会形成两种空间形式（如下图所示）。

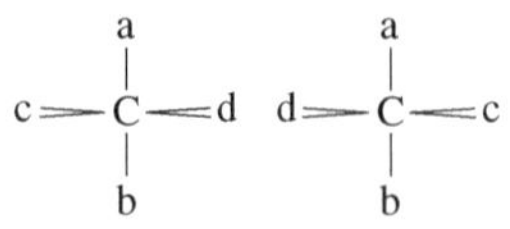

```
     a               a
     |               |
c ═ C ═ d       d ═ C ═ c
     |               |
     b               b
```

手性碳原子图示

想象碳原子（C）与 a、b 相连的化学键的方向为背离读者（即 a、b 离读者的距离比中心的碳原子远），而与原子或原子团 c、d 相连的化学键方向为面朝读者（即 c、d 离读者的距离比中心碳原子近）。虽然在这两种情况下，与碳原子相连的 4 种原子或原子团相同（都是 a、b、c、d），但这 2 种分子却无法重合，只能彼此互为镜像。如果把 b 看作手腕，那么 a 相当于中指，d 相当于大拇指，c 相当于小拇指，图 1 和图 2 就相当于人的左手和右手。如果以 a—b 为轴，c 和 d 不对称（不同的原子或原子团），反过来，以 c—d 为轴，a 和 b 也不对称（也是不同的原子或原子团）。这就是分子手性的由来，这样的碳原子被称为“手性碳原子”，由于这种碳原子能形成空间结构不同的 2 种化合物，它也被称为“不对称碳原子”，即含有手性碳原子的分子具有方向性。

互为镜像的两种手性分子的空间构型不同，这种手性分子还有一种特殊的性质，即能使平面偏振光（光波的振动方向在一个平面上）的振动方向发生旋转，互为镜像的手性分子使偏振光发生旋转的方向相反，所以它们又被称为“旋光异构体”。使偏振光的偏振方向向右旋转的为“右旋异构体”（*D* 型），向左旋转的为“左旋异构体”（*L* 型）。旋光异构现象是法国科学家路易斯·巴斯德（Louis Pasteur，1822—1895）于 1894 年首先认识到的，他发现从酿酒容器中得到的酒石酸（2，3-二羟基丁二酸）可以使偏振光的偏振方向旋转，但是其他来源的酒石酸却没有这种能力。进一步研究发现，没有旋光能力的酒石酸可以形成两种晶体，彼此互为镜像。如果把这两种晶体分开，它们的旋光性即可显示出来，并且两者的旋光方向相反。之所以从酿酒容器中获取的酒石酸具有旋光性，是因为这些酒石酸是天然生物来源的，只含有一种异构体。而化学合成的酒石酸则同时存在两种异构体，它们的旋光效果彼此抵消，无法显示出旋光性，因此，这两种异构体的混合物就是“消旋”的。

从上文可知，天然生物来源的酒石酸只含有一种旋光异构体，那么，同为天然生物来源的其他有机分子是否也只含有一种旋光异构体，从而具有旋光性？碳原子是许多生物分子的骨架，从这点上看，碳骨架较大的分子可能含手性碳原子。如果这些天然手性分子只含有其中一种异构体，即可表现出旋光性。例如组成蛋白质的氨基酸，除甘氨酸外，其余都含有 1 个不对称碳原子，即 α 碳原子。α 碳原子与氨基、羧基、氢原子及 1 个侧链相连（甘氨酸的侧链是另一个氢原子，所以甘氨酸的 α 碳原子与 2 个氢原子相连，因此不是非对称碳原子），可以形成 2 种旋光异构体。除了少数例外，所有天然生物来源的氨基酸都是左旋的。在上文图中，如果 a 代表羧基，b 代表侧链，c 代表氨基，d 代表氢原子，氨基在左边的构型是左旋的，氨基在右边的构型是右旋的。

糖类的情况比较复杂，因为许多糖类（如葡萄糖和核糖）都含有不止 1 个手性碳原子。最简单的糖类手性分子是甘油醛，它是甘油的一个羟基被醛基替代所生成。甘油醛含有 3 个碳原子，一个碳在醛基中，另一个碳与 2 个氢原子相连，所以这两个碳都不是手性碳原子，而中位碳原子分别与醛基（—CHO）、甲羟基（—CH_2OH）、羟基（—OH）和氢原子（H）相连，因此，这个碳原子才是手性碳原子。如果用 a 代表醛基，b 代表甲羟基，c 代表羟基，d 代表氢原子，那么羟基在左边的构型为左旋，羟基在右边的构型为右旋，又因为甘油醛含有 1 个醛基，故也被称为“醛糖”。

葡萄糖是六碳糖，其“骨架”是线性相连的 6 个碳原子，核糖是五碳糖，含有线性相连的 5 个碳原子。位于两端的 2 个碳原子，与甘油醛类似，一个以双键与氧原子相连形成醛基，另一个与 2 个氢原子相连，所以这 2 个碳原子都不是手性碳原子。因为含有醛基，葡萄糖和核糖也被称作醛糖，醛糖中间的碳原子除与 2 个碳原子相连外，还与 1 个氢原子和 1 个羟基相连，类似于甘油醛的中位碳原子。不仅如此，与中位碳原子相连的 2 个碳原子分别连有不同的基团，所以虽然都是碳原子，但却彼此不同，可以看成是不同基团的组成部分，就像甘油醛的中位碳原子与醛基和甲羟基相连，所以葡萄糖与核糖分子中间的每个碳原子都是手性碳原子。由于每个手性碳原子都可能有 2 种构型（羟基在左侧或是在右侧），不同构型就会形成不同的糖。例如六碳的醛糖就可以有 2^4 种（即 16 种）构型，分为 8 对，每对互为镜像，所以共有 8 种六碳醛糖，分别是阿洛糖、阿卓糖、葡萄糖、甘露糖、古乐糖、艾杜糖、半乳糖和塔罗糖。同理，五碳醛糖有 2^3 种（即 8

种）构型，分为 4 对，彼此互为镜像，所以有 4 种五碳醛糖，分别是核糖、阿拉伯糖、木糖和来苏糖。

这些糖分子含有多个手性碳原子，它们的旋光形式该如何定义？这就要看离醛基（1 位碳原子）最远的手性碳原子的构型，在葡萄糖中是第 5 位碳原子，在核糖中是第 4 位碳原子。如果这个碳原子的构型与甘油的右旋型构型相同，那就是右旋（*D*）型的，反之则是左旋（*L*）型的。研究发现，所有天然生物来源的糖类都是右旋型（*D* 型），生物体所使用的核糖（包括其衍生物 2-脱氧核糖）和葡萄糖，也都是右旋的。

生物分子由左旋（*L*）型的氨基酸和右旋（*D*）型的糖类分子构成，使人感觉有些难以理解，因为氨基酸最初由非生物途径生成时，是两种旋光异构体并存的。太空中发现的有机化合物如果含有手性碳原子，也都有左旋和右旋两种类型，说明它们是非生物来源的。这两种旋光异构体的化学性质相同，按理说这两种旋光异构体都可以形成生命分子，但为什么地球上没有使用右旋氨基酸、左旋葡萄糖和左旋核糖的生物？

1. 地球上的生命形成时，左旋氨基酸可能就比右旋氨基酸多

可能性之一，在生命形成前，地球上的左旋氨基酸就多于右旋氨基酸，所以生命形成时，使用左旋氨基酸的可能性就比较大，对陨石中氨基酸的分析似乎也证实了这种观点，对墨其森陨石（Murchison meteorite）和墨瑞陨石（Murray meteorite）中的氨基酸分析表明，虽然氨基酸的两种旋光异构体都存在，但是左旋异缬氨酸的含量就比右旋异缬氨酸多出 44%。对另一个陨石奥奎尔（Orqueil）中氨基酸的分析也得到了类似的结果，左旋异缬氨酸的含量比右旋异缬氨酸多出约 39%。迄今，还没有在陨石中发现右旋氨基酸的含量多于左旋氨基酸的例子，这说明宇宙中天然形成的氨基酸中，左旋异构体占据数量优势很可能是一个普遍现象，这种不平衡的原因之一，可能是自然界中存在着某些机制，选择性地破坏其中一种异构体。

科学家考虑了宇宙中的紫外圆偏振光（ultraviolet circularly polarized light），这种光有两个相互垂直的振动面，并且两个方向上的

振动有固定的相位差，例如离地球5500光年的猫掌星云（天蝎座方向）发出的光线中，大约有22%是圆偏振光。不同构型的旋光异构体使光线偏振面旋转的方向不同，反之，左旋异构体和右旋异构体对紫外圆偏振光的吸收程度不同，因而被这种紫外线破坏的程度也不同，这就使一种异构体多于另一种异构体成为可能。在实验室中模拟太空条件时，发现紫外圆偏振光的确有这种选择性破坏的效果，只是程度比较小，只有1%～2%，不足以说明陨石中左旋氨基酸的含量明显多于右旋氨基酸的现象。陨石和星际尘埃表面的结构性质对不同异构体的数量很可能也起到了一定作用。对墨其森陨石的不同碎块进行分析，结果表明，左旋异缬氨酸的含量多于右旋异构体的程度与陨石表面硅酸盐的水化程度有关，即与硅酸盐在水环境时发生的变化有关。水化程度越高，左旋异缬氨酸的含量多于右旋异缬氨酸的程度越高，这说明硅酸盐的水化过程对氨基酸异构体的形成有差别化作用，这种差别化作用也许是在紫外圆偏振光的存在下发生的。

氨基酸被陨石带到地球上以后，地球上的一些过程还能放大左旋氨基酸和右旋氨基酸之间的差别。例如美国科学家Breslow和Levine使*L*型比*D*型多1%的苯丙氨酸水溶液缓慢蒸发，当多数苯丙氨酸都结晶以后，溶液中残留的苯丙氨酸70%为左旋，30%为右旋，当把这个比例的苯丙氨酸溶液再次进行蒸发，又有一些苯丙氨酸结晶，留在溶液中的苯丙氨酸有95%是左旋的。当然，在地球早期，有机物的溶液不会是某种氨基酸的纯溶液，而是含有各种各样的化合物。如果其中含有左旋和右旋不平衡的化合物，就有可能在溶液蒸发富集而沉淀或结晶时，有选择性地使某种旋光异构体沉淀析出，或者留在溶液中。

科学家还提出其他可能使左旋氨基酸富集的机制。例如，方解石（calcite）可以生成两种旋光性的晶体，可以选择性地吸附氨基酸的一种旋光异构体，从而使另一种异构体在溶液中的比例增加。氨基酸通过毛细作用沿着多孔的岩石上升时，岩石对两种旋光异构体吸附能力的差异，相当于对两种异构体进行层析分离。例如天冬氨酸和谷氨酸通常会形成消旋的晶体（即两种旋光异构体共同形成结晶），如果让这两种氨基酸溶液通过半浸泡在溶液中的砖块上升并且蒸发时，两种异构体便会分开，形成旋光性不同的晶体。

上述结果说明，虽然理论上氨基酸的左旋异构体和右旋异构体的生成概率相同，但是在太空和地球的环境中（有偏振的紫外光，陨石和星际尘埃表面的性质，早期地球上的吸附和蒸发作用等），两种旋光异构体的数量有可能发生差异或者彼此分离，在局部条件下形成了左旋氨基酸占据优势的环境。从太空中左旋氨基酸的含量明显多于右旋氨基酸来看，这种情况是非常可能的。

2. 左旋氨基酸选择性地结合右旋糖类分子

上文解释了左旋氨基酸如何在环境选择中占据数量优势，那么右旋糖分子被选择又该如何解释？由于氨基酸和糖分子都是不对称分子，其异构体之间的相互作用就不相同，这有些类似于手和门把手之间的关系，开门用的门把手就是不对称的，有左、右两个方向。如果门把手的方向向右（即门是从左边开的），用右手开门就比较方便，而用左手就很别扭。同理，氨基酸在与糖分子结合时，两者的异构体必然存在某种更容易结合的匹配类型。事实也证明了这点，左旋氨基酸更容易与右旋的甘油醛结合，反之亦然。例如，缬氨酸构成的二肽可以催化甘油醛生成四碳糖。而左旋的缬氨酸二肽选择性地结合右旋的甘油醛，生成右旋的四碳糖。

反过来，一旦右旋的核糖在 RNA 分子中出现，tRNA 就会选择性地结合左旋的氨基酸。例如使用大肠杆菌丙氨酸 tRNA 中结合氨基酸的片段时，其结合左旋丙氨酸的效率是结合右旋丙氨酸的 4 倍。如果 tRNA 中的核糖从正常的右旋核糖换成左旋核糖，对氨基酸的选择就会完全相反，tRNA 结合左旋丙氨酸的效率就只有结合右旋丙氨酸的 1/4。这说明蛋白质合成时，对氨基酸旋光异构体的选择在 tRNA 阶段就开始了，是 tRNA 中的右旋核糖决定了左旋氨基酸被优先使用，而右旋核糖又是由左旋的二肽催化合成的。因此，地球上的生物使用左旋氨基酸和右旋核糖、葡萄糖就不是偶然的选择，而是左旋氨基酸和右旋糖分子相互选择和配合的结果。同理，右旋氨基酸也会选择性地结合左旋糖分子。但是由于左旋氨基酸在生命形成初期即占据了优势地位，最后导致了对左旋氨基酸和右旋糖类的选择。

3. RNA 和蛋白质的立体催化本身就带有方向性

地球上的生物对左旋氨基酸和右旋糖分子的选择，还有更高的调控层次，即生物催化本身就带有方向性。酸、碱都能催化化学反应，但是由于氢离子和氢氧根离子非常小，本身也没有方向性，所以它们对于旋光异构体的水解效率是相同的。如果有左旋的淀粉，它被酸水解的速度应该和右旋淀粉的水解速度相同。金属离子催化对旋光异构体也没有选择性。但 RNA 和蛋白质是由有旋光性的单位组成的，而且是由核酸链和肽链卷成的复杂三维结构，催化反应中心由链的不同区域彼此靠近组成，这种催化中心必然会有方向性，对两种旋光异构体的催化效率就会出现差别。

在生命形成初期，RNA 分子可以通过非酶过程合成，会同时含有左旋和右旋的核糖，由这种 RNA 链催化形成的肽链也可能同时含有左旋和右旋的氨基酸。由于左旋氨基酸占据数量优势，肽链中左旋氨基酸的比例就会比较高，从而催化合成更多的右旋糖分子，右旋核糖又会反过来选择左旋的氨基酸合成肽链，这样反复地相互选择，左旋氨基酸和右旋糖分子的优势就会越来越明显。一旦 RNA 由蛋白质（不再是短的肽链）催化合成，鉴于蛋白质催化的高度方向性，只能选择核苷酸旋光异构体中的一种。在右旋核糖占优势的情况下，RNA 分子逐渐都只含有右旋核糖，而只含右旋核糖的 RNA（包括 tRNA 和实际催化肽链形成的核糖体 RNA）就只能使用左旋的氨基酸。

在一些情况下，生物也使用右旋氨基酸。细菌的细胞壁中含有肽聚糖，它是糖链被 3～5 个氨基酸组成的短肽横向相连形成的网状物质，例如大肠杆菌的短肽链就由左旋丙氨酸、右旋谷氨酰胺、左旋赖氨酸、右旋丙氨酸这 4 个氨基酸组成。细菌用右旋氨基酸构建细胞壁也许是为了抵抗蛋白酶的攻击。这些含有右旋氨基酸的短肽链不是由核糖体中的 RNA 催化形成的，而是由蛋白质的酶催化形成的，是“蛋白质合成蛋白质”。在这里酶中的左旋氨基酸和肽聚糖中的右旋氨基酸之间并无空间对应关系，而是通过酶的三维结构实现右旋氨基酸的组入，就像由蛋白质组成的酶催化其他非蛋白分子的反应一样。但是对于“正常”蛋白质的合成，核糖体中的 RNA 对氨基酸的旋光性还是高度特异的。

细胞中的化学反应不是单一的，而是会形成反应链，一种化学反应的产物又需要下一步的催化，这样，一种化学反应的旋光性产物就会对下一步反应的酶提出旋光性要求。例如葡萄糖的彻底氧化需要很多步骤，而直到三碳分子为止，每一步产物的构型仍然是右旋的，这就需要催化所有步骤的酶都能对右旋糖分子产物进行加工，最后扩展到整个反应链都只对一种旋光异构体进行加工。由于细胞中的反应链是互相连接的，这样扩展的结果就是细胞只使用一种旋光异构体。

当然，这是一个复杂而且缓慢的过程。不能排除在生命形成的初期，也出现过使用左旋核糖的 RNA 和右旋氨基酸的生物，但是这些生物后来在竞争中被淘汰了，只有使用左旋氨基酸和右旋糖分子的生物存留下来。

主要参考文献

[1] Toxvaerd S. Origin of homochirality in biosystems. International Journal of Molecular Science，2009，10：1290-1299.

[2] Breslow R，Levine M S. Amplification of enentiomeric concentrations under credible prebiotic conditions. Proceedings of National Academy of Science，2006，103（35）：12979-12980.

[3] Pizzarello S，Cronin J R. Non-racemic amino acids in the Murrray and Murchison meteorites. Geochimica et Cosmochimica Acta，2000，64（2）：329-338.

[4] Tamura K，Schimmel P. Chiral-selective aminoacylation of an RNA minihelix：Mechanistic features and chiral suppression. Proceedings of National Academy of Science，2006，103（37）：13750-13752.

为什么每个人都是独一无二的

——谈谈基因的“洗牌”

目前地球上的人口已经超过 70 亿，仅中国的人口就已突破了 13 亿。每个人都有自己的特征，没有两个人是完全相同的。不仅人与人之间的相貌、身材、肤色、体质不同，患各种病的概率不同，而且每个人的性格、思想、观念、表情、动作、习惯、爱好也都不一样。这些专属于个人的元素，就组成了这个人的“特质”，从而把一个人和另一个人区别开来。特质是相当稳定的，人的身体可以变老，但人的特质却变化不大。即使是老同学几十年不见面，再相遇时也许已经“面目全非”，但还能很快辨认出谁是“当年的那个人”，而绝不会把这个同学误认为是另一个同学。在为中国近代历史片挑选演员时，即使从 13 亿人中去寻找，也找不到与任何一位已故历史人物相貌完全相同的人，就连七八分像的都难以找到。人与人之间为什么有这么多差别呢？

1. 遗传物质的作用

首先要考虑的当然是遗传因素。俗话说“种瓜得瓜，种豆得豆”，就是因为它们的遗传物质不同。即便都是人类，黄种人之间结婚也生不出白人或黑人。即使是在同一民族中，除了同卵多胞胎外，也没有两个相貌相同的人。这些事实都说明生物体的性状首先是由遗传物质决定的。

除一些病毒外，地球上所有生物的遗传物质都是由 DNA 构成的。每个人有不同于其他人的“特质”，是因为除同卵双胞胎或同卵多胞胎以外，没有两个人的 DNA 是完全一样的。同卵双胞胎由同一个受精卵分裂而来，其DNA信息完全相同，他们（她们）之间就高度相似。不仅相貌难以区分，就连性格也会非常相似。这就从正面证明了DNA对生物性状表达的重要性。

人的“遗传密码”由约30亿个碱基对（可以看成为“字母”）“拼写”而成，为20 000多种类型的蛋白质编码。与英文有26个字母不同，人的遗传密码的“字母”有4个，即A、G、C、T，分别代表核苷酸中的腺嘌呤、鸟嘌呤、胞嘧啶和胸腺嘧啶。人的DNA序列大约99.9%相同，个体之间只有0.1%的差异，而且这0.1%的差异，又主要是单个“字母”的差异，即单核苷酸多态性。例如在DNA的某个位置，你是A，我是G，你是C，我是T等。虽然0.1%这个比例看上去不大，但30亿的0.1%就是300万，也就是说，人类个体之间的DNA大约有300万处差别。为蛋白质编码的DNA序列及启动子一般约3万个碱基对长，平均每个基因就会有30处不同。多数情况下，这些DNA序列的差异总会有一部分存在于为蛋白质编码或启动子的部分，有可能会影响蛋白质的组成（例如改变蛋白质中的一些氨基酸）或改变蛋白质表达的时间、地点和数量。由于人体内的生命活动主要由各种蛋白质分子执行，这些差别就会造成细胞内各种化学反应进行程度的差异，以及各种信息传递链运作状况的不同，从而对人的性状产生影响。这是人与人之间产生差别的遗传学基础。

遗传物质对生物性状的重要性还表现在因DNA缺陷引发的各种疾病，包括因父母DNA异常遗传给下一代的疾病，如色盲、白化病、先天性耳聋、多指（趾）等。近年来，随着人类基因组（全部DNA序列）被测定，还发现了若干与人的身体性状有关联的DNA变异。例如在高海拔的青藏高原地区生活的藏族人，其体内*HIF-1*基因的变化使他们的红细胞数量在高海拔环境中不会像其他地区的人那样急剧升高，从而避免了高原病的发生。在中东和欧洲畜牧业发达的地区，乳糖酶基因（*LCT*）的变化使带有这种类型基因的人在成年以后，其肠壁细胞仍然可以产生乳糖酶，因此他们在喝牛奶时也不会像许多中国人那样出现腹泻和胀气的症状。高纬度地带的白种人合成和转运黑色素的基因发生了变化，所以他们的肤色最浅，以尽可能地吸收高纬度地带斜射的阳光从而合成维生素D，而赤道附近的黑种人就没有这些变化。

即便是人的脾气也会受到DNA构成的影响。例如，在大脑神经细胞之间传递信息的分子（神经递质）中，有一种神经递质称为多巴胺，它就和许多神经活动的特质有关，包括情绪在内。多巴胺有许多种受体（细胞表面结合多巴胺，并且把信息传递到细胞内部的蛋白质分子），其中第4类受体（DRD4）的基因中含有由48个碱基组成的重复序列。不同人类个体DRD4基因中重复序列的数目不同，最少的只有2个，最多的有12个。遗传分析发现，具有7个及以上重复序列的人（7R+），容易发生注意力缺失、多动症、冲动、喜欢冒险及高危险的行为。另一种神经递质——五羟色胺（5-HT，又称血清素），也和情绪有关。大脑中有一类叫作“单胺氧化酶”的蛋白质，可以把带有氨基的神经递质降解，其中的A型主要负责分解五羟色胺。如果它的活力不足，就会造成脑中五羟色胺的浓度过高，使人富有攻击性。在荷兰就发现了这样一个家族，他们的A型单胺氧化酶基因有变异，生成的酶没有活性。结果这个家族的几代人中，都有人因暴力犯罪而坐牢。所有这些事实都表明，DNA的差异对人的健康和性状有直接的影响。

不同种族之间的差别比较容易理解，因为他们的DNA不同。同一种族不同家庭之间的差别也容易理解，因为他们的DNA也不相同。但是同一对夫妻所生的子女，不仅相貌身材彼此不同，性格也可能大相径庭，而且和父母也不一样，这就比较难理解了，因为这些子女的DNA都来自同一对父母，所以他们的基因类型不会超出父母的基因类型。同一家庭的子女之间DNA的差别又是如何形成的呢？

2. 基因“洗牌”导致了同父同母个体之间DNA的差异

人的体细胞都含有两份DNA，一份来自父亲，另一份来自母亲。所以人是二倍体，也就是每个基因都有双份（性染色体上的基因除外）。但生殖细胞（精子和卵子）却不能是二倍体，如果那样的话，受精卵（由精子和卵子结合而成）就是四倍体了，孙辈就会是八倍体。为了避免这种情况，生殖细胞在形成时，经过减数分裂的过程，也就是DNA复制变成四倍体以后，连续进行两次细胞分裂，其间DNA不再复制加倍。如此一来，每个生殖细胞就都是单倍体，精子和卵子结合生成的受精卵就会恢复到二倍体的状态。

减数分裂不仅把遗传物质的份数减半，还把来自父亲和母亲的基因进行“洗牌”，也就是交换父母染色体的片段。DNA 复制后，来自父亲的染色体和来自母亲的对应染色体（在这里假设是第 2 号染色体）紧挨在一起，相对应的 DNA 序列彼此相邻。父亲 DNA 上的一段基因（用斜的粗体字母表示）“***a—b—c—d—e***—”先和母亲 DNA 中对应的基因“a—b—c—d—e—”排在一起，然后父亲 DNA 中的一部分与对应的母亲 DNA 部分互换。假如基因“a—b—”这一段 DNA 被调换了，就形成“***a—b***—c—d—e—”和“a—b—***c—d—e***—”两种 DNA 组成。由于这是 DNA 序列彼此对应的区段（也就是对应的基因之间）进行互换，因此这个过程叫作“同源重组”（homologous recombination）。由于人类有 2 万多个基因，每种基因又有多种形式，同源重组所形成的基因组合类型的数量在理论上也是极其惊人的。哪怕世界上最初只有两个人，他们每个基因的形式都不同，并且每个基因都能随机互换，那 20 000 种基因就有 $2^{20\ 000}$ 种排列方式，远远超过了整个宇宙中原子的数量。

事实上，父母基因的互换并不是完全随机的，基因之间也不可能如此频繁地交换。同源重组不是在 DNA 的任何位置上都可以发生的，而是在一些“热点”处发生。在“热点”之间的基因，即可作为一个整体在父母的 DNA 之间互换。这些在同源重组中一起交换的基因就称作连锁（linked）基因。在减数分裂中，并非所有“热点”都被用来进行 DNA 片段的交换，而是随机地使用其中的一部分。据测定，人类减数分裂过程中，平均会发生 36 处 DNA 之间的交换，也就是说，人类的 23 个染色体中，每个平均有约 1.5 次 DNA 交换。由于在精子和卵子中，每个 DNA 片段有可能来自父亲，也有可能来自母亲，如此一来，36 个片段就有 2^{36} 种（6.87×10^{10} 种）组合方式，也就是 687 亿种基因组合。这还是精子和卵子基因组合的方式，如果再考虑到精子和卵子的结合也是随机的，那么后代（其 DNA 由精子和卵子的 DNA 结合而成）基因组合的方式就更多了（47×10^{20} 种组合）。所以一对夫妻无论生育多少孩子，除了同卵多胞胎，再也生不出两个基因组合完全相同的孩子。

由于来自父亲和母亲的基因进行了洗牌，减数分裂又要把细胞遗传物质的份数减半，生殖细胞在形成时，都要将父亲和母亲的一些基因丢弃一部分，因此子女的基因组合与父母也不相同，他们得到的是父母基因混合物的一半。因此，每个人的基因组合是不可能被重复的。每个人都是独一无二的，而且只能出现一次，可谓是“前无古人，后无来者”。

能够改变这种状况的，只有现代的动物克隆技术。它有可能复制出 DNA 序列完全相同的人。不过这样克隆出来的人也只是身体的克隆，人的思想、观念、经验、知识、技术等是不可能被复制的，所以克隆人也只是身体相同，思想上却可能是另外一个人。即使是同卵多胞胎，也只是 DNA 的序列相同，而且由于表观遗传状况（如组蛋白的乙酰化和基因启动子的甲基化）的差异，他们在身体状况和性格上也会有差异，如果多胞胎的成长环境不同，思想观念的差异会更大，所以克隆技术和同卵多胞胎也不可能产生一模一样的人。

需要说明的是，这种“同源重组”（基因“洗牌”）只发生于生殖细胞中，也就是繁殖下一代的过程中。人的体细胞内，来自父亲的染色体和来自母亲的染色体是“男女授受不亲”的，染色体上的基因要么全来自父亲，要么全来自母亲，彼此绝不相混。所以每个体细胞内都有一个“小父亲”，一个“小母亲”，他们协同努力，共同掌控细胞的功能。

3. 每个人都有“好”基因和“坏”基因

由于父母的基因是从祖父母那里得到的，也是被 DNA 的同源重组过程“洗牌”的。如此一代一代向上追溯，哪些“祖宗”的哪些基因进入某个子孙的 DNA，都是随机的。孩子的性状要看他（她）从父母及祖先得到了哪些基因，以及这些基因组合的情形。所以俊男美女所生的孩子不一定好看，长相一般的父母也能生出漂亮的孩子。数学天才的父母数学不一定好，而急脾气的父母生出的孩子也许是慢性子的。在另一方面，这些孩子继承的是父母的基因，相对于其他家庭的孩子来说，他们也会有一些共同点。

由于每代人都会对生殖细胞的 DNA 进行“洗牌”，如果把每个基因比喻为一张牌的话，每个人的 DNA 就像一副“洗”过无数次的“扑克牌”，里面基因类型的组合是高度随机的，每个人拥有“好”基因（对健康和智力有利的基因形式）和“坏”基因（对健康和智力不利的基因形式）的概率也是随机的。几乎每个人都有对身体不利的基因，不是容易得某种癌症，就是容易有高血压或近视眼等其他疾病。在某个方面出色的人，往往在其他方面要弱于常人。反之，每个人也都会拥有若干“好”的基因，在适当条件下就会表现出来。一些在中学时代成绩平平的学生，以后却在某个领域有出色的表现，身体在某个方面有残疾的人，其他方面（包括精神活动）却有优于常人的成就。从这个意义上讲，大自然对每个人是公平的。每个人都有独特的优点，就看是否有合适的环境和条件让其发挥出来，所以每个人都应该对自己有信心。

4. 基因“洗牌”的过程源于 DNA 的修复机制

基因“洗牌”的过程看上去很神秘。要把对应的两份 DNA 分子的双链都断开，再交换断端，重新连接，这个机制是怎样发展出来的？其实只要留心同源重组的过程和所使用的蛋白质，就不难得知这是从 DNA 的修复机制中发展出来的。DNA 是生命的“设计手册”和“使用说明书”，不容许出现任何差错。但是 DNA 又是高度复杂而且脆弱的分子，高能射线（例如紫外线）的照射就能够使它断裂。在地球大气层中还没有氧的时候（即在释放氧气的光合作用出现之前），大气层的外部由于没有臭氧层阻挡紫外线，来自太阳的紫外线辐射比现在要强烈得多，对于大小只有 1 微米左右的原核生物来讲是致命的，因为如此小的“身体”根本挡不住紫外线。为了适应生存环境，原核生物进化出了修复 DNA 损伤的机制，其中的一种就是修复 DNA 双螺旋中两条 DNA 链都断裂的损伤。

原核生物是单倍体，也就是细胞里面只有一份遗传物质。在新细胞形成后，DNA 开始复制，并且在下一轮细胞分裂前完成。这样，细菌就存在只有一份遗传物质的时期和有两份遗传物质的时期。在只有一份遗传物质时，DNA 的修复没有模板，只能直接把断端连接起来。根据断端的情形不同（两条 DNA 链是在同一个地方断裂还是在不同的地方断裂），这种连接断端的方法有时会造成一些 DNA 序列的损失。

而在 DNA 复制完成后，细胞里面就有两份 DNA，相当于细胞临时变成了双倍体，受到损伤的 DNA 就有可能以另外一份 DNA 为模板修复自己。这样的修复可以使 DNA 断裂前的序列完全恢复，所以是更好的修复机制。即使是大肠杆菌这样的原核生物，也用这种机制修复双链断裂的 DNA。

大肠杆菌的 DNA 发生双链断裂时，一个由三种蛋白质（RecB、RecC、RecD）组成的复合物 RecBCD 就会结合在断端上。复合物中的 RecC 和 RecD 把 DNA 的双链分开，RecB 则把其中一条链（具有 5′ 末端的）切短，使得具有 3′ 端的链成为单链 DNA，接着另一种蛋白质 RecA 结合在单链 DNA 上，开始在模板 DNA 中寻找类似的 DNA 序列。一旦这样的序列被找到，单链 DNA 就会和模板 DNA 中序列互补的链结合，置换出原先与互补链结合的 DNA 链。然后，DNA 聚合酶以互补链为模板，延长单链 DNA，并且超过原先 DNA 断裂的位置。被置换的 DNA 链成为单链，可以和断裂另一端的 DNA 链结合，作为断裂 DNA 链的模板，将断链从 3′ 端延长。如此一来，两个双链 DNA 就各有一条 DNA 链与对方的 DNA 链互换。如果把其中一个 DNA 双螺旋在交汇处旋转 180°，就会形成一个十字形的结构，该结构在 1964 年由英国科学家 Robin Holiday（1932—2014）提出，并得到电子显微镜图像的证实，称为霍利迪交叉（Holiday Junction），这个交叉的结构可以看成是两个 DNA 双螺旋“头对头”地靠近，然后两条链分开，各自与对方的单链形成另外两个双螺旋。

到了这一步，这个十字形结构断开并恢复两个独立的双螺旋结构就有两种方式。一种方式是把交叉的 DNA 链断开，重新与原来的 DNA 链相连，这样两个 DNA 双螺旋之间就没有片段互换；另一种是保留交叉的 DNA 链，将未交叉的 DNA 链断开，再连接对方的 DNA 链，使两条 DNA 链都参与互换，这样 DNA 双链断裂的修复机制就可以导致 DNA 片段的互换。不过在大肠杆菌中，由于修复 DNA 的模板是原来 DNA 的复制品，这样的互换并不会造成 DNA 序列的改变，但如果这种机制被用于和不同来源的 DNA（例如质粒）互换，DNA 的序列就会发生改变。

真核生物的细胞常常是二倍体，即含有两份遗传物质。两条对应的染色体虽然含有相同的基因，但基因的序列并不完全相同，这种情况下，DNA 片段互换就可以形成新的基因组合，使后代的基因更具多样性，更好地适应环境的变化，因此 DNA 修复机制很快就被用来进行基因交换，即同源重组。在这个过程中，一种叫作 Spo11 的酶在 DNA 上造成双链断裂，以模仿射线造成的 DNA 断裂，断裂形成后，再用与 DNA 修复机制类似的过程实现同源重组。动物、植物、真菌、古菌都含有 Spo11 类型的蛋白质，说明这个启动同源重组的蛋白质已经有很长的进化历史，在真核生物和古菌的共同祖先中就已出现了。

在真核生物的同源重组过程中，双链断裂发生后，也是由蛋白质把断端的 5′ 端切短形成 3′ 端的单链 DNA，和其他蛋白质结合后，再到模板 DNA 上寻找类似的 DNA 序列，并且由 DNA 聚合酶延长单链 DNA 的 3′ 端。在不同的生物中，这些与 3′ 端 DNA 单链结合的蛋白质也是高度相似的，属于同一个蛋白质家族。在大肠杆菌中是 RecA，在古菌中是 RadA 和 RadB，在真核生物中是 Rad51 和 Dmc1。它们都含有多个 DNA 结合位点，这样就可以在结合单链 DNA 的同时，也结合模板双链 DNA，使单链 DNA 延长。链交叉的结果是形成霍利迪交叉，最后形成 DNA 片段互换的产物或不互换的产物。在人的体细胞中，DNA 双链断裂的修复不会造成 DNA 片段的互换，修复后父亲和母亲的染色体还是彼此独立的。而在生殖细胞的形成过程中，链交叉在多数情况下都会导致 DNA 的片段交换，实现同源重组。所以同源重组是一个非常古老的 DNA 处理机制，和 DNA 双链断裂的修复高度类似。由于同源重组对生物遗传物质的多样性有利，所以被生物继承下来并不断发展和完善。

不仅是动物和植物，病毒也会使用同源重组交换它们的遗传物质（DNA 或 RNA），如噬菌体 T4。如果有些 T4 的 DNA 序列发生了影响其生存的突变，常常可以在细胞内通过与未突变的 T4 DNA 之间发生交换以修复自己的缺陷，所使用的蛋白质也与原核生物和真核生物使用的蛋白质相似。与单链 DNA 结合的蛋白质 uvsX 就和原核生物的 RecA 相似，也和真核生物的 Rad51 和 Dmc1 相似。所以同源重组是所有生物都使用的交换遗传物质的方式，而且所使用的机制也高度类似。

从“非有不可”的DNA修复机制，到被“借用”来实现DNA分子之间片段的交换以达到使后代遗传物质多样化的目的，可以看出生物的进化过程是非常“聪明”的。在很多情况下，一些新功能不是通过创造全新的蛋白质来实现，而是在已有功能的基础上加以利用和改造。蛋白质也可以通过基因复制再加以修改的方式，在原有功能的基础上逐渐形成新的功能。这就比所有事情都从头做起要经济有效得多，人与人之间的差别和每个人的独一无二，也是对DNA修复机制继承和发展的结果。

主要参考文献

[1] Daley J M，Kwon Y H，Niu H Y，et al. Investigations of homologous recombination pathways and their regulation. Yale Journal of Biology and Medicine，2013，86：453-461.

[2] Jensen-Seaman M I，Furey T S，Payseur B A，et al. Comparative recombination rates in the rat，mouse，and human genomes. Genomic Research，2004，14：528-538.

[3] Didelot X，Maiden M C J. Impact of recombination on bacterial evolution. Trends in Microbiology，2010，18（7）：315-322.

[4] Han G Z，Worobey M. Homologous recombination in negative sense RNA viruses. Viruses，2011，3：1358-1373.

DNA与个体发育调控

生物结构复杂精妙的程度让人惊叹。人的眼睛可以从进入瞳孔的可见光中感知物体的方向、远近、大小、形状、颜色、质地、运动速度等信息，并能通过眼球转动和晶状体调节对观察对象进行跟踪和聚焦，还能通过瞳孔的收缩、放大适应光线强度的变化。耳朵有接收、传递、放大、转换空气振动状态的专门结构，用于感知环境的变化。蝙蝠的耳朵可接收频率50 000Hz以上的超声波，并能利用超声波的回波进行定位。人耳可以辨别20～20 000Hz的连续音频，并且能从复杂的噪音背景中提取出所需信息。生物运动器官的效率也令人惊叹，其中猎豹能以110千米/时的速度奔跑，雨燕能以350千米/时的速度飞行。人体的循环系统、消化系统、呼吸系统、排泄系统等，都是高度复杂且效能高度专一。蜻蜓的复眼、蝴蝶的翅膀、孔雀的羽毛、植物的花朵，都是生物创造出的结构奇迹。人类大脑更是由上百亿个神经元按照高度有序的方式彼此连接，由此产生感觉、思维、情感，是生物结构发展的最高成就，是目前所知构造最复杂、功能最强大的信息处理结构。

问题是，这些精妙的结构如何形成？所有多细胞生物都是由一个细胞分裂发育而来。在细胞数量变大、种类不断增加的时候，细胞如何知道自己的位置和“任务”，又如何形成各种特定结构？DNA常被称作生命的“蓝图”，它携带着人体构建生命的全部信息，有什么样的DNA，就会发育出什么样的结构。的确，“种瓜得瓜，种豆得豆”，老鼠的DNA只能“指挥”受精卵发育出老鼠而不是猫。一滴鼠血（实则是血液中白细胞里的DNA）甚至就能克隆出一只活的小鼠，有力证明了DNA的确是生命的蓝图。如果DNA没有携带生物身体构造的全部信息，又如何指导形成这些完美的生物结构？

如果仔细研究 DNA 蓝图，就会发现它与建筑设计的蓝图不同。建筑设计图纸会详细标注房屋有几层，有多少个房间、楼梯在哪里、每个房间有多少个门和窗户，以及具体的位置和尺寸，水电安装铺设的每个细节都必须一一具体注明。总之，有关这栋房屋的所有结构信息，都可以在设计蓝图中找到。但 DNA 蓝图里却只有为蛋白质编码的序列及控制基因表达的序列。在 DNA 的序列中，根本找不到人有两只手和两条腿的指令，也找不到规定人的每只手有 5 根手指的信息。实际上，所有与身体构建相关的信息，都无法在 DNA 的序列中直接找到。

从大多数生物结构的复杂程度看，要将这些信息全部“写”进 DNA 序列也是不可能的。人类只有 2 万多个基因，而人的头发就有大约 12 万根。就算一根头发的位置信息只需 1 个基因记录，那也是远远不够的，更何况人体内有 60 万亿个结构功能各异且位置不同的细胞，要靠区区 2 万多个基因记录所有这些信息，可以说是毫无希望。

那么，该怎样理解“DNA 是生物的蓝图”？在没有具体结构指令的情况下，受精卵能精准发育成一个具有完美结构的生物个体。蜜蜂、蚂蚁，个个都像工厂流水线上生产出来的产品，而指导这些结构形成的信息只是为蛋白质编码的 DNA 序列，以及控制其表达时间和环境的序列，生命之精巧，真是令人难以想象。

生物蓝图和建筑设计蓝图的工作方式不同。建筑工地上的砖块、木材、水泥、玻璃等建材不会自动组装成高楼大厦，而是要依靠施工队按照蓝图进行施工建造。受精卵在发育过程中并没有这种专业施工队按需要将各种细胞放到它们应处的位置，建造出心脏或肾脏，而是细胞必须自己“知道”应该是什么类型，“自动”装配成生物体的各种特定结构。

这里的关键就在于 DNA 中控制基因有序表达的信息，它决定何种基因在什么地方，什么时候表达及表达多少。该程序可以决定受精卵在分裂和分化的过程中如何逐步形成各种类型的细胞，这是从细胞内部调控细胞的发展方向。此外，在人类的 2 万多个基因中，还有一些是为信号蛋白编码的。在生物体的发育过程中，有些细胞就会表达这些信号蛋白，“指挥”周围细胞进一步变化，从细胞外部控制细胞的发展方向。在新形成的细胞中，又有一部分会表达另外一些信号蛋白，指挥更多类型细胞的产生，这样逐步发展下去，就会形成人体中 200 多种类型的细胞。这有些类似于诸葛亮给前方将士的锦囊妙计，锦囊里的指令不是一开始就打开的，而是要到一定阶段才能打开。通过在不同阶段打开不同的锦囊，就可以一步步地指挥各种细胞的形成。

但这种控制机制只能形成由各种细胞组成的细胞团，不能形成特定的结构，包括各种腔、管及其形状、大小、分支等。要形成生物体各种精巧的结构，必须有某种机制使基因的产物（蛋白质）在细胞内和细胞之间产生机械力，细胞根据这些力彼此识别、结合、变形、移动位置，从而形成生物体内各种精巧的结构。

产生这种在细胞内和细胞之间的机械力，其实就是一组为数不多的基因的蛋白质产物在生物结构的形成过程中起作用。这组基因的历史可以追溯到单细胞生物，在多细胞生物中它们的功能得到进一步扩展，成为生物体结构的“建筑师”。从水螅到人类，使用的都是同一套基因。这些基因产物（蛋白质）的顺序表达可以让细胞之间以特定方式彼此作用，“自动”形成高度有序的特殊结构。虽然这些基因的数量不多，但通过不同的组合方式，却可以形成各种各样的结构。就像木匠的工具只有斧、锤、锯、刨、凿、钻等几种，却可以组合建造出无数种木结构。

基因的顺序表达可以逐步形成不同类型的细胞，而能够产生机械力的蛋白又能使细胞之间以不同的方式彼此结合，形成生物体的各种结构器官。“锦囊妙计”分阶段打开，每条妙计又能指挥产生机械力的蛋白形成，这两种机制结合起来，构建出一个完整的生物体，整个过程充分体现了 DNA 的“蓝图”作用。这些在不同阶段和位置上指挥周围细胞发育的信息分子，以及能够在细胞内和细胞间产生机械力的蛋白分子，就是建造生物结构的“基本工具”。在文章的第一部分中，先介绍这些“基本工具”的功能及其在结构形成中的作用。随后再用具体的实例表明这些工具是如何组合建造各种生物结构的。

1. 通过细胞–细胞直接接触导致结构形成的基因

(1) 钙黏蛋白让细胞分类聚集

多细胞生物要形成稳定的结构，首先细胞之间要稳定结合。钙黏蛋白（cadherin）是一种让细胞彼此结合在一起的分子，该分子需要钙离子才能行使黏合细胞的功能。钙黏蛋白存在的历史非常久远，在被认为是所有动物鼻祖的单细胞生物——领鞭毛虫（*Choanoflagellate*）中就已有钙黏蛋白的表达，领鞭毛虫通过钙黏蛋白的作用彼此相连成为链状或星状。例如，领鞭毛虫家族中的原绵虫（*Proteospongia*），就能以“尾对尾”的方式将几个细胞聚在一起，共同使用一根柄状物附着在固体上。在进化过程中，单细胞生物体内的钙黏蛋白被多细胞生物发展利用，用于将体内的细胞黏附在一起。

钙黏蛋白为跨膜蛋白，由720～750个氨基酸组成，其中含有一个跨膜片段，该蛋白的大部分都在细胞膜外，只有小部分在细胞膜内。钙黏蛋白的特殊之处在于该蛋白处在细胞膜外的部分能彼此结合，即同类蛋白质分子之间的结合，如此一来，表达钙黏蛋白的细胞就可以通过这种方式彼此结合。钙黏蛋白在细胞内的部分则通过α-连锁蛋白（α-catenin）和β-连锁蛋白（β-catenin）和细胞内由肌纤蛋白（actin）组成的“细胞骨架”相连，这样不仅将结合力施加于细胞膜上，而且还把力延伸到细胞内的骨架上，将细胞牢牢地拴在一起。

如果不同的细胞表达数量不同的钙黏蛋白，细胞之间的黏附力就会产生强弱差异。钙黏蛋白表达量高的细胞之间黏附力强，彼此聚集成团并处于细胞团的核心，而黏附力较弱的细胞则包裹在外面，这就是最初步的结构形成。这个过程有些类似于油和水的相分离行为，在无重力的情况下，结合力强的水分子彼此聚集在一起，成为位于液体内部的水球，而结合力弱得多的油分子则包裹在水球的外围。在多细胞生物形成的早期，由于细胞内钙黏合蛋白表达量多少的调控机制还不固定，因此这种初期结构是不稳定的，但随着细胞调控钙黏蛋白表达量的机制逐渐稳定，细胞按照黏附力大小分类就可能形成稳定的结构。当然，仅靠同一种钙黏蛋白的多少并不足以形成复杂结构，大多会形成实心的多层球体。

经过长期的进化，动物体内已经有多种钙黏蛋白，这些分工更加细化的蛋白是由原来的钙黏蛋白基因复制和变异而成。不同类型的细胞表达不同的钙黏蛋白，例如上皮细胞表达E-钙黏蛋白（E表示epithelial），神经细胞表达N-钙黏蛋白（N表示neural），胎盘细胞表达

P-钙黏蛋白（P表示placental），肾脏细胞表达K-钙黏蛋白（K表示kidney），维管上皮细胞表达VE-钙黏蛋白（VE表示vascular epithelial），视网膜细胞表达R-钙黏蛋白（R表示retinal）等。进化后的钙黏蛋白保持了早期钙黏蛋白的原有特性，即只有种类相同的钙黏蛋白才能彼此结合，这样就保证了E-钙黏蛋白与E-钙黏蛋白结合，而不与N-钙黏蛋白结合。也就是说，表达E-钙黏蛋白的上皮细胞不与表达N-钙黏蛋白的神经细胞结合。即便将表达不同钙黏蛋白的细胞混合在一起，同种细胞也会按照在细胞表面表达的钙黏蛋白自动分类并相互结合，而不会与其他种类的细胞相混，如此不同类型的细胞自动分类分别聚集成为各种组织。随着动物身体愈加复杂，细胞种类不断增加，钙黏蛋白的种类也随之增多。例如无脊椎动物只有不到20种钙黏蛋白，而脊椎动物的钙黏蛋白超过100种，人有80多种钙黏蛋白，种类如此繁多的钙黏蛋白成为人体各种组织中细胞自动分类聚集的基础。

钙黏蛋白虽然是细胞分类聚集的基础和重要机制，但仅由钙黏蛋白主导下的细胞分类聚集只能形成实心的细胞团，无法形成腔、管等更复杂的结构，更为复杂结构的形成就需要其他“工具”。

（2）细胞的极化是形成面、片、腔、管的基础

上文假设钙黏蛋白在细胞表面上的表达是均匀分布的，即在细胞膜各个部分表达的程度一致，在这种情况下，细胞之间通过钙黏蛋白只能形成实心的球状结构。这种状态的细胞通常被看作是没有“极性”的，即细胞的性质在各个方向上都相同。但是在多细胞生物中，如果所有的细胞都没有极性，则只能形成实心的球状结构，无法形成各种复杂的结构如片、腔、管等。所以多细胞生物体内的大部分细胞都带有一定的极性，即细胞的形状和结构不是中心对称的，细胞膜的组成、细胞内蛋白质和RNA的分布、细胞骨架纤维的走向、细胞核和中心粒的位置在不同方向上都是不对称的。这种细胞结构在各个方向上的不对称性通常被称作细胞的“极性”（polarity），细胞从非极性状态转变为极性状态叫作细胞的“极化”（polarization）。细胞的极化在形成复杂结构时非常重要。

例如，如果细胞只在侧面表达钙黏蛋白，而上、下面（分别称为

顶面和底面）不表达，细胞就不再聚集成球状，而是会连成片状，因为顶面和底面的细胞膜无法彼此黏附并连接在一起。如果底面的细胞膜上再有与细胞外基质结合的分子，片状结构中的细胞便都以底面与基质结合，这样顶面成为唯一能和外部空间接触的细胞面。生物体内的“上皮”（epithelium）就是这样形成的，这种片状结构中的细胞也被称为“上皮细胞”（epithelial cells）。

上皮的形成是多细胞生物进化史上的重大事件，从此生物就有了一层细胞区分身体的“外”和“内”。如果细胞膜是细胞的“墙壁”，那么上皮就是生物体的“墙壁”。处于生物体内部的细胞就有了比较稳定的内环境，而不像单细胞生物那样始终暴露在复杂多变的外部环境中。在这种相对稳定的内环境中，生物体可以进化出更加复杂的结构，而且大部分结构的“内表面”仍然由上皮组成。除了人体外部的皮肤表面，人体内部黏膜的表面、血管和淋巴管的内壁、小肠的内壁、肺泡中与空气接触的细胞、肾脏的肾单位（nephron）、各种分泌腺体内缠绕在负责运送分泌物的管道表面的细胞，都由上皮组成。这些上皮的结构大都类似，即细胞以侧面相互连接，细胞底部通过“整联蛋白”（integrin）与由细胞外基质组成的“基膜”（basal lamina）连接，而细胞顶部暴露于外部空间或腔管的内部空间可以长出各种结构以便执行各种生理功能，例如小肠肠壁细胞的顶面长出许多绒毛，用于吸收营养；气管内壁的细胞长出许多纤毛，通过纤毛的定向摆动可以清除痰液；分泌腺上皮细胞的顶端则是细胞分泌各种分子的地方。

如果上皮细胞的顶端能够收缩（通过顶端区域的肌纤蛋白 actin 和肌动蛋白 myosin），细胞的顶部就会变尖，在上皮的暴露面上产生拉力，使得原本平面的片状结构卷曲，当卷曲到一定程度时，就能形成腔或者管状结构。在管的一些特定部位上皮细胞的顶端再收缩，即可在管上形成分支，例如气管分为支气管，支气管再继续分支，最后形成肺泡。血管也可以这样分支，最后形成毛细血管。所以通过细胞极性的形成和改变，可以在生物体内形成面、片、腔、管等结构。

在上皮细胞的侧面，钙黏蛋白在细胞之间形成“黏着连接”（adherens junction）。处于细胞膜外的钙黏蛋白部分彼此结合，处于细胞膜内的部分则通过 α-连锁蛋白和 β-连锁蛋白与细胞中由肌纤蛋白组成的“细胞骨架”相连。由于上皮要与外界接触，为防止分子从细胞之间“溜”进来，外部分子必须通过顶端膜这道关卡，细胞之间在靠近顶膜的地方还形成“紧密连接”（tight junction）。紧密连接由紧密连接蛋白 caludin 和 eccludin 组成。紧密连接还有另外一个重要功能，就是防止顶端膜和侧面的膜成分相混。上皮细胞之间的这些紧密联系可使其位置固定并且难以移动。

但并非身体内所有的细胞都是上皮细胞，身体内还有另外一类细胞，它们没有明显的极性，彼此之间也不紧密结合，例如结缔组织里的细胞，包括血细胞、脂肪细胞、骨细胞、软骨细胞、筋腱里面的细胞、神经系统中的神经细胞和胶质细胞等。这些细胞来自一类无极性或极性很小且可以移动位置的细胞，即“间充质细胞”（mesenchymal cells）。在胚胎发育过程中，常需要细胞移位至其他地方并形成新的组织和器官，上皮细胞不具备移动能力，该任务就由间充质细胞完成。

间充质细胞是由胚胎发育过程中的上皮细胞失去极性而形成，此过程叫作“上皮-间充质转化”（epithelail-mesenchymal transition，EMT）。在这个过程中，钙黏蛋白的表达被抑制，细胞之间的黏连作用减弱或消失，细胞获得迁移和侵袭组织的能力，并在胚胎发育中起重要作用。例如，神经嵴细胞（neural crest cells）就是可移动的细胞，由胚胎的神经外胚层（neuroectoderm）上皮细胞通过上皮-间充质转化而来，神经嵴细胞能够移动到身体各处，形成神经细胞、胶质细胞、头面部软骨细胞、骨细胞及平滑肌细胞等。上皮细胞在转变成癌细胞时，也要进行上皮-间充质转化，使自己脱离黏附，获得迁移和侵袭组织的能力，因此恢复这些细胞的极性也是治疗癌症的一个途径。

在胚胎发育中，间质细胞也可以反向转化变回上皮细胞，即“间充质-上皮转化”（mesenchymal-epithelial transition，MET）。在器官的形成过程中，常常需要细胞在上皮和间充质这两种状态下来回切换，通过间充质细胞阶段获得迁移能力，又在最后的位置变回上皮细胞并形成各种结构。组成肾脏的“肾单位”中的上皮细胞即由“生肾间充质细胞”（nephrogenic mesenchymal cells）通过间充质-上皮转化而来。这些事实说明，细胞的极化和去极化在胚胎发育、形成各种组织和器官的结构上起着关键作用。

1）形成和维持细胞极性的原理

从目前对细胞的基本了解来看，细胞的极性化似乎是一件比较难理解的现象。蛋白质在细胞中可以向各个方向扩散，而细胞膜也是动态的，构成细胞膜的磷脂和蛋白质处于连续不断的流动和移位之中。这些随机过程似乎只能使细胞的结构均匀化，就像糖分子在一杯水中会平均扩散至水的各部分一样，怎么会出现分子在细胞的各个方向分布不均的情况？

有两种机制可以使细胞产生极性。一种是正反馈机制。如果一种分子（假设为A）在细胞膜的某处由于某些原因，浓度比在其他地方稍高，A分子又能通过与其他分子相互作用将其吸引至此处，而新到来的分子又能够促进A分子在该位置聚集，这就是一种正反馈机制，会导致分子或分子团的不均匀分布。一个类似的例子是白蚁建造蚁山（白蚁的窝）。一开始白蚁在地表随机地堆砌土块，所以地上会出现一片基本均匀的小土粒，但是白蚁有一个习惯，就是往最高的那个土块上堆新土，如此一来，土块的增高速度便不再平均，而是在当初稍大的土块上有更多的白蚁在堆土，这样这个土块就会逐渐明显高于其他土块，使得后来所有的白蚁都往这个土块上堆土，最后形成单一的土山，这就是正反馈造成物质分布不均的典型。

第二种机制是蛋白质分子团之间互相排斥，分别占据各自的领地，在细胞的不同位置存在。如果其中一种或者两种蛋白质分子团在膜上都有进行正反馈的位置，那么这两个蛋白质分子团就不可能在细胞中均匀分布了，而是分别分布在膜内不同的地方。例如，有两个蛋白质聚成的蛋白质分子团，一个由A、B、C三种蛋白质组成，只有三种蛋白质都存在时蛋白质分子团才稳定。另一个蛋白团是由D、E、F三种蛋白质聚合而成，也需要三种蛋白质同时存在才能成为稳定的聚合物。三种蛋白质彼此结合形成稳定的复合物，就是一种正反馈机制。设想A、B、C中的任何一种蛋白在进入DEF的领地时，DEF能够使其失活，不能与其他两种蛋白质形成聚合物，那么在DEF的领地里就不可能有ABC聚合物的存在。反过来，如果ABC聚合物能够使进入其领地的D、E、F蛋白失活，不能与其他两种蛋白质形成稳定聚合物，那么在ABC的领地里也不会有DEF聚合物形成。从细胞形成极性的过程来看，这两种机制都起到了一定作用。下期会具体介绍这 2 种机制如何发挥作用从而使细胞极化的。

2）形成和维持细胞极性的蛋白质

（a）Par 复合物

1988 年，美国科学家 Kemphues 等在研究秀丽隐杆线虫（*Caenorhabditis egans*）的胚胎发育时，发现了 6 个基因，这些基因的突变使线虫的胚胎只能形成无结构的细胞团，而不能形成正常的组织和器官。科学家把这 6 个基因称为“分隔缺陷基因”（partition defective），简称 *Par* 基因，从 *Par-1* 到 *Par-6*。*Par* 基因的产物都是可溶性蛋白并位于细胞质中。虽然这些蛋白都叫 Par 蛋白，但是它们只是为细胞的极性所需，并不是同类的蛋白质。例如，Par-1 和 Par-4 是蛋白激酶，即可以在蛋白质分子添加磷酸基团，改变其性质，使蛋白质活化或失活的酶。在线虫一个细胞阶段的胚胎中，这些 Par 蛋白的分布是不均匀的，其中 Par-3 和 Par-6 位于胚胎前端，Par-l 和 Par-2 位于胚胎后端，Par-4 和 Par-5 则平均分布。如果这些基因中的任何一种发生突变，胚胎的极性就会消失。如果 *Par-3* 基因产生突变，Par-1 和 Par-2 就不再位于胚胎后端，而是均匀分布了，说明这些 Par 蛋白在位置上是互相拮抗的。

1990 年，日本科学家 Tabuse 等在线虫中发现了另一个 Par 蛋白，该蛋白的基因的突变造成的后果与其他 *Par* 基因突变的效果一样，该基因的产物也是一个蛋白激酶，叫作“非典型蛋白激酶 C”（atypical protein kinase C，aPKC）。蛋白结合实验表明，Par-3、Par-6 和 aPKC 彼此结合，形成一个蛋白复合物，而且只有在形成这个复合物后，这些蛋白质才能在细胞中不对称分布。这就类似于前文所述的 A、B、C 三种蛋白组成稳定蛋白复合物的例子。

在上皮细胞中，Par-1 以二聚体的形式存在于基底膜和侧膜位置。如果 Par-1 扩散到顶端膜，Par-3/Par-6/aPKC 复合物中的 aPKC 能够使 Par-1 磷酸化，并与在细胞质中的 Par-5 结合，从而使 Par-1 不能停留在顶端膜上。反之，如果 Par-3 运动到基底膜和侧膜，Par-1 又能够使 Par-3 磷酸化，与 Par-5 结合，从而阻止 Par-3 在基底膜和侧膜停留。

随后在果蝇和哺乳动物（包括人）中的研究表明，Par 蛋白质在比线虫更高等的动物细胞中也都存在，而且 Par-3/Par-6/aPKC 复合物对于维持细胞极性不可或缺。该复合物位于线虫胚胎的前端、爬行细胞的前沿、神经细胞生长中的轴突的顶端，以及上皮细胞的顶部，因此该复合物在细胞的各种极性状态或过程中都发挥作用，是一个有古老历史且几乎所有动物（从线虫到人）都使用的极性蛋白。

（b）Crumbs 复合物

1990 年，德国科学家 Tepass 等在果蝇的上皮细胞中发现了一种膜蛋白，它只位于上皮细胞的顶端膜上，在靠近细胞连接处浓度最高。如果编码该蛋白的基因发生突变，会使上皮细胞的顶端膜消失，严重干扰果蝇的上皮结构，甚至有可能导致这些细胞死亡，而过量表达该基因又会使顶端膜扩张，说明该基因对上皮细胞的极性，特别是顶端膜的形成和稳定，具有非常重要的作用。由于该基因的突变使得果蝇身体表面的角质层呈碎裂状，因此这个基因被称为“碎裂基因”（crumbs），也被称作 *Crb* 基因。

与 Par 蛋白是水溶性分子不同，Crb 蛋白是一个膜蛋白，有一个跨膜区段。Crb 蛋白的细胞内部分有一段 37～40 个氨基酸残基组成的肽链，这段肽链对于 Crb 蛋白的功能是必要的，去除这段肽链后，Crb 蛋白对上皮细胞极性的作用就会消失。这段细胞内的肽链可结合一个蛋白，即 PALS-1（protein associated with Lin7，Stardust），PALS-1 又与另外一个蛋白 PATj（PALS-1 associated tight junction protein）结合。因此，Crb 蛋白与 Par 蛋白一样，也形成了一个由三个蛋白质组成的复合物 Crb/PALS-1/PATj。这三个蛋白质对于复合物的稳定和行使功能都是必不可少的，无论是 *PALS-1* 基因，还是 *PATj* 基因发生突变都与 *Crb* 基因突变有相同的效果，即导致钙黏蛋白的分布错位，不能在细胞之间形成黏着连接，导致结构异常。

Crb 蛋白除了与 PALS-1、PATj 蛋白形成复合物外，其细胞内部分还能与 Par 复合物中的 Par-6 结合，这样 Crb 复合物与 Par 复合物彼此联系，共同存在于上皮细胞的顶端膜内。不仅如此，在顶端膜内，肌纤蛋白（actin）和血影蛋白（spectrin）一起组成网状的细胞骨架以支持顶端膜。Crb 复合物与 Par 复合物结合后，Par 复合物中的 aPKC 能够使 Crb 蛋白的细胞内部分磷酸化，使它可以和血影蛋白结合，这样

Crb 复合物和 Par 复合物就与顶端膜内的细胞骨架相联系，进一步稳定它们在上皮细胞顶端的存在。

（c）Scribble 复合物

在果蝇的突变实验中，科学家还发现了另一类与细胞极性有关的基因。其中一个基因的突变会使果蝇的角质层起皱多孔，因此被起名为“Scribble”（简称 *Scrb* 基因），意思是“乱涂乱画”。突变体果蝇的细胞会失去极性，形状变圆，不再形成单层上皮，而是互相堆积，说明 *Scrib* 基因也是用于维持上皮细胞极性的。

与 Par 蛋白、Crb 蛋白都形成由三个蛋白质形成的复合物一样，Scrib 蛋白也与另外两个蛋白质形成由三个蛋白质组成的复合物。这两个蛋白分别是 Dlg 蛋白和 Lgl 蛋白。

与 Par 复合物和 Crb 复合物在细胞内的位置不同，Scrib 复合物 Scrib/Dlg/Lgl 并不位于顶端膜下，而是在侧膜区。这个复合物的作用看来是排斥 Par 复合物和 Crb 复合物，让它们只位于顶端膜，而不能到达侧膜区。Scrib 复合中的任何一个基因发生突变，都会使前两个复合物中的蛋白失去它们在顶端膜的定位，而变为在细胞中平均分布。E-钙黏蛋白也失去了它们在细胞侧面的定位，变为在细胞膜的所有位置都有分布，使细胞的极性黏附丧失。因此 Scrib 复合物与前两个复合物是彼此拮抗的。

（d）细胞膜成分的不对称分布

除了 Par、Crb、和 Scrib 这三个蛋白复合物在上皮细胞中的不对称分布外，顶端膜和基底侧面膜所含的磷脂成分也不相同。磷脂（phospholipid）是以甘油分子（丙三醇）为核心的分子。甘油的三个羟基中，有两个（包括中间的那一个）通过脂键与脂肪酸相连，另一个羟基与磷酸根相连，磷酸根上再连上其他亲水分子，例如丝氨酸、乙醇胺、胆碱、肌醇等，形成的分子分别叫作磷脂酰丝氨酸、磷脂酰乙醇胺、磷脂酰胆碱和磷脂酰肌醇。其中磷脂酰肌醇（phosphatidylinositol，PI）的磷酸化产物是重要的信息分子。

肌醇（inositol）的化学结构是“环己六醇”，即 6 个碳原子连成环状，每个碳原子上连 1 个氢原子和 1 个羟基。在 6 个羟基中，1 号碳原子上的羟基与磷脂分子上的磷酸根相连，4、5、6号碳原子上的羟基都可以被磷酸化，但是2号和6号碳原子上的羟基（即和1号碳原子相邻的羟基）不会与磷酸根相连。4、5、6号碳原子上的羟基各由不同的激酶磷酸化。最先被磷酸化的是4号位的羟基（被磷脂酰肌醇-4-激酶催化，以ATP作为磷酸根的供体），生成磷脂酰肌醇-4-磷酸（phosphatidylinositol-4-phosphate，简称PI4P，或PIP）。PIP-5-激酶能够使PIP分子中第5号碳原子上的羟基磷酸化，生成磷脂酰肌醇-4，5-二磷酸［phosphatidylinositol-4，5-biphosphate，简称PI（4，5）P2，或PIP2］。PIP2还可以进一步被磷酸化，通过PIP2-3-激酶使第3号碳原子上的羟基磷酸化，生成磷脂酰肌醇-3，4，5-三磷酸［phosphatidylinositol-3，4，5-triphosphate，简称PI（3，4，5）P3或者PIP3］。不必记住这些复杂的名称，只需记住PI是磷脂酰肌醇，PIP是磷脂酰肌醇上连接1个磷酸根，PIP2连接两个磷酸根，PIP3连接三个磷酸根即可。

在上皮细胞中，PIP2位于顶端膜上，而PIP3则位于基底侧膜上。细胞之间的紧密连接（tight junction）将这两个部分的细胞膜分隔开来，不让这2部分细胞膜的成分互相交换混合。位于顶端膜的PIP2能够与“膜联蛋白2”（annexin2）结合，膜联蛋白又与Cdc42蛋白结合，Cdc42又可以招募Par复合物中的Par-6和aPKC到顶端膜并且将它们活化，再与Par-3形成最后的复合物，如果人为地将PIP2引入基底侧膜，基底侧膜就会变得像顶端膜，所结合的蛋白质也会改变。所以PIP2对Par复合物的定位起引导作用。

反之，如果人为地将PIP3引入顶端膜，就会使顶端膜的性质变为基底侧膜，所结合的蛋白质也相应变化。除了紧密连接能够防止顶端膜中的PIP2和基底侧膜上的PIP3相混淆以外，在顶端膜上还有一个叫PTEN的磷酸酶（phosphatase and tensin homolog），它可以将PIP3脱去一个磷酸根变成PIP2，这样PIP3在顶端膜就没有存在的可能。同样，在基底侧膜上有一个PIP2的激酶（phosphatidylinositol-3-kinase，简称PI3K），可以在PIP2上加上一个磷酸根，把PIP2变成HP3。如此，PIP2也不能在基底侧膜区域存在。

从以上叙述可见，Par复合物、Crb复合物和Scrib复合物各由三个蛋白组成，而且必须三个蛋白质同时存在才能形成稳定的复合物，这就提供了一种正反馈机制，即复合物中的每一种蛋白都起到稳定对方的作用。Par 复合物与 Crb 复合物之间的联系，顶端膜中 PIP2 对 Par 复合物的定位引导作用，组成更高级别的正反馈机制。而 Par 复合物、Crb 复合物和 Scrib 复合物之间的拮抗作用，使得前两种复合物不能与 Scrib 复合物同处于细胞中的相同位置。细胞中的分子虽然是动态的，但是通过这些调控机制，细胞却可以被极化，极化后的细胞就可以连成片状并形成上皮，进一步形成腔和管的结构。参与这些过程的蛋白质是高度保守的，从线虫到哺乳动物，使用的都是同一套基因。

这些复合物不仅自身在细胞内不对称分布，还会通过 Rho GTP 酶影响细胞内由细胞骨架所构成运输系统的方向。例如顶端膜分泌的蛋白质就是通过这些通路从高尔基体运送至顶端膜，而不会向基底侧膜方向运输；基底侧膜所需要的蛋白质也不会向顶端膜运输。物质的定向运输进一步增强和巩固了细胞的极性，因此这些系统是彼此联系、彼此促进的。

（3）让上皮里面的细胞在平面上也有方向性——促成“平面细胞极性”的基因

上皮中的每个细胞都具有顶端-基底端方向的极性，该极性的方向与上皮的平面垂直，并通过 Par、Crb 和 Scrib 三个蛋白复合物的不对称分布进行调节控制。除该垂直方向上的极性之外，上皮细胞还有另外一种极性，其方向与上皮的平面方向相平行。这种极性对于生物结构的形成也非常重要。例如昆虫体表和翅膀上的纤毛都朝同一个方向，鱼的鳞片都朝向尾部，哺乳动物皮肤上的毛发朝向一致，人眉毛的方向也都朝向脸的外侧，气管上皮细胞上的纤毛朝向口鼻的方向，摆动方向也一致等种种事例。这种和上皮的平面方向平行的极性叫作平面细胞极性（planar cell polarity），其方向要根据器官（如昆虫的翅膀）朝向身体的方向和远离身体的方向定义为近端和远端，或者根据生物体的前、后方向定义为前端和后端。

与顶端-基底端极性一样，平面细胞极性也是由不同蛋白质或蛋白复合物的不对称分布所造成的，不同的是在顶端-底端极性中，蛋白复合物都位于细胞内，并且它们在细胞内的位置决定了细胞极性的方向，这些蛋白复合物的位置是纵向（即顶端-基底端方向）不对称的。而在平面细胞极性中，有关蛋白质或蛋白复合物的分布是在上皮的平面方向不对称，通过它们在细胞外的部分与相邻细胞表面对应的复合物相互作用。

引起平面细胞极性的蛋白质有两组，第一组包括 Fmi/Pk/Vang 复合物和 Fmi/Fz/Dgo/Dsh 复合物，前者位于细胞侧面的前端或近端，后者位于细胞侧面的后端或远端。这两个复合物在细胞内的位置是互相排斥的。位于一个细胞远端膜上的 Fmi/Fz/Dgo/Dsh 复合物只能与其远端方向相邻细胞上的 Fmi/Pk/Vang 复合物结合，同时，位于该细胞近端膜上的 Fmi/Pk/Vang 复合物又只能跟位于近端邻近细胞上的 Fmi/Fz/Dgo/Dsh 复合物结合，如此，上皮中的细胞就能够以“首尾相连”的形式有方向性地排列和结合，导致平面极性。上面说的这些蛋白质的名称都是简称，它们的全称是：Fmi——Flamingo/starrynight；Pk——Prickle；Vang——Van Gogh/strabismus；Fz——Frizzled；Dgo——Diego；Dsh——Dishevelled。这些都是科学家发现这些蛋白或基因时根据它们的性质或功能给它们取的新奇有趣的“小名”，例如“火烈鸟”“梵高”“星空”“针刺”“蓬乱”等。

另一组包括两个蛋白，分别是 Ds（Dashsous）和 Ft（Fat）。它们都是与钙黏蛋白类似的分子，其细胞外部分能够彼此结合。但与钙黏蛋白不同的是，相同种类的分子彼此之间不会结合，例如，两个 Ds 分子的细胞外部分就不能彼此结合，Ds 只能与 Ft 的细胞外部分结合。Ds 和 Ft 都是细胞侧面膜上的分子，在膜上的分布也是不对称的，Ft 位于细胞的前端或近端，Ds 位于细胞的后端或远端，两者在细胞膜上的位置也互相排斥。如此，相邻细胞间的 Ft 和 Ds 也能够使细胞以“首尾相连”的方式排列并结合，形成“前端-Ft 细胞 Ds-Ft 细胞 Ds-Ft 细胞 Ds-后端”的连接方式，由此产生了细胞的平面极性。

上皮细胞的平面细胞极性与顶端-基底端极性一样都是生物胚胎在正常发育过程中所必需的，上文讲述的那些蛋白质基因的突变也会严重影响胚胎发育。例如，人类新生儿中的脊柱裂和无脑儿，就是因为平面细胞极性的调控机制异常诱发神经管畸形引起的。

（4）使相邻细胞有不同命运的蛋白质——Notch 及其底物分子

多细胞生物由不同类型的细胞构成。在细胞分化过程中，基因调控机制的变化会导致细胞朝向不同的发育方向，赋予它们不同的命运。除了细胞内的基因调控，细胞之间的相互作用也能使相邻的细胞向不同的细胞类型发展，形成不同类型的细胞，这就是 Notch 及其底物分子的作用。

1914 年，John Dexter 在美国科学家 David P. Morgan 的实验室工作期间，发现了一种果蝇的突变种，这些果蝇的翅膀边缘上有缺口。1917 年，Morgan 发现了引起此缺陷的基因，并称其为“缺口基因”（*Notch* 基因）。

进一步研究发现，*Notch* 基因的产物是一个膜蛋白，其中有一个跨膜区段，以及一个比较长的细胞外区段和一个比较短的细胞内区段。细胞外区段被用于跟它的配体（ligand）结合。Notch 的配体分子有两种，在果蝇中分别叫作 Delta 和 Serrate。在哺乳动物中对应的配体分子是 Delta-like 和 Jagged；在线虫中则对应 glp-1 和 Lin-12。它们也都是膜蛋白，有一个跨膜区段和细胞外区段，其中细胞外区段与 Notch 的细胞外区段结合。由于 Notch 蛋白和配体蛋白都是膜蛋白，所以在结合时，需要细胞与细胞的直接接触。

底物蛋白 Delta 或 Jagged 与 Notch 分子结合后，细胞膜内的一个蛋白酶就将 Notch 蛋白的细胞内部分切下来。被切除部分随后进入细胞核影响一些基因的表达。因此，Notch 蛋白是接收和传递来自另一个细胞信号的分子，是外来信号分子的受体，信号通过 Notch 的细胞内部分传递到细胞核中去。

在 Notch 蛋白和配体分子结合之前，细胞核中的 CSL 转录因子处于和一些有抑制作用的蛋白质相结合的状态，这时 CSL 转录因子起到关闭基因的作用［CSL 是三个同类蛋白的合称，即哺乳动物中的 CBF1/Rbpj，果蝇中的 Su（H），以及线虫中的 Lag-1］。Notch 受体蛋白细胞内部分进入细胞核后，会与 CSL 蛋白质结合并改变 CSL 蛋白的形状，使 CSL 蛋白与那些起抑制作用的蛋白质脱离，重新结合一些起活化作用的蛋白质，这样 CSL 蛋白的功能就从关闭基因变为打开基因。被打开的基因（*Hes-1*）合成的蛋白质（HES 蛋白）是具有抑制作用的转录因子，会关闭一些细胞内的基因，这样，接受 Notch 配体信号的细胞和发出信号细胞（即表面有 Delta 或 Jagged 的细胞）的基因调控状态就产生了差异，从而形成不同类型的细胞。

在一群细胞中，即便一开始每个细胞都表达 Notch 蛋白和配体蛋白，但这种状态却不稳定，Notch 蛋白接收信号和改变细胞状态的功能会逐渐使一部分细胞只表达 Notch 蛋白，一部分细胞只表达配体蛋白，如此，表达底物分子的细胞就能防止表达 Notch 蛋白的细胞和自己有一样的命运。

这种通过细胞之间的接触改变另一个细胞命运的机制叫作“侧向抑制”（lateral inhibition），它使相邻的两个细胞走向不同的命运。如果这两个细胞随后表达不同的钙黏蛋白，它们就会各自与同类细胞连接，形成不同类型细胞之间的边界。这种调控机制在胚胎发育过程中至关重要。例如胰脏细胞分化为外分泌细胞（分泌消化液到肠腔中去）和内分泌细胞（分泌胰岛素进入血液）时，Notch 信号传递就起了关键的作用。许多组织器官的形成过程都与 Notch 信号传递有关，例如血管生成过程中内皮细胞的形成、心脏形成过程中心肌细胞和心内膜细胞的分化、心脏瓣膜的形成、消化道中起分泌作用的细胞和起吸收作用细胞之间的分化、乳腺发育等，都是通过 Notch 信号传递实现的。

(5) 小　结

在这一节中，叙述了四种细胞之间的连接方式和它们在生物结构发育过程中的作用。第一种是细胞之间通过钙黏蛋白的结合。只有同类的钙黏蛋白才能够彼此结合，因此，表达不同钙黏蛋白的细胞会按照所表达钙黏蛋白的种类而“自动”分类聚集，形成不同的细胞团块。细胞之间的连接是对称的，即提供连接的分子都相同。这样的连接方式不会使一个细胞影响另一个细胞的命运。

第二种是细胞的极性连接，即钙黏蛋白只在细胞的侧面将细胞粘连在一起。这样细胞就不再形成团，而是形成片。在片状结构中的细胞有顶端-基底端方向的极性，顶端面向外部空间，基底端和基膜相连，形成上皮。细胞之间不仅有由钙黏蛋白形成的黏合连接，还有由紧密连接蛋白 caludin 和 eccludin 组成紧密连接。这种顶端-基底端的极性是由 Par、Crb、Scrib 三个蛋白复合物在细胞内的不对称分布引起和维持的。Par 复合物和 Crb 复合物位于顶端，而 Scrib 复合物位于细胞的基底侧部分。在这种连接方式中，每个细胞提供的粘连分子仍然相同，它们之间的连接也不会改变彼此的命运，只是由于细胞的极化使细胞的聚集方式从团状变为片状。上皮细胞顶端的收缩还能够使片卷成腔和管。

第三种连接方式仍然是片状的，但由于相邻细胞之间用于粘连的蛋白分子不同，即不对称，一边是 Fmi/Pk/Vang 复合物，另一边是 Fmi/Fz/Dgo/Dsh 复合物；一边是 Ft，另一边是 Ds，这样处在平面中的细胞就产生了在平面方向上的极性，叫作“平面细胞极性”，在决定上皮上面长出来的结构（如纤毛、羽毛、鳞片、毛发）的方向上起关键作用。但细胞这种不对称连接并不会使细胞的基因调控彼此不同，也不会使细胞向不同的方向分化。

第四种连接是通过 Notch 蛋白及其配体分子之间的连接，一边是 Notch 受体蛋白，另一边是 Delta 和 Jagged 信号蛋白。由于 Notch 蛋白接收信号后会改变细胞的基因调控状态，细胞之间的这种接触方式会使它们向不同命运的方向发展。如果随后它们表达不同的钙黏蛋白，这些不同的细胞就会各自聚集，形成不同细胞和组织之间的边界。

因此，通过细胞-细胞之间的直接接触，就能因不同的接触方式形成不同的细胞种类和结构。这是生物发育过程中所使用的一些“成型工具”，原理虽然简单，效果却非常好，所以从线虫到哺乳动物都共同使用这些工具。另一方面，这些工具的使用需要细胞-细胞的直接接触和相互作用，因而作用只能是短距离的。为了在整体上形成复杂的生物结构，生物还需要在长距离上起控制作用的信号分子。

2. 远程控制生物结构形成的“上层指挥”——扩散性信号分子

通过接收外界信号，改变自身状况的能力，早在单细胞生物中就已经实现了。例如细菌可感知周围营养物质浓度的差别，并向浓度高的方向运动。黏菌中的“盘基网柄菌”（*Dictyostelium discoideum*）可感知其他黏菌分泌的环单磷酸腺苷（cAMP），从而聚集形成孢子体，其中一部分细胞分化成细胞的柄部，而且柄部细胞还可以再分化为表面细胞和内部细胞，还有一部分细胞则变成孢子。

多细胞生物将这种能力进一步发扬光大，通过分泌在细胞间自由移动的分子，从而影响近程或远程细胞的活动状况或者命运。与上文所述需要细胞-细胞直接接触的分子不同，由于这些分子可以在细胞之间移动，它们能够影响的细胞就不止一个，而是一群。改变发育方向后的细胞再表达出特殊细胞之间作用的分子，从而分化成生物体内的各种组织和器官。这类分子为数不多，但由于它们的作用机制各异，通过与下游分子的相互作用，能在较大范围内控制各种复杂结构的形成，是生物结构发育的上层调控机制。

（1）*Wnt*基因和信号通路

1976年，Sharma和Chopra发现果蝇中的一个特定基因发生突变会使果蝇的翅膀丧失，他们把这个基因取名为无翅基因（*wingless*，*Wg*）。6年后，美国科学家Roel Nusse和Harold Varmus发现在小鼠乳腺肿瘤病毒中含有一个致癌基因，他们把这个基因称为整合基因（*integration 1*，*int1*基因）。后续研究发现，这两个基因实际上是同一个基因，从线虫、果蝇、斑马鱼、青蛙、小鼠到人类都含有这个基因，该基因在动物胚胎发育和器官形成中起重要作用，因而科学家把这两个名称组合并重命名为*Wnt*基因。

*Wnt*基因的产物是一种分泌到细胞外的蛋白质，说明它不需要细胞-细胞之间的直接接触，在较长距离上也可发挥作用。Wnt蛋白由350～400个氨基酸残基组成，其中有23～24个半胱氨酸残基，部分半胱氨酸残基上连有脂肪酸（棕榈酸，即软脂酸）。Wnt蛋白上还连有糖基，以保证它被细胞分泌出去。由于Wnt蛋白上有脂肪酸和糖基，因此该蛋白能与细胞膜相互作用，常临时附着在细胞表面，通过不断地附着-解离，Wnt蛋白便能在细胞之间移动，影响位置较远细胞的命运。

Wnt蛋白传递信息的方式，是与细胞表面一种叫卷曲蛋白（Frizzled，Fz）的膜蛋白结合，使Fz蛋白活化。活化的Fz蛋白将信号传递给细胞质中的蓬乱蛋白（Dishevelled，Dsh）。Dsh蛋白能够阻止

β-连锁蛋白（β-catenin）的降解，以保证 β-连锁蛋白在细胞中集聚。β-连锁蛋白不仅在细胞之间通过钙黏蛋白（cadherin）结合时起重要作用，还能进入细胞核，与 T 细胞因子（T cell factor/lymphoid enhancer factor，TCF/LEF）相互作用，影响部分基因的表达，从而改变细胞的命运。在没有 Wnt 信号时，细胞质中的 β-连锁蛋白是不断被降解的，上述的基因调控也不会发生，而 Wnt 信号使 β-连锁蛋白不被降解，发挥调控基因的作用。这是 Wnt 蛋白作用的经典途径。除此之外，Wnt 信号传递也可以走非经典途径，即不通过 β-连锁蛋白，而是与细胞骨架起作用，使肌纤蛋白（actin）丝的方向极化，导致细胞产生极性（顶端-基底端极性）和平面细胞极性。

Wnt 蛋白在动物胚胎发育中起重要作用，调控动物身体前后轴线和背腹轴线的形成，并通过影响细胞的增殖和运动，参与器官的形成，例如肺、卵巢、神经系统和四肢等。

（2）刺猬蛋白

为了寻找调控果蝇胚胎正常发育的基因，德国科学家 Christiane Nüsslein-Volhard 和 Eric Wieschaus 用可诱发突变的试剂乙基甲磺酸脂（ethyl methanesulfonate，EMS）对果蝇进行饱和突变并观察效果，该研究发现一组与果蝇胚胎发育有关的基因，这两位科学家也因此获得了 1995 年的诺贝尔生理学或医学奖。

Nüsslein-Volhard 和 Wieschaus 在果蝇体内发现的基因中，有一个叫作刺猬基因（*Hedgehog*，*Hh*），该基因发生突变会使果蝇胚胎变得短圆并有密集的刚毛，样子类似刺猬。哺乳动物有 3 个 *Hh* 基因，分别为三种刺猬蛋白编码，叫作音刺猬因子（Sonic Hedgehog，Shh）、印度刺猬因子（Indian Hedgehog，Ihh）和沙漠刺猬因子（Desert Hedgehog，Dhh）。这三个基因在生物胚胎发育和组织器官形成上起非常重要的作用，其中 Shh 被研究得最详细。

Shh 蛋白在细胞中首先被合成为一个 45kDa 的前体分子，该分子随后被切成两段，其中氨基端部分约 20kDa，羧基段部分约 25kDa。在前体分子被切成两段时，羧基段把一个胆固醇分子加到氨基段的羧基端上，这个被加上胆固醇的氨基段部分随后被分泌到细胞外，作为信号分子与细胞表面的受体相互作用。所以 Shh 分子和 Wnt 蛋白一样，也是被分泌到细胞外并能在细胞间移动的分子，能够在较长距离传递信息。由于 Shh 分子上带有一个胆固醇分子，具有亲脂性，所以 Shh 蛋白也能够附着在细胞膜上，通过反复地附着-解离从而在细胞之间运动。

当 Shh 分子到达细胞表面时，与受体补片蛋白（Patched，简称 PTCH）结合，并抑制 PTCH 的功能。在没有 Shh 分子存在时，PTCH 可不断地将膜上另一个蛋白分子 Smoothened（SMO）的氧化胆固醇（oxysterol）分子脱掉。由于 SMO 需要结合氧化胆固醇分子才有活性，当 PTCH 单独存在，未与 Shh 结合时，SMO 的活性是被 PTCH 蛋白抑制的。Shh 与 PTCH 的结合解除了 PTCH 对 SMO 的抑制，使得 SMO 可以与细胞内的下游分子相互作用。

在果蝇体内，SMO 的下游分子是一种转录因子，叫作 Ci 蛋白（Cubitus interruptus）。SMO 被抑制时，Ci 蛋白被蛋白酶体（proteosome）切断，从 155kDa 全长的分子中产生一个 75kDa 长的片段 CiR，CiR 能够进入细胞核并抑制基因的转录；SMO 被活化时，Ci 蛋白的降解被抑制，浓度上升，CiR 浓度下降。Ci 蛋白进入细胞核，活化基因的表达，因此 Shh 蛋白能够把 Ci 蛋白从转录抑制分子转变为转录活化分子，从而改变受影响细胞的状态。

在哺乳动物中，SMO 蛋白在细胞内的下游分子叫作 Gli，因为该蛋白的基因是最先从神经胶质瘤（glioma）中发现的。与 Ci 蛋白一样，Gli 蛋白也是一种转录因子，能够控制基因的表达。在 SMO 被抑制的情况下（即无 Shh 信号），Gli 蛋白被蛋白酶体切断，其羧基段进入细胞核，抑制基因的表达；而在 SMO 被活化的情况下，切断 Gli 蛋白的通路被阻断，导致 Gli 分子浓度上升，并以完整状态进入细胞核，启动部分基因的表达。因此，无论是果蝇还是哺乳动物，刺猬蛋白都是通过相同的调控机制影响细胞的命运，即都是通过对 SMO 解除抑制，再通过 Ci/Gli 转录因子影响基因表达，从而控制细胞的命运。

不仅如此，完整的 Gli 蛋白还能增加 *PTCH* 基因的表达，由于 PTCH 对 SMO 的抑制会切断 Gli 蛋白，这就构成了一个负反馈回路。Shh 结合到 PTCH 上后，细胞还会通过胞饮作用（endocytosis）将

Shh 连同受体 PTCH 一起吞进细胞内，减少细胞外 Shh 的浓度，进而降低 Shh 对细胞的影响，构成另一个负反馈回路。这些负反馈回路在 Shh 分子发挥结构形成功能时至关重要。

在果蝇中，一个细胞分泌的刺猬蛋白 Hh 能够与相邻细胞上的 PTCH 受体结合，使得相邻细胞分泌 Wnt 蛋白。Wnt 蛋白又能够通过卷曲蛋白和蓬乱蛋白反过来作用于分泌刺猬蛋白的基因，稳定这 2 个细胞之间的关系。因此，刺猬蛋白信号通路和 Wnt 信号通路可以相互作用，共同引导生物体中结构的形成。

（3）成纤维细胞生长因子 FGF

1973 年，美国科学家 Hugo A. Armelin 在脑垂体提取液中发现了一种因子，该因子可促使小鼠成纤维细胞（NIH 3T3 细胞）分裂增殖。这种因子分子量大，无法通过透析除去，对热和蛋白酶敏感，说明它是一种蛋白质。Armelin 将这种蛋白质称为成纤维细胞生长因子（fibroblast growth factor，FGF）。除了促进细胞增殖，FGF 还能够诱导上皮细胞形成管状结构，因此在血管形成时起重要作用。在胚胎发育过程中，它们诱导中胚层（mesoderm）的发育、前后端的结构形成、肢体发育和神经系统的发育。在成体动物中，FGF 在血管生成、伤口愈合和内分泌信号传递上都起重要作用。人类有 22 种类型的 FGF 分子。

与 Wnt 蛋白、刺猬蛋白 Hh 类似，FGF 蛋白也是分泌到细胞外的信号分子，通过与细胞表面的受体分子结合从而发挥作用。与上述几种蛋白不同的是，FGF 蛋白除了与受体蛋白结合外，还与细胞表面的硫酸乙酰肝素（heparan sulfate，HS，是一种与肝素类似的多糖分子）结合，因此 FGF 对细胞膜也有一定的亲和力。

FGF 的受体（FGFR）有 4 种，都是含有单个跨膜区段的膜蛋白。其中细胞外的区段与 FGF 结合，并协助 FGF 与硫酸乙酰肝素结合。受体细胞内的区段具有酪氨酸蛋白激酶的活性，可使细胞内的下游分子磷酸化，将信号传递下去。每种受体可与一组特定的 FGF 结合，大多数 FGF 也可与几种受体分子结合，但在传递信号时，必须是两个相同的 FGF 分子与两个相同的受体分子结合，形成四聚体。四聚体的形成激活了受体的酪氨酸激酶活性，再通过下游分子的磷酸化传递信息。

FGFR与多数生长因子受体一样，为酪氨酸激酶型受体。酪氨酸激酶可使蛋白分子中的酪氨酸残基磷酸化，改变蛋白的性质。其中一些被磷酸化的蛋白本身也是酪氨酸激酶，又能使更下游的蛋白质磷酸化，这是动物细胞中传递信息的重要方式。例如，FGFR在与FGF结合活化后，就能够活化磷脂酶-γ（Plc-γ），生成磷脂酰肌醇-3，4，5-三磷酸（PIP3）并且通过蛋白激酶C（PKC）、c-Jun氨基末端激酶（c-Jun N-terminal kinase，JNK）、丝裂原活化蛋白激酶（mitogen-activated protein kinase，MAPK）、细胞外调节蛋白激酶（extracellular regulated proteinkinases，ERK）等多条途径影响基因表达。

（4）骨形态发生蛋白BMP

1965年，美国整形外科专家Marshall R. Urist发现，用酸去除骨中的钙质，再植入兔的体内，可以诱导新骨的生成，Marshall把负责诱导骨生成的因子叫作“骨形态发生蛋白”（bone morphogenic protein，BMP）。后续研究发现，BMP是转化生长因子-β（transforming growth factor-β，简称TGF-β）超级家族的成员，是一种重要的形态发生蛋白，在身体各部分结构的生长发育过程中不可或缺。

BMP在细胞中也是首先合成其前体蛋白，随后羧基端100～125氨基酸水解，形成二聚体，被分泌到细胞外作为诱导信号分子，所以BMP与Wnt蛋白、刺猬蛋白（如Shh）、FGF蛋白类似，也是通过在细胞外移动传达信息的分子。BMP可以使间充质细胞变成骨细胞和软骨细胞，在动物肢体发育时起关键作用。BMP也可以使“生肾芽基”中的间充质细胞发生间充质细胞-上皮细胞的转化，形成的上皮细胞后来形成肾小球和肾小管，并且通过抑制肾脏中上皮细胞-间充质细胞的转化，维持肾脏结构的稳定性。在斑马鱼（zebra fish）中，BMP的表达可促使腹面结构的形成，而在背面的活性则被抑制，导致背面结构的形成，所以BMP在背-腹轴的形成中起关键作用。如果让所有细胞都表达BMP，那就只有腹面结构能够形成；如果用截短的BMP取代全长BMP，斑马鱼就只形成背面结构。这些事实表明BMP蛋白在生物体结构的发育形成中至关重要。

细胞表面有两类BMP受体分子，类型Ⅰ和类型Ⅱ。它们除了能与

BMP 蛋白结合外，还具有丝氨酸/苏氨酸蛋白激酶的活性，可给其他蛋白分子中的丝氨酸或苏氨酸残基加上磷酸基团。由于 BMP 分子形成二聚体，与其结合的受体也是二聚体。类型Ⅰ受体和类型Ⅱ受体与 BMP 的结合会导致两类受体形成四聚体（包含两个Ⅰ型受体和两个Ⅱ型受体）。Ⅱ型受体会使四聚体中的Ⅰ型受体磷酸化，从而使Ⅰ型受体活化。活化的Ⅰ型受体又会使细胞内的下游分子磷酸化，使这些分子活化并将信号传递下去。细胞内传递 BMP 信号的分子叫作 SMAD，由果蝇中 MAD（mother against decapentaplegic）和线虫中的同源分子 SMA（small bodysize）这两个名称合并而成。SMAD 蛋白分为三类：第一类从 BMP 受体处接收信号，叫作 R-SMAD（其中 R 表示 Receptor），包括 SMAD1、SMAD2、SMAD3、SMAD5 和 SMAD8/9；第二类起协助作用，叫作 co-SMAD（其中 co 表示 common-mediator），只有 SMAD4 一种；第三类起抑制作用的叫作 I-SMAD（其中 I 表示 inhibitory），包括 SMAD6 和 SMAD7，可抑制前两类 SMAD 蛋白的作用。

在 BMP 与Ⅰ型受体和Ⅱ型受体结合并活化Ⅰ型受体时，R-SMAD 中的 SMAD1 和 SMAD5 被磷酸化进而活化。活化的 SMAD1 和 SMAD5 再与 SMAD4 形成三聚物，此三聚物在细胞核中起转录因子的作用，调控基因表达。

（5）控制左右不对称的蛋白——Lefty 和 Nodal

动物的身体看似左右对称，但实际上是不完全对称的。例如人的心脏在胸腔内偏左，肝则位于腹腔偏右。肺虽然在胸腔的左右两侧都有，但左、右两侧的肺叶数也不同，右侧 3 叶，左侧 2 叶。科学家认为，控制动物身体左右两侧各自发育的分子也是被分泌的信号分子，但在长时间内究竟是何种分子却一直悬而未决。

1996 年，日本科学家滨田宏（Hiroshi Hamada）的实验室发现了小鼠胚胎中决定左右发育的分子，该分子在原肠胚形成过程中只位于胚胎的左边，因而被命名为 Lefty。同 BMP 蛋白一样，Lefty 蛋白也是转化生长因子-β（TGF-β）超级家族的成员，先被合成为前体分子，经蛋白酶加工切短后再被分泌至细胞外，成为可扩散的信号分子。

Lefty 的主要功能是对抗另一个扩散蛋白——Nodal 的功能。Nodal 也是转化生长因子-β（TGF-β）超级家族的成员，而且也是先被合成为前体分子。与 Lefty 不同的是，Nodal 前体分子是被分泌到细胞之外以后，才被转换酶（convertase）切短，变为成熟的信号分子。在动物胚胎早期发育过程中，Nodal 信号对于内胚层（endoderm）和中胚层（mesoderm）的形成，以及随后身体左右轴的形成起重要作用。Lefty 的合成需要 Nodal 蛋白的合成，反过来 Lefty 蛋白又抑制 Nodal 的活性，构成一个负反馈系统。

Nodal 蛋白与细胞上的受体结合，这些受体具有丝氨酸/苏氨酸激酶活性，可以使下游的蛋白信号分子被磷酸化。同 BMP 蛋白类似，Nodal 的下游分子也是 SMAD 蛋白，不过 BMP 磷酸化的是 SMAD1 和 SMAD5，被磷酸化的 SMAD1 和 SMAD5 再与 SMAD4 结合，进入细胞核调节基因表达；而 Nodal 受体分子磷酸化的是 SMAD2 和 SMAD3，被磷酸化的 SMAD2 和 SMAD3 再与 SMAD4 结合，进入细胞核，在细胞核中分别与 p53、Mixer、FoxH1 等蛋白质结合，与不同的基因启动子相互作用，调控这些基因的表达。

虽然 Nodal 和 BMP 都属于转化生长因子-β（TGF-β）家族的成员，下游的分子也都是 SMAD 蛋白，但 Nodal 和 BMP 的功能亦有所区别。BMP3 和 BMP7 还能与细胞外的 Nodal 蛋白结合，彼此抑制对方的功能。

（6）视黄酸 RA

在控制动物结构形成的分泌分子中，视黄酸（retinoic acid，RA）是一种非蛋白分子，从脊索动物到脊椎动物，都需要在 RA 的诱导下形成身体中的组织和器官。在动物早期的胚胎发育中，从特定区域分泌的 RA 能够在细胞和组织中扩散，形成 RA 的浓度梯度，细胞根据该浓度梯度获知自己所处的位置，以此决定身体前后轴方向的结构形成。

RA 由维生素 A（即视黄醇 retinol）经过两步氧化而成。第一步由 RA 脱氢酶催化，形成视黄醛（retinaldehyde），这是视网膜中感知光线的分子。视黄醛再经视黄醛脱氢酶催化，形成 RA。

RA 是水溶性分子，可在细胞之间自由扩散，并能进入细胞，所以

RA 的受体不在细胞表面上，而是在细胞质中。RA 的受体叫作 RAR，在结合 RA 后，RAR 再与 RXR（retinoid X receptor）结合，形成二聚体。这个 RAR/RXR 二聚体能与 DNA 分子的“RA 反应序列”结合，进而影响基因的表达。

（7）小　结

Wnt 蛋白、刺猬蛋白（Hedgehog）及其在哺乳动物中的同源蛋白音刺猬蛋白（Shh）、成纤维细胞生长因子（FGF）、骨形态发生蛋白（BMP），以及非蛋白分子的视黄酸（RA），都是由细胞分泌到细胞外，通过扩散影响其他细胞命运的分子。它们与细胞上或细胞内的受体结合，触发信号传递链，最后在细胞核中影响细胞基因表达的状况，改变细胞的类型。细胞类型发生改变后，极性和表面蛋白的表达和分布状态也会改变，从而形成各种空间结构。这些扩散分子并不直接控制结构的形成，而是通过改变细胞的类型，让新形成的细胞“自行”组成各种结构。

3. 执行扩散信号分子命令的“专业户”基因——*Hox* 和 *Pax* 基因

依靠扩散影响其他细胞命运的分子，可在多个细胞的距离上决定细胞的命运，从而形成器官的各种组织和结构。在形成各种器官时，还需要有具体“施工”的基因。例如，果蝇有口器、眼、触角、腿、翅膀等结构，只依靠扩散分子直接控制这些结构的形成则太笼统。就好像政府规划了机场、购物中心、公园的位置，但具体的施工建设还需要相应的专业工程队。在果蝇体内也有这样的“专业施工队”，有的负责形成触角，有的负责形成眼睛，有的负责形成腿。它们从扩散分子那里接到指令，动员下游有关基因完成各种结构的建造。这样的“专业施工基因”有多种，其中之一是“同源异形基因”（homeotic gene）。在这里“同源异形”意为这种基因一旦发生突变，原有结构就会发生变异，成为另外一种结构，例如，*pb* 基因发生突变会使原来应该长口器的部位长出腿来。另外一种叫作 *Paired Box* 基因，简称 *Pax* 基因，与同源异形基因关系密切。*Pax* 基因在生物结构中也起重要作用，例如，*Pax3* 基因发生突变会导致耳聋，*Pax6* 基因发生突变会使眼睛无法正常发育，*Pax2* 基因突变则影响肾脏的正常形成等。

（1）果蝇的 *Hox* 基因

同源异形基因也是由发现刺猬蛋白的德国科学家 Christiane Nüsslein-Volhard 和 Eric Wieschaus 在用突变剂乙基甲磺酸脂（EMS）对果蝇进行“饱和突变”时发现的。随后，美国科学家 Edward B. Lewis 具体研究了这些基因在果蝇胚胎发育中的作用，即发现了果蝇中具体实现结构形成的“专业施工基因”。

研究发现，这些基因的蛋白产物都是转录因子，不再是分泌到细胞外，通过在细胞之间扩散以发挥作用的分子。它们位于细胞内，控制某个结构形成需要的全部基因。例如，果蝇的 *Antennapedia* 基因（*Antp* 基因）负责果蝇腿的形成，*Antp* 的蛋白产物就可以调动腿部形成所需要的全部基因。只要 *Antp* 基因被表达，在表达基因的部位就会长出腿，不管是在身体的什么地方，假如果蝇头部的 *Antp* 基因被活化，在原先触角的位置也会长出腿。所以这些基因相当于是“施工队”的“队长”，它根据自己的任务，动员所需要的“人员”和“设备”完成特定的建造工作。

这些“队长”并非只做一种工作，这要看具体的生物的下游基因是什么。例如 *Ubx* 基因在果蝇中控制平衡杆（Halteres）的生成，而在蝴蝶中则控制后翅的形成。这就像施工队的队长不是只会建造一种楼房，而是可以建造各种类似的楼房一样。

这些基因彼此之间还可以相互作用，例如，*Ubx* 基因的产物就可以结合在 *Antp* 基因的启动子上，抑制 *Antp* 基因的表达。在 *Ubx* 基因被活化的地方，*Antp* 基因就不能起作用。这样就不会出现数个基因为争夺控制权而相互冲突的情形。

果蝇的同源异形基因位于第 3 号染色体上，分为两群，分别是双胸复合群（bithorax comlex，BX-C）和触角复合群（antennapedia complex，ANT-C），这两个 *homeotic* 基因群统称 HOM-C。

分析这些基因的 DNA 序列发现，每个基因都含有 1 个由 180 个碱基对组成的高度保守区段，负责为 60 个氨基酸编码，由这些氨基酸组成的肽链负责结合下游基因调控部位的DNA序列。各种同源异形基因中的该段DNA序列高度相似，统称为“同源异形盒”（Homeobox），这些基因也就在英文中被称为*Homeobox*基因，简称*Hox*基因。

不同*Hox*基因的同源异形盒高度相似，那么下游基因又如何区分这些基因，从而与相关的*Hox*基因调控一一对应？此时*Hox*基因中第9位氨基酸便开始发挥作用。所有的同源异形盒（Hox蛋白与DNA结合部分）都能够结合在下游基因调控部位的TAAT序列上，但区分不同盒子的是TAAT序列旁边的核苷酸。例如，果蝇的*Antp*基因盒子第9位上的氨基酸是谷氨酰胺，结合到TAAT序列旁边的腺嘌呤（A）上。而果蝇Bicoid蛋白中第9位氨基酸是赖氨酸，结合到TAAT序列旁边的鸟嘌呤（G）上。如果将Bicoid蛋白中的赖氨酸换成谷氨酰胺，它就会结合到*Antp*控制的基因上。通过这种方式，不同的*Hox*基因就可以特异地控制自己的下游基因，不会彼此混淆。

*Hox*基因在果蝇第3号染色体上的排列方式也很有趣，它们在染色体中的排列顺序与果蝇各器官的空间顺序一致。位于DNA 3′端的*Hox*基因在果蝇头部表达，而位于DNA 5′端的*Hox*基因在果蝇尾部表达，位于果蝇首尾之间的*Hox*基因也按照DNA中的顺序在身体中依次表达，这种现象叫作同线性（co-linearity）。为什么*Hox*基因在DNA中的顺序与所表达器官的空间顺序相同，一直是发育生物学的难题。而在控制性别的基因中，位于上游和下游的基因在DNA上就不按特定顺序排列，甚至不在同一条染色体上。*Hox*基因的同线性也许是这些基因需要排列在一起，以便受到一些共同机制的调控。

（2）哺乳动物的*Hox*基因

由于180个碱基对的DNA序列（同源异形盒）在*Hox*基因中高度保守，用这部分DNA序列与哺乳动物的DNA杂交，就能找出哺乳动物中类似的基因，科学家用这种方法在哺乳动物如小鼠（mouse）和人体内也发现了*Hox*基因。如果把果蝇的“双胸复合群”和“触角复合群”（HOM-C）算做一组，那么哺乳动物就有4组，分别为A、B、C、D，每组中有13个*Hox*基因的位置，部分与果蝇HOM-C中的*Hox*基因对应，因此哺乳动物有4组*Hox*基因。这4组*Hox*基因位于不同的染色体上，例如在小鼠体内分别位于第 6、11、15、2 号染色体上，在人体内这 4 组 *Hox* 基因则分别位于第 7、17、12、2 号染色体上。根据命名规则，人的 *Hox* 基因全部使用大写英文字母，例如，*HOXB1* 表示 B 组 *Hox* 基因中的第 1 号基因。小鼠的 *Hox* 基因则只有第 1 个字母大写，例如，*Hoxa10* 表示小鼠 a 组 *Hox* 基因中的第 10 个。

如果将果蝇 HOM-C 中 *Hox* 基因的排列顺序和哺乳动物每组 *Hox* 基因的排列顺序进行对比，就会发现对应基因的排列顺序是一致的，即在进化过程中保持不变。例如，果蝇中 *Dfd-Scr-Antp-Ubx-abdA-abdB* 的排列顺序，就与人对应的 *HoxB4-HoxB5-HoxB6-HoxB7-HoxB8-HoxB9* 基因的排列顺序一致。其中人的 *HOXB4* 基因就相当于果蝇的 *Dfd*，人的 *HOXB7* 基因相当于果蝇的 *Ubx* 等。不同组中编号相同的 *Hox* 基因功能相似，叫作平行同源家族（paralogs）。例如小鼠的 *Hoxa3*、*Hoxb3*、*Hoxd3* 都与颈椎骨的形成有关。多个平行同源家族的基因由于功能相似，相当于具有备份，这样一个基因的突变就不至于造成严重的不良影响。例如 *Hoxa11* 和 *Hoxd11* 都与手臂的桡骨和尺骨的形成有关。*Hoxa11* 基因或 *Hoxd11* 基因单独发生突变都只能使桡骨和尺骨在形成时有轻微缺陷，而当这两个基因同时突变才会使桡骨和尺骨无法形成。不同动物中相同代号的基因功能也相似，例如鸡的 *Hox* 基因就能取代果蝇的对应基因。但同组中相邻的 *Hox* 基因功能却彼此不同，例如 *Hoxa11* 基因的功能就不能被 *Hoxa3* 基因取代。

哺乳动物的生长发育调控机制更为复杂，*Hox* 基因不仅在胚胎发育中起作用，在成年动物体内也起作用，例如，在血细胞的分化上，就与 *Hox* 基因在结构上的作用无关。反过来，身体里一些结构的发育也不完全由 *Hox* 基因控制。例如，*Pax6* 基因在动物眼睛的发育中就起着关键作用，敲除小鼠的 *Pax6* 基因，眼睛就不能形成；而且 *Pax6* 基因的作用是高度保守的，小鼠的 *Pax6* 基因甚至能够在果蝇体内诱导眼睛的生成。所以上文提到 *Hox* 基因是“施工队”的“队长”，只是一个简化的比喻，*Hox* 基因调控方式之复杂远超想象。

很多 *Hox* 基因受上游基因的控制，特别是上文提到的成纤维细胞生长因子（FGF）和视黄酸（RA），它们位于发育中的胚胎的两端，分别控制一部分 *Hox* 基因。FGF 主要控制 DNA 上 5′ 端（对应于动物的尾端）的 *Hox* 基因，而 DNA 上 3′ 端（对应于动物首端）的 *Hox* 基因主要被 RA 控制。

（3）水螅和酵母的 *Hox* 基因

科学家在果蝇体内发现 *Hox* 基因后，研究人员一度认为 *Hox* 基因只存在于两侧对称生物中（bilaterals），因为只有这些生物才有前后轴和背腹轴。然而在刺细胞动物（Cnidaria）如水螅（*Hydra*）中，科学家也克隆出了 5 个 *Hox* 基因，并且测定了其中 2 个的 DNA 序列（*Cnox-2* 和 *Cnox-3*）。虽然水螅的身体像一根辐射对称的空管，*Hox* 基因在水螅中被发现，说明 *Hox* 基因很早就开始扮演结构形成的角色。Cnox-3 蛋白主要集中在水螅身体的上 1/8 部分，即身体和触角的交界处，也在出芽水螅的顶端。如果将水螅拦腰截断，下半截靠近切口的部分就会表达较高的 Cnox-3 蛋白，促使水螅长出新的“头”。而 Cnox-2 蛋白主要在身体的其余部分表达，在水螅身体的上 1/8 部则很少表达，所以 Cnox-2 的作用可能是抑制“头”的生成。

从 Cnox-2 和 Cnox-3 蛋白的氨基酸序列来看，分别类似于小鼠的 Hox-4 和 Hox-1，都是表达身体靠前部的基因。如果把水螅的“头部”看成“前端”，那么 Cnox-3 的表达位置比 Cnox-2 更靠前端，这说明水螅的 *Hox* 基因已经能根据身体的前后位置进行表达。也就是说，在两侧对称动物出现之前，*Hox* 基因就已经在动物的生长发育过程中发挥作用了。这些事实说明，*Hox* 基因组也许是由一个 *Hox* 基因经过复制然后分化形成的，在哺乳动物中整组 *Hox* 基因又被复制。

Hox 基因的出现甚至可追溯到水螅之前，例如 *Hox* 基因在单细胞的裂殖酵母中就已存在。它含有 1 个同源异形盒，被称为裂殖酵母的 *Hox* 基因，简称 *Phx1* 基因，说明 *Hox* 基因有非常久远的历史。目前已知 *Phx1* 基因的功能是增加丙酮酸脱羧酶的合成，把原来用于三羧酸循环原料的丙酮酸变成乙醛，再变为乙醇，即对有机分子进行无氧代谢，增强酵母菌在生长停滞期和营养缺乏时的生存能力。*Phx1* 如何在多细胞动物中变为控制结构形成的基因，或者哪种单细胞生物的 *Hox* 基因后来演变为动物的 *Hox* 基因，是一个有趣的问题。

（4）*Pax*基因家族

除了 *Hox* 基因，另一组 *Pax* 基因也在动物的身体结构形成中起重要作用。*Pax* 基因含有部分或完整的同源异形盒（Homeobox），因此与 *Hox* 基因家族关系密切，可以看作 *Hox* 基因的近亲。与 *Hox* 相同的是，*Pax* 基因也是转录因子，通过结合在基因调控序列上从而影响基因的表达；与 *Hox* 基因不同的是，Hox 蛋白只有一个 DNA 结合区段（即同源异形盒），而 Pax 蛋白有两个 DNA 结合区段，一个是同源异形盒，叫同源异形区段（Homeodomain，HD），另一个叫配对区段（Paireddomain，PD）。由于这些基因的产物有两个（成对）DNA 结合区段，这些基因也因此叫作成对区段基因（Paired Box），简称 *Pax* 基因。*Pax* 基因用这两个 DNA 结合区段分别执行不同的任务。例如，Pax6 蛋白用 HD 控制眼睛的发育（包括晶状体和视网膜），而用 PD 控制神经系统的发育。像 *Hox* 基因家族一样，*Pax* 基因家族也有多个成员，分别执行不同的功能。

在小鼠中，*Pax1* 基因控制脊柱的发育和身体分为节段，猜测在人体中也有类似功能，Pax1 蛋白由 440 个氨基酸残基组成。

Pax2 蛋白有 417 个氨基酸单位，主要控制肾脏的形成，*Pax2* 基因发生突变会造成肾功能缺失或者肾肿瘤的发生。

Pax3 蛋白与耳朵、眼睛和面部的发育有关，有 479 个氨基酸单位，*Pax3* 基因发生突变会导致耳聋。

Pax4 蛋白与胰腺中分泌胰岛素的细胞形成有关，有 350 个氨基酸单位。

Pax5 基因与神经系统发育和精子的形成有关，与免疫系统中 B 细胞的分化也有关系，有 391 个氨基酸单位。

Pax6 基因是控制眼睛发育的关键基因，也与其他感觉器官（如嗅觉）的发育有关。

Pax7 蛋白与肌肉的发育有关，有 520 个氨基酸单位。

Pax8 蛋白与甲状腺的发育有关，有 451 个氨基酸单位。

Pax9 蛋白与骨骼、牙齿的发育有关，有 341 个氨基酸单位。

从*Pax*基因以上的功能可看出，*Pax*基因同*Hox*基因一样，也是具体指导各种组织和器官形成的“专业施工队”。它们从扩散因子中获得指令，在具体的组织和器官中发挥作用。扩散因子正是通过这些“专业施工队”来具体形成各种组织和器官的。

以上介绍说明，生物体从一个细胞（分生孢子或受精卵）发育成具有复杂结构的生物体，并非依靠DNA直接的结构指令，况且这些直接的结构指令也并不存在，而是依靠胚胎发育过程中一些细胞或细胞团分泌的扩散性分子控制大范围内其他细胞的命运，使它们向不同的细胞类型方向发展。这些扩散性分子通过具体的“专业户”（如*Hox*基因和*Pax*基因）具体动员形成一个结构的基因。这些基因再控制下游基因的表达，使细胞产生极性，再通过细胞-细胞之间的直接接触，使同类细胞聚集在一起，成为片状或管状的结构，而不同类型的细胞则通过表面结合分子的差异彼此隔离并形成边界，使各种结构最终得以形成。也就是说，生物是通过若干总数不多的成型分子在不同发育阶段、分层次的调控实现身体的生长发育。

这是一个动态多步骤的过程，每一步都会有新类型的细胞产生，而一些新形成的细胞又会通过分泌扩散性分子影响周围细胞的命运。每一步都在前一步的基础上活化新的基因，形成新的细胞和结构。虽然DNA并不含有形成生物结构的直接指令，但通过多个步骤和层次控制这些基因的有序表达，却能一步步发展出各种复杂的结构，最后形成完美的生物体，实现DNA的“蓝图”功能，这真是一个奇迹。看看同种蚂蚁彼此之间高度的相似性，看看人体结构在不同人种之间高度的一致性，就能深切体会到生物的成型系统是多么精妙绝伦。

主要参考文献

[1] Lecuit T. "Developmental mechanics"：Cellular patterns Controlled by adhesion，cortical tension and cell division. HFSP Journal，2008，2（2）：72-78.

[2] Beloussov L V，Grabovsky V I. Morphomechanics：Goals，basic experiments and models. International Journal of Developmental Biology，2006，50（2-3）：81-92.

[3] Hazen R M. The emergence of patterning in life's origin and evolution. International Journal of Developmental Biology，2009，53（5-6）：683-692.
[4] Newman S A，Bhat R. Dynamic patterning modules：A pattern language for development and evolution of multicellular form. International Journal of Developmental Biology，2009，53（5-6）：693-705.

DNA 与个体发育调控的相关实例

手是人类进化的杰作之一。从人体的结构功能来看，上肢基本不再承担移动身体位置的功能，变成了人类使用各种工具的器官。特别是多节段构造的上肢，灵活的 5 根手指，并且拇指和其余 4 指的位置相对，使手具有抓握功能，成为人类极其有用的“自带工具”。人类不仅可以用手拿物，例如搬运物品；还可以用手拿的这些物品作为身体的延伸从事各项活动，例如用勺子或筷子吃饭、用毛巾洗脸、用刀切菜、用锤敲钉子、拿弓演奏弦乐器等。人的手还可以敲击键盘打字、演奏钢琴甚至进行更高精细度的活动，如按弦、写字、绘画、雕刻、绣花等。如果没有手，我们的生活质量就会大打折扣。

在日常生活中，人们对手的存在习以为常，用手进行各项活动成为再自然不过的事情，然而却很少去想这样的结构是如何形成的。本文将以动物的上肢（小鼠的上肢和鸡的翅膀）为例，具体说明这种精巧的结构是如何发育出来的。在《DNA 与个体发育调控》一文中，已经介绍了形成生物结构的“基本工具”，在介绍手的具体发育过程之前，需要先了解一下在个体发育过程中，扩散分子控制生物结构形成的理论。

1. 扩散分子指导生物结构形成的相关理论

扩散性的分子可以在细胞间移动，在较长距离上起作用，从而对大范围细胞的命运产生影响，这就突破了细胞之间通过直接接触来影响细胞命运的局限性，能够在器官的尺度上控制结构的形成，是胚胎发育的高级调控机制。但在 20 世纪 90 年代之前，科学家还不知道这些扩散性的分子，只能根据一些胚胎发育的现象推测这些扩散性分子的存在及其作用。例如德国科学家汉斯·斯佩曼（Hans Spemann）根据他在两栖动物胚胎发育的实验，于1924年提出了“斯佩曼组织中心”（Spemann’s organizer）的概念，认为是一些细胞团在控制生物身体的生长发育。这些细胞团分泌出扩散性的分子，在长距离上控制其他细胞的命运，使其形成各种结构。1969年，英国科学家Lewis Wolpert提出了“法国国旗学说”（French flag theory），该学说与斯佩曼组织中心的想法类似，也是通过扩散分子的作用，影响远距离细胞的命运。无独有偶，这个由扩散分子控制结构形成的想法还曾由一位数学家于1925年提出，他就是提出“图灵学说”（Turning’s theory of morphogenesis）的英国科学家阿兰·图灵（Alan Mathison Turing）。

在没有具体扩散分子被鉴定出来的情况下，提出扩散分子控制结构形成的想法，就当时的条件来说，是非常超前和具有天才眼光的。随着科学研究的进展，具体的扩散性分子逐个地被发现和鉴定，证实了这些先驱科学家的预见。对生物体器官形成过程的研究表明，上面提到的这些学说都是正确的，都在生物体结构的形成中起作用。下文具体介绍这些学说的内容。

（1）斯佩曼组织中心

德国科学家汉斯·斯佩曼（Hans Spemann，1869—1941）是动物克隆的先驱人物。1903年，斯佩曼用婴儿（他的小女儿）的头发做成套索，成功将二细胞阶段蝾螈胚胎中的2个细胞分开，并且让它们分别长成一只完整的蝾螈个体。他进一步提出将动物胚胎细胞中的细胞核转移到去核卵细胞中形成胚胎的设想，亲自进行了两栖类动物细胞核转移的实验，并于1928年取得成功。该方法后来成为克隆动物的主要方法，著名的克隆羊“多利”（Dolly）就是利用这种方法培育出来的。因此，斯佩曼是当之无愧的动物克隆理念和技术的开创者，由于在胚胎学和动物克隆上的杰出贡献，1935年斯佩曼被授予诺贝尔生理学或医学奖。

斯佩曼的贡献不止如此，他还把囊胚期（blastula）的非洲爪蟾胚胎分割成两半，如果每一半都含有“原口背唇”（blastopore dorsal lip）部分，那么每一半都能够长成一个完整的胚胎，只是要比完整囊胚长成的胚胎小一些。这个实验说明，原口背唇部分的细胞可以控制胚胎结构的形成，即控制远处细胞分化和形成结构，而这很可能是通过该区域细胞分泌出可扩散分子实现的。1918年，美国科学家哈瑞森（Ross Harrison）做了另一个有趣的实验，他将蝾螈胚胎发育为前肢处的细胞团切下来，移植到另一个蝾螈胚胎的两侧，结果在移植细胞团的地方也长出了前肢，这说明原肢细胞团与原口背唇一样，也能够控制前肢的形成。斯佩曼把这种能够控制胚胎发育的细胞团叫作“斯佩曼组织中心”（Spemann's organizer），它能够通过分泌可扩散分子影响其他细胞的命运。但是在很长一段时间中，这些分泌的分子究竟是什么，研究人员并不清楚。

1991年，美国科学家罗伯茨（Edward M. De Roberts）从蝾螈原口背唇细胞中克隆出*goosecoid*基因（简称*Gsc*基因），该基因表达的mRNA可清晰地划分出组织中心的边界范围。将*Gsc*基因的mRNA注射到非洲爪蟾胚胎的腹部区域，能够使胚胎发育出两个对称轴，这说明*Gsc*基因很可能与组织中心的功能有关。但*Gsc*基因的产物是一个转录因子，能够结合在DNA上，影响其他基因的转录，其本身并不是一个被细胞分泌的分子。这说明*Gsc*基因应该能够促使某些分泌分子基因的表达，是这些分泌到细胞外的基因产物影响长距离上其他细胞的命运。

1992年，美国科学家Richard Harland在实验中发现，将某种基因的mRNA注射到蛙胚中，可导致蛙的头部过度发育，Richard随后克隆得到了该基因，该基因的产物为一种分泌至细胞外的蛋白分子，是组织中心分泌的扩散分子之一，Richard将其命名为*noggin*（“脑袋”）基因。1994年，研究人员克隆出了另一种基因*follistatin*，该基因的产物也是一种从组织中心分泌出的蛋白分子，它与*noggin*一样，都能诱导神经系统的发育。

后续研究发现，除了原口背唇，蝾螈胚胎还有一个腹面的组织中心，该组织中心与原口背唇一样，也分泌若干扩散性分子，而且这两个中心都分泌骨形态发生蛋白BMP及其拮抗物，以及*Wnt*基因的拮抗物。因此，组织中心分别分泌多种信号分子，有些直接控制其他细胞的命运，有些是这些分子的拮抗物，通过信号分子之间复杂的相互作用，共同控制身体各处细胞的命运。到目前为止，从原口背唇中克隆到的扩散性分子有：Adamp（antidorsalizing morphogenic protein，是一种 BMP 分子）、chordin、Noggin、Follistatin、Frzb1、sFrp2、Crescent、Dickkopt-1、Cerberus。其中 chordin、Noggin、Follis-tatin 是 BMP 的拮抗物，Frzb1、sFrp2、Crescent、Dickkopt-1 是 Wnt 的拮抗物。

由腹面组织中心分泌的扩散分子有：Bmp4、Bmp7、Cv2、Sizzled、Bambi、Xlr、Tsg。其中 Xlr 可以切断原口背唇分泌的 chordin，使其丧失作用。因此，组织中心控制远程细胞命运的实际机制非常复杂，需要一系列扩散性分子的协同作用和拮抗作用来实现。

（2）法国国旗学说

1969 年，南非裔英国科学家 Lewis Wolpert，在意大利 Bellagio 举行的国际生物科学联合会第 3 次会议（International Union of Biological Sciences′ Third Serbelloni Meeting）上提出了“位置信息”的概念。他认为某些基因的产物能够在生物体内形成浓度梯度。在胚胎的不同部位这些分子的浓度不同，细胞就可以根据自己接触到的浓度判断自身在胚胎中的位置，并因此决定自己的命运。例如高浓度的地区形成细胞类型 A；中浓度的地方形成细胞类型 B，低浓度的地方形成细胞类型 C。红和白交界处为决定细胞是变成 A 类型还是 B 类型的阈值，而白和蓝交界处的浓度为决定细胞是变成 B 类型还是 C 类型的阈值（下图）。这种红-白-蓝不同区域拼在一起，正好像一面法国国旗，所以这种学说就叫作“法国国旗学说”。

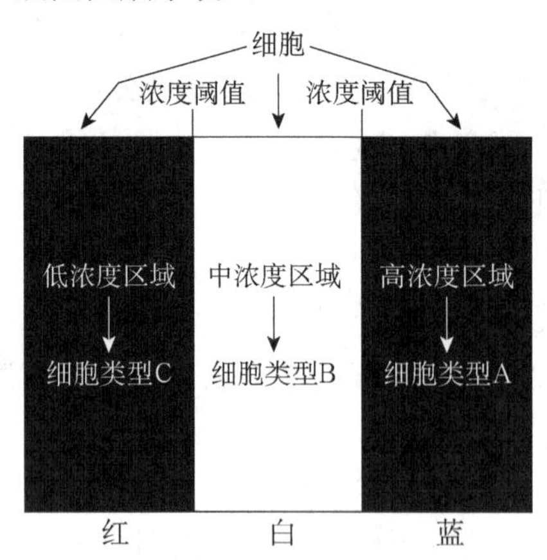

Lewis Wolpert 的“法国国旗学说”示例

在当时这是一个革命性的概念，一开始受到许多同行的抵制。但是在“法国国旗学说”提出后的第二年，即 1970 年，发现 DNA 双螺旋结构的克里克（Francis Crick）发表了文章《胚胎发育过程中的扩散过程》（*Diffusion in Embryogenesis*），支持了 Lewis Wolpert 的观点，并提出了扩散分子从分泌位置向胚胎的其他地方扩散，形成浓度梯度的想法。这些扩散分子能够指导其他细胞向特定的方向发展，克里克将其命名为“成形素”（morphogen）。

1988 年，德国科学家 Christiane Nüsslein-Vol-hard 在果蝇中提取到了第一种成形素 Bicoid。*bicoid* 基因发生突变会使果蝇胚胎头部缺失，变成腹部的结构，使得果蝇有两个后端。研究发现，*bicoid* 基因的 mRNA 和蛋白质主要位于果蝇胚胎的前端，其前端浓度最高，向尾端方向浓度逐渐降低。如果将 *bicoid* 基因的 mRNA 注射到果蝇胚胎的其他部位，在注射部位长出头咽部的结构，尾端的结构则相应向后移动。这说明 *bicoid* 基因的产物是决定果蝇前-后轴方向的决定性基因，这就证实了 Lewis Wolpert 关于扩散分子的浓度梯度决定细胞命运的观点。

为什么 *bicoid* 基因的 mRNA 会集中在胚胎前端？因为这些 mRNA 由母体卵细胞前端的细胞合成。这些 mRNA 进入卵细胞，与卵细胞内的微管（microtubule）结合，使 mRNA 无法进一步扩散到卵细胞的其他部位。卵细胞受精后，这些 mRNA 就会被转译成为 Bicoid 蛋白，也集中在细胞的前端。

后续研究发现，Bicoid 并不是果蝇卵细胞里面唯一的成形素。另一个成形素 *nanos* 基因的 mRNA 位于卵细胞后部。而 Hunchback 和 Caudal 的 mRNA 则在卵细胞中均匀分布。卵细胞受精后，Bicoid 和 Nanos 的 mRNA 分子都被翻译成为蛋白质，分别位于受精卵的两端，形成一个浓度梯度。由于 Bicoid 蛋白能够抑制 Caudal mRNA 的翻译，使得 Caudal 蛋白质的浓度在前端低，后端高。Nanos 蛋白质又能结合在 hunchback mRNA 上，抑制其翻译，使得 Hunchback 蛋白质的浓度前端高，后端低。这样，在果蝇的受精卵前端，Bicoid 和 Hunchback 蛋白质的浓度高，它们活化果蝇前部结构所需的基因，形成头胸部的结构。而在受精卵的后端，Caudal 和 Nanos 蛋白质的浓度较高，它们活化后端结构所需的基因，形成身体后端的结构。因此，果蝇胚胎的发育是由多种成形素分子控制的。

在这些研究的基础上，Lewis Wolpert 的法国国旗学说在一定程度上得到了扩充。生物体结构的形成不仅只由一种成形素的浓度梯度决定，而是由不同的成形素在胚胎两端形成相应的浓度梯度，共同控制细胞的命运。处在身体不同位置的细胞，通过一种或多种成形素的浓度感知自己在胚胎中的位置，从而决定自己向何种类型的细胞分化并形成一定的结构。法国国旗中的红-白-蓝也不仅是表示同一种成形素的不同浓度，而可以代表不同的成形素和它们的交叉位置。例如法国国旗中红色的区域可以代表果蝇中 Bicoid 的高浓度区，蓝色代表 Nanos 蛋白的高浓度区，位于中间的白色则代表两种成形素的交叉区。

在分子水平上，法国国旗学说和 Spemann 的组织中心其实是一回事，都是通过扩散分子建立的浓度梯度使细胞感受位置上的信息，只是最初提出这些理论时的出发点不同，一个是从特殊细胞团的组织能力出发，一个是从分子浓度梯度出发，对成形素分子的具体研究统一了这两种学说。

(3) 图灵学说

生物的一些结构常常使人感到神奇，例如斑马和斑马鱼身上的条纹、豹子身上的斑点、皮肤表面的毛发等，都显现出了一定的周期性，例如斑马条纹明暗相间，皮肤上长毛发和不长毛发的部位交替出现等。即便是人的手指和脚趾也具有周期性，在要形成手和脚的胚芽中出现周期性的成骨-不成骨的间隔分布，后来不成骨的区域消失，才形了手指和脚趾。这种周期性结构的形成机制是什么？如果只靠基因直接控制是不行的，例如人的头发有十几万根，仅仅依靠 2 万多个基因来“确定”每根头发的位置根本不可能，应该有其他机制“自发”形成这样的周期性结构。但在很长一段时间内，这种调控机制一直不被人所知。直到 1952 年，英国科学家阿兰·图灵（Alan Mathison Turing，1912—1954）发表了具有开创性的文章《结构形成的化学基础》（*The Chemical Basis of Morphogenesis*）后，才给生物斑纹的形成提供了一个理论解释。

图灵是一个传奇性人物，在其短暂的一生中做出了多项重大贡献，他创造的“图灵机”被认为是计算机的鼻祖。在第二次世界大战期间，图灵协助军方破译德国的密码系统Enigma，为战争的提前结束做出了不可磨灭的贡献。图灵对生物学也很感兴趣，在他生命的最后几年中，致力于研究生物斑纹的形成机制，并且天才地提出了“反应-扩散学说”（reaction-diffusion equations），解释扩散性分子如何导致周期性结构的形成，并且预测了化学震荡反应的存在。

图灵学说的核心是“反应-扩散”，即两种扩散分子如果能够相互作用，它们又以不同的速度在介质中扩散，就可以自发地形成周期性的结构。图灵学说也是基于扩散性分子进行推测的，因此与上文提到的Spemann组织中心和Wolpert的法国国旗学说是相通的，只是这些扩散性分子的具体作用机制有所差异。

图灵描述的是一个非平衡系统，牵涉到分子扩散。其实Spemann组织中心和Wolpert的“法国国旗学说”都需要成形素的浓度梯度，因此也是非平衡系统。只不过图灵是从数学的角度描述斑纹图像的形成机制，使用了较为复杂的数学公式，为了便于读者理解，在这里只给出一个非数学的形象描述。

例如，分子A可以促进自身的表达，即A分子可以增加自己基因的转录，这就是一个正反馈回路，如果只有A分子存在，那么在所有的区域内都会有高浓度的A分子表达。但如果A分子可以促使B分子的形成，而B分子却对A分子产生抑制作用，而且B分子扩散的速度比A分子快，A分子的表达就会在周边区域逐渐减少。许多这样的中心-周边区域组合在一起，便形成了类似豹子皮肤上斑点的图案，即A分子在自我强化中心的高浓度和周围由于被B分子抑制导致A分子低浓度周期性地彼此相间。

一个形象的比喻就是干燥草原上的蝗虫。如果干草被日光照射导致温度越来越高，达到燃烧温度，就会出现许多起火点。燃烧的火会引燃更多的干草，形成正反馈，从而使着火范围越来越大，相当于只有分子A的正反馈，如果没有一种抑制着火的机制，整个草原都会燃烧。如果在着火的地方有蝗虫，这些蝗虫就会跳开以免被火烧着，假设这些跳开的蝗虫会出汗或撒尿（当然这只是比喻）把干草弄湿，这些地方的草就不会着火，由于蝗虫跳开的速度比火蔓延的速度快，这样一来，每个火点周围就会有一圈不会着火的地方，蝗虫的“汗”或“尿”就相当于抑制 A 分子的 B 分子。这样，草原上起火的地方就不是连成一片的，而是彼此分开形成点状。而这些着火的区域，就相当于豹子身上的斑点。

在这里，斑点之间的距离就是图像的周期，取决于具体的反应扩散分子的性质及扩散速度。如果能够改变其中一些参数，周期就可以被增长或者缩短。如果分子 A 的浓度又可以决定细胞的命运，像上文提到的成形素分子那样，那么在 A 浓度不同的地方就会形成不同类型的细胞，例如皮肤上的毛囊。斑马体表的黑白条纹距离很近，而大熊猫体表毛发黑白区域的分隔很大，就是因为形成这些图案时周期大小不同的缘故。

图灵学说首先被化学家所证实。2014 年，美国科学家 Seth Fraden 和 Irv Epstein 用他们构建的化学反应系统，成功产生了环状的结构，而且图像就如图灵当初预期的那样。图灵对化学震荡的预期也被化学家所证实，例如著名的“别洛乌索夫-扎博京斯基反应”（Belousov-Zhabotinsky reaction），在这个反应中，四价的铈（cerium）与溴酸钾、柠檬酸、硫酸、水混合在一起。按照一般的预期，四价的铈被还原成为三价的铈时，四价铈离子的黄色应该消失，但别洛乌索夫和扎博京斯基观察到的，却是溶液在黄色和无色状态之间反复震荡，证实了图灵的预期。

在生物体系中，图灵学说的计算机模拟很好地再现了动物体表的各种斑纹图案，说明在理论上，这种调控机制是可以在生物系统中“自发”形成各种斑纹和结构的。但若想精确找出具体操作的分子却不容易。这是因为胚胎的发育是动态的，许多成形素基因的突变又是致命的。这种情形在 2014 年发生了改变，西班牙科学家成功在小鼠五趾的形成过程中证实了图灵理论的正确性，找到了相当于分子 A 和 B 的正反馈-负反馈扩散性分子。这些分子正好是上文介绍过的骨形态发生蛋白 BMP 和 Wnt 蛋白。

2. 四肢动物的肢体是如何形成的

从外部观察四肢动物的身体结构，基本上可以分为头、颈、躯干和四肢这几个部分，有些动物还有尾巴。其中四肢负责运动，没有四肢，这些动物就不能成为“动”物。动物的四肢分为一对前肢和一对后肢，它们基本上都由三个部分组成，分别是靠近躯干部分的节段（stylopod，本文将其称为“近段”），中间区段（zeugopod，本文将其称为“中段”）和离躯干最远的手掌、脚掌部分（包括腕或踝、掌及指或趾，autopod，本文将其称为“掌段”）。近段和中段本身不能弯曲，而是靠关节改变彼此的相对位置。掌段与中间区段也以关节相连，因此无论是前肢还是后肢，这三个部分的相对位置都能够变化，以适应运动的需要。掌段部分又分为几个部分，分别是腕（踝）、掌和趾，它们之间也以关节相连，所以也可以改变相对位置，比近段和中段更为灵活。人类由于直立行走的缘故，前肢变成为上肢（包括上臂、前臂、手掌），后肢变为下肢（包括大腿、小腿和脚掌）。

如果考察支撑肢体各部分的骨头，也可以发现一个规律，就是这些骨头的数量和位置在不同的动物中是彼此对应的。以人的骨骼为例，近段（上臂或大腿）只由1根骨头支撑，上肢为肱骨（humerus），下肢为股骨（femur）；中段（前臂或小腿）则由2根骨头支撑，在上肢为尺骨（ulna）和桡骨（radius），在下肢为胫骨（tibia）和腓骨（fibula）。手掌骨分为3部分，分别是腕骨（carpal bones）、掌骨（metacarpal bones）和指骨（phalanges）；腕骨共8块，分为平行的2列，每列4块，彼此以关节相连；掌骨共5块，分别与指骨和腕骨以关节相连；指骨共14块，其中拇指2块，其余4指各有3块，指骨之间也以关节相连。这种结构使手掌具有很强的弯曲性和灵活性。这些骨头的构成特点，在其他动物身上也有体现，只是大小、长短和形状有些不同，说明这样的结构来自共同的祖先。

目前地球上所有的四肢动物（tetrapod，如青蛙、蝾螈、蜥蜴、老鼠甚至人类）中，每肢都有5根手指或脚趾（digits）。虽然人和动物的一些个体会患多指症，但多出来的指头在形态上与五指中的某一根（如拇指或小指）相同，说明多出来的手指是在发育过程中由某根手指加倍形成的，而不是一根与其他指头不同的新手指。鸟类的翅膀相当于四肢动物的前肢，鸟类的腿相当于四肢动物的后肢，肢体各段的结构也彼此对应，只是鸟类的指头数量要少一些，翅膀只有 3 根指头，腿只有 4 根趾头。研究发现，这是在恐龙进化为鸟的过程中，一些指（趾）头逐渐退化而造成的。例如鸟类的恐龙祖先“兽脚亚目”（*Theropod*）恐龙的第Ⅳ、第Ⅴ趾退化，导致鸟翅只有 3 根指头，所以鸟类的 3 根指头相当于四肢动物的趾头Ⅰ、Ⅱ、Ⅲ，而鸟类下肢（腿）上的 4 根趾头则相当于四肢动物的趾头Ⅰ～Ⅳ。这说明无论是两栖类、爬行类、鸟类还是哺乳类，5 根手指或脚趾都是普遍规律。

是什么原因使动物的四肢都发展出近段-中段-掌段这样的结构，而且都由 1 根骨头-2 根骨头-5 指（趾）骨头支撑？在人类的 DNA 序列中找不到这样的“设计图”，人类的 DNA 序列中只有为蛋白质编码的序列和控制编码序列转录的调控序列。那么 1 根骨头、2 根骨头、5 根手指（脚趾）的“设计图”又在哪里？

科学家对这些问题深感兴趣，并进行了大量的研究，特别是用小鸡（chick，代表鸟类）和小鼠（mice，代表四肢动物）进行了一系列详细研究，揭示了动物四肢发育的分子机制，是动物身体结构形成原理很好的范例。研究结果表明，由 Spemann 提出的“组织中心学说”，Wolpert 提出的“法国国旗学说”和 Turning 提出的“反应-扩散学说（图灵学说）”在肢体的发育过程中都起作用，而在这些发育过程中起作用的“成型分子”，也都是上文介绍过的“工具分子”。

（1）小鼠上肢和小鸡翅发育的“组织中心”

要想清楚小鼠的上肢如何从肢芽发育而来，首先需要了解小鼠上肢结构的特点，这些结构特点也代表了其他动物上肢和鸟类翅膀的结构特点，所以这项研究具有普遍意义。小鼠的前肢有三根方向轴。第一根轴是近端-远端轴，它定义前肢各部分与躯干之间的相对位置，离躯干最近的为近端（proximal），是上臂（stylopod）的位置，离躯干最远的为远端（distal），是掌段中脚趾的位置。上肢的结构在这条轴线上是不对称的，例如上臂部分和脚掌部分就不以中段为中心对称，这条轴线叫作 proximal-distal axis，简称为 P/D 轴。第二根轴是前后轴（anterior-posterior axis，A/P 轴）。此处将小鼠头的方向定义为前，尾的方向定义为后。上肢结构在 A/P 轴上也是不对称的，例如 5 根脚趾（相当于人的拇指、食指、中指、无名指、小指）在 A/P 轴方向上就不对称，拇指就不是小指的镜面结构（假设以中指为对称轴）。第三根轴是背-腹轴（dorsal/ventral axis，D/V 轴），类似于人的手心和手背，它们的皮肤结构是不一样的，手背有汗毛覆盖而手心没有。要成功地发育成完美的上肢，小鼠必须在这三个方向的轴上都有控制中心，告诉细胞在这三个方向上的位置，从而使细胞发育为相应的结构。这相当于需要 *X*、*Y*、*Z* 这三根彼此垂直的轴组建立一个空间坐标系，才能定义一个点在空间中的位置。研究结果证明，小鼠在这三个方向轴上确实存在 Spemann 所提到的“组织中心”，与 Wolpert“法国国旗学说”假设的一样，它们通过扩散性分子的浓度梯度，控制上肢的发育。小鸡的翅的构造与小鼠的上肢类似，形成原理也相似，所以对这两种动物肢体发育的研究在一定程度上可以相互补充和促进。

小鼠的肢芽是由来自侧板中胚层（lateral plate mesoderm）的间充质细胞迁移到肢芽形成处大量增殖，使包裹在这些细胞外面的外胚层（ectoderm，外细胞层）向外突起而形成的。这些间充质细胞后来发育成骨骼和关节处的软骨细胞。由这些细胞形成的骨头和关节决定了上肢的构造，肌肉、血管、神经都是围绕这些骨架建造的。

(2) 控制近-远轴方向结构形成的组织中心 AER

间充质细胞在到达肢芽位置后，便开始分泌成纤维细胞生长因子（FGF）家族中的成员 FGF7 和 FGF10。这些扩散性蛋白分子使得与其相邻的外胚层细胞发生变化，形成指挥近-远端轴（P/D 轴）的控制中心，也就是 Spemann 提出的“组织中心”。因为这个细胞团处于肢芽的顶端（离躯干最远），所以叫作“外胚层顶脊”（apical ectodermal ridge，AER）。这个细胞团对于肢体的发育非常重要，一旦去除 AER，肢体的发育就会随之停止，而且去除 AER 的时间越早，肢干的缺失程度越严重，例如只形成近段（stylopod），而其他两个部分（中段 zeugopod 和掌段 autopod）缺失。反过来，如果把另一个 AER 移植过来，则会形成另一个新的肢体，常常是附近一个正在发育中的肢体的镜面结构。这些结果都说明，AER 的确是动物上肢或翅的一个组织中心。

在外胚层下植入浸有 FGF10 的小珠，会诱导发育出新的肢芽，说明间充质细胞分泌的 FGF10 是 AER 形成的“启动分子”。AER 接收间充质细胞发出的 FGF10 的信号，活化 Wnt 家族的蛋白质 Wnt3a，Wnt3a 又诱导 AER 中的细胞分泌 FGF8。FGF8 扩散回 AER 下方大约 200 微米范围内的间充质细胞之间，让这些间充质细胞处于可塑状态，并且快速增生，形成一个由间充质细胞组成的“增生区”（progress zone，PZ 区）。PZ 区细胞都按照近-远端方向排列，它们的高尔基体都位于细胞的远端，这样 PZ 区间质细胞的增殖就会使肢芽在近-远端方向不断延长。控制细胞有方向性地排列的是 Wnt5 蛋白，它是由来自 AER 的 FGF 信号诱导的。如果 *Wnt5* 基因突变，PZ 区的细胞就失去方向性，形状变圆，这些细胞的增殖就会形成细胞团，而不是形成长度大大超过直径的肢体，加入正常的 *Wnt5* 基因又会使细胞的方向性得以恢复。

AER 分泌的 FGF8 还会使 PZ 区的间充质细胞继续分泌 FGF10，以维持 AER 的存在。这样 AER 和 PZ 细胞之间就形成了互相依赖的正反馈循环。如果用非肢芽区的间充质细胞取代 PZ 区的细胞，AER 就会退化，肢体的发育也会停止。

如果把肢体发育早期的 PZ 区细胞移植到发育较晚期的肢芽上，会在已经形成的结构上重复形成同样的结构，例如在已经形成的桡骨和尺骨的远端再形成另一套桡骨和尺骨。但是如果把较晚期的 PZ 区细胞移植到较早的肢芽中，则会造成中间结构的缺失，例如桡骨和尺骨缺失，趾头直接连在肱骨上，这说明在肢体发育过程的不同阶段中，PZ 区的细胞能够形成不同的结构，而且一旦 PZ 区的细胞确定了自己的“前途”，即使换一个地方，也会长出同样的结构。例如把前肢 PZ 区的细胞移植到后肢的肢芽上，会形成后肢的近段（例如股骨）和前肢掌段的趾头。相反，把早期的 AER 移植到晚期的肢体上，或者把晚期的 AER 移植到早期的肢芽上，肢体的发育都不受影响。把后肢的 AER 移植到前肢的肢芽上，长出来的仍然是前肢，这说明只有 PZ 区的细胞才能随着时间和空间（随着肢芽生长分化而不断移动的位置）的变化决定自己的命运，决定是分化形成前肢还是后肢的结构，是形成近段、中段还是掌段。AER只给出FGF信号，不决定前肢和后肢的区别，也不参与决定肢体形成的结构是近段、中段还是掌段。

(3) 控制前-后轴方向结构形成的组织中心ZPA

AER是沿着P/D轴来控制肢芽的生长方向的，即控制近端-远端结构的形成。但肢体的发育还需要前-后端（沿着A/P轴）的控制，例如在中段，桡骨位于前端，尺骨位于后端。在掌段（桡骨的切线方向），拇指位于掌的前端，小指位于掌的后端。然而桡骨、尺骨和5套指骨的方向都与P/D轴平行，AER不能有效控制它们之间的区别性发育，而需要一个与P/D轴垂直的信号中心控制肢体前后轴方向发育，这就是位于肢芽后端（相当于人的下端）部位的一团细胞，叫作极性活化区（zone of polarizing activity，ZPA）。ZPA分泌音刺猬蛋白（Shh）Shh作为扩散性的信号分子，在肢芽中形成从后到前逐渐降低的浓度梯度，从而控制上肢沿前-后轴（A/P轴）的结构形成。与AER由外胚层细胞组成不同，ZPA由肢芽后端外胚层下面的间充质细胞组成。

如果将额外的ZPA移植到肢芽的前端，肢芽就会形成2个A/P轴方向的ZPA信号中心，同时从前端和后端发出信号，结果就会形成以P/D轴方向为对称轴的镜面结构，例如在掌段，从前端到后端，会在同一个掌段依次形成第4、第3、第2、第2、第3、第4趾，原来离ZPA最远接收Shh浓度最低的第1趾消失，第5趾也消失。如果将*Shh*基因插入病毒，感染鸡的成纤维细胞，再把这些表达Shh的成纤维细胞植入到肢芽的前端，同样会形成镜面结构。

如果将小鼠的*Shh*基因敲除掉，肢芽的形状就会变瘦变尖，中段zeugopod和掌段autopod的发育都会出现异常。但如果将小鼠中抑制Shh的*Gli3*基因敲除掉，肢芽就会变得很宽，并且形成多趾，说明Shh确实是控制肢芽前-后轴方向结构形成的扩散性分子。

ZPA和AER是互相依赖的。ZPA分泌Shh需要来自AER的FGF8的作用，Shh又会反过来诱导AER分泌FGF4。AER分泌的FGF4和FGF8会扩散到ZPA，维持Shh的表达。

（4）控制背–腹轴方向结构形成的基因 *Wnt7a* 和 *En1*

肢体，特别是肢体的掌段，明显分为背–腹面。这个方向的轴线也被称为背–腹轴（dorsal/ventral axis，D/V 轴）。例如掌的腹面（相当于人的手心）是不生毛发的，而背面（相当于人的手背）则有毛发覆盖，腹面和背面的皮肤结构也不同。

Wnt7a 基因是负责控制掌段背–腹轴分化的基因之一，它表达于背面外胚层的细胞中。Wnt7a 分子从这些细胞分泌出来以后，扩散到背面的间充质细胞之间，诱导这些间充质细胞合成转录因子 Lmx1，使肢芽发育出背面的结构。如果敲除 *Lmx1* 基因，会使小鼠掌段的背面发育为腹面，相当于人手的正反两面都是手心。另一个在肢芽腹面的外胚层细胞中表达的基因是 *engrailed*（简称 *En1*）。它能够抑制 *Wnt7a* 的作用，使背面结构不能在腹面发展，使腹面结构得以正常形成。

（5）T 盒子基因控制前肢和后肢的发育

既然前肢和后肢的发育都是由 *AER*、*ZPA* 和 *Wnt7a* 控制的，那前肢和后肢的发育又如何区分开？这是因为有一组基因负责控制前、后肢的发育，即 T 盒子基因（T box gene，*Tbx* 基因）。*Tbx* 基因家族的产物是转录因子，都含有一个叫作 T 盒子的 DNA 结合区段。其中 Tbx5 蛋白控制前肢的发育，Tbx4 蛋白控制后肢的发育。

如果把浸泡有 FGF 的小珠植入鸡的胚胎中，则会在植入处的前端诱导 *Tbx5* 基因的表达，在植入处后端诱导 *Tbx4* 基因的表达，说明 FGF 可以控制这 2 个 *Tbx* 基因在胚胎的不同部位表达，形成前肢或后肢。

Tbx 基因对于心脏的发育也是必要的，*Tbx5* 基因的突变会导致 Holt-Oram 综合征。不仅会使上肢发育畸形，例如拇指发育异常像其他指头、手指弯曲，左心室和右心室也不能分隔开。

（6）视黄酸的作用

除了在肢芽顶端的 AER 影响近–远轴（P/D 轴）方向的结构以外，从 P/D 轴另一端来的视黄酸（retinoid acid，RA）信号也参与肢体的发育。如果用化学药物阻断 RA 的合成，就会阻止肢芽的形成。如果把蝌蚪的尾巴切下并将断尾蝌蚪浸泡在 RA 溶液中，在尾巴的断处会长出许多只脚，说明 RA 对于肢芽的形成是非常必要的。但 RA 只在诱导肢芽的形成过程中起作用，对于随后肢体结构的形成没有影响。RA 可以对 AER 分泌的 FGF8 产生抑制作用。近端 RA 的浓度较高，活化为近端结构形成所需要的基因，而在远端 FGF8 的浓度高，活化为远端结构形成所需要的基因。视黄酸的作用也符合 Spemann 的组织中心学说，即某些细胞分泌的扩散性分子控制远距离细胞的命运。

（7）趾头的形成也遵循图灵原理

AER 和 ZPA 的功能及它们分泌的扩散性分子说明 Spemann 的组织中心学说是正确的，某些细胞分泌的扩散性分子在指导动物肢体发育中发挥作用。另一方面，肢体中段的桡骨和尺骨、掌段的五指等结构，又具有明显的周期性，即在 A/P 轴方向上显现出成骨-不成骨-成骨这样的周期。特别是在掌段，这样的周期达到 5 个，使人们不免猜想图灵学说也在起作用。Spemann 的组织中心学说只要求这些组织中心分泌出扩散性的信号分子，并不一定要求（但是也不排斥）这些分子之间要相互抑制，AER 分泌的 FGF8 和 ZPA 分泌的 Shh 都是很好的例子。但是图灵学说却是“反应-扩散理论”（reaction-diffusion theory），要求至少具有一个正调控的分子和一个抑制性分子。要在肢体的发育过程中证实图灵学说并鉴定出这两类分子是很困难的，因此在长时期中，图灵学说只在身体表面的图案形成中（例如动物皮肤上的斑纹和毛囊位置的确定）被证实，而在动物身体内部器官的形成过程中是否也起作用，一直是一个未知数。

这种情形直到最近才发生了一些改变。2014 年，西班牙科学家 James Sharpe 等将小鼠五趾形成过程中各种基因表达区域的信息、基因敲除技术及计算机模拟等研究方法结合起来，证明了小鼠五趾的形成过程遵循图灵学说。

这些科学家首先测定了肢芽中要形成五趾的区域（成趾区）和五趾间（趾间区）的区域中，各种基因的表达状况。研究发现，形成趾骨的关键基因 *Sox9* 在五趾形成区高度表达，而在趾间区域的表达水平很低。*Sox9* 基因对于趾骨的形成是绝对必要的，如果 *Sox9* 基因失活，趾头便无法形成。与 *Sox9* 基因的表达区域相反，骨形态发生蛋白BMP（主要是 BMP2、BMP4、BMP7）和 Wnt 蛋白的工作信号（分别为 SMAD 和 β-连锁蛋白，见本文第一部分）在趾间区最强，在成趾区很弱。而在前-后轴方向上，FGF 的表达程度没有明显变化，这也和分泌 FGF 的 AER 在方向上是和前-后轴垂直的情形一致的。这些结果说明，BMP 和 Wnt2 种扩散性分子可能在五趾的形成中起控制作用。

科学家早已清楚，BMP 能够增加 *Sox9* 基因的表达，即促进指骨的形成，而 Wnt 抑制 *Sox9* 基因的表达，阻止趾骨的形成。在成趾区，BMP 的下游分子 SMAD 有高表达，证明趾间区里面的间充质细胞分泌的 BMP 能够扩散到成趾区去，在那里诱导 *Sox9* 基因的表达。这样就有了一个正调控的扩散分子 BMP 和一个负调控的扩散分子 Wnt，符合图灵反应-扩散学说的要求。而且肢芽外胚层细胞分泌的 Wnt 分子能够抑制靠近外胚层的间充质细胞形成趾骨，使得趾骨只能在趾头的中轴区域形成。

如果将 *Sox9* 基因敲除，BMP 和 Wnt 信号区域就不再显示出周期性，而是在整个掌区均匀分布，说明在成趾区的 Sox9 蛋白并不是BMP 和 Wnt 的下游分子，而能够抑制 BMP 和 Wnt 的信号传递链，是BMP-Sox9-Wnt 作用系统的成员之一。如果用 BMP 信号通路的抑制剂LDN-212854 阻断 BMP 的作用，Sox9 的表达就消失，没有趾头形成。如果用 Wnt 信号通路的抑制剂 IWP2 阻断 Wnt 信号通路，Sox9 就会在整个掌区表达，证明 Wnt 的确在掌段的趾间区抑制趾骨的形成。这样，BMP 蛋白通过扩散作用促进成趾区 *Sox9* 基因的表达，Wnt 蛋白通过扩散作用在趾间区抑制 *Sox9* 基因的表达，而 *Sox9* 又抑制 BMP 和Wnt 在成趾区的表达，这些作用就是形成五趾的图灵机制。

趾骨形成的图灵机制还可以从另一个实验中得到证实。Sharpe 等人将发育中肢芽的成趾区细胞（高 Sox9 表达）和趾间区细胞（低Sox9 表达）提取出来，分别放在培养基中进行体外培养，结果十几个小时之后，这两种细胞都自动形成了图灵学说所预期的图案，即 Sox9高表达的区域散布在 Sox9 低表达的区域中，类似豹子皮肤上的斑点。这说明无论是成趾区的间充质细胞，还是趾间区的间充质细胞，都保留了自动形成周期性图案的能力，是图灵学说最直接的证明。

当然这样形成的斑点并不是趾头的形状。但如果将趾芽的生长过程考虑进去，并且用 FGF 和它控制的 *Hox* 基因调节图灵图案的周期，计算机模拟就能够准确地复制出小鼠上肢趾头形成的图案。

从以上介绍可以看出，在趾头形成的过程中，图灵机制和上文提到的 AER 和 ZPA 组织中心都在起作用，所以趾头形成的实际过程是非常复杂的，涉及多种控制机制的共同作用。

3. 为什么四肢动物有 5 根趾头

上文曾提到，目前地球上所有的四肢动物都有 5 根手指或脚趾，对这种现象有三种解释。

第一种是图灵学说。掌段的间充质细胞本身就具有形成周期性结构的能力，这从掌区的间充质细胞在体外就能自动形成高 Sox9 表达水平和低 Sox9 表达水平的斑点状图案就可以得到证明。而图灵图案的周期性是可以调节的，在四肢动物体内，这样的周期调节正好可以形成 5 根趾头。

第二种是从 ZPA 组织中心分泌的 Shh 的调控作用。完全去除 Shh 信号通路会使中段的 2 根骨头变成 1 根，前端的桡骨形成，后端的尺骨消失。完全除去 Shh 信号通路会使掌段只形成最前端的第 1 趾，而位于第 1 趾后端的 4 根趾头都消失了。这说明位于肢芽后端的 ZPA 分泌的 Shh 对后端骨头的形成是必要的。如果不让 Shh 蛋白上有胆固醇分子，在前端会形成更多的趾头，说明 Shh 可以向肢芽前端扩散得更远，诱导更多的趾头形成。但是如果不让 Shh 蛋白带有脂肪酸分子，就会造成第 2 趾的缺失，以及第 3 趾和第 4 趾的融合。这些结果都说明 Shh 信号控制了趾头的形成和数量。

Shh 的作用之一即控制 Gli3R。在没有 Shh 信号的情况下，下游转录因子 Gli 会被蛋白酶体切断，被切下来的羧基端进入细胞核，抑制基因的表达。Shh 能够抑制 Gli 分子被蛋白酶切断，而全长的 Gli 蛋白分子可促进基因表达。研究表明，在 Gli 蛋白家族中，Gli1 和 Gli2 与趾头的形成无关，而 Gli3 的羧基端对基因表达有抑制作用，叫作 Gli3R。由于 Shh 的浓度在肢芽后端较高，Gli3R 的浓度在肢芽前端较高，从而抑制了更多趾头的形成。如果敲除 *Gli3* 基因，就会形成更多的趾头。Shh 在肢芽后端的高浓度与 Gli3R 在肢芽前端的高浓度彼此协同，控制趾头的生成。由于最前端的第 1 趾在没有 Shh 信号的情况下也可以生成，因此可以认为第 1 趾不需要 Shh 信号。

Shh 的浓度在肢芽后端最高，但是趾头形成的顺序却是 4—2—5—3。如果在不同的时间切断 Shh 信号，则最先失去的是最后形成的趾头 3，然后依次是趾头 5、趾头 2、趾头 4，与正常情况下趾头形成的顺序正好相反。对此现象的解释是，Shh 对趾头形成的作用取决于间充质细胞接触 Shh 分子的浓度和时间，后端趾头的形成需要较长时间地接触 Shh。在肢芽发育过程中用环巴胺（cyclopamine）阻断 Shh 信号会缩短间充质细胞接触 Shh 的时间，影响后端趾头的形成。另一个因素是，后端的间充质细胞与高浓度的 Shh 长时间接触，会形成“去敏化”，即对 Shh 不那么敏感，因此第 5 肢（最后端的趾头）并不是最先形成的。

按照上述推理，掌段 5 根趾头对 Shh 的要求是：

第 1 趾，不需要 Shh；

第 2 趾，需要 Shh 的长距离传输和短时接触；

第 3 趾，第 2 趾的形成会延伸到第 3 趾的形成；

第 4 趾，需要长时间接触 Shh；

第 5 趾，第 4 趾的形成会延伸到第 5 趾的形成。

第 3 种解释是同源异形盒基因（*Hox* 基因）对 5 趾属性的确定。

在肢芽发育的过程中，*Hox* 基因组里的 *Hoxd* 基因只有 5 个基因，即 *Hoxd4*、*Hoxd5*、*Hoxd6*、*Hoxd7*、*Hoxd8* 在肢芽中表达（注意不要将这些数字与趾头的命名混淆）。它们都在肢芽的最后端表达，但是向前端表达的范围逐渐增大。例如 *Hoxd8* 只在肢芽的最后端表达，*Hoxd7* 也在肢芽的后端表达，但是范围要广一些，超出 *Hoxd8* 基因表达的范围。*Hoxd6* 表达的范围又超出 *Hoxd7* 的范围，*Hoxd5* 表达的范围更大，*Hoxd4* 则在整个肢芽表达。这样，肢芽中 *Hoxd* 基因的表达就分为 5 个区：5 个 *Hoxd* 基因表达区域交集（4、5、6、7、8）位于肢芽的最后端，然后是只表达 4 个 *Hoxd* 基因的区域（4、5、6、7）位于（4、5、6、7、8）区域的前端，然后是表达 3 个 *Hoxd* 基因的区域（4、5、6），再是表达 2 个 *Hoxd* 基因的区域（4、5），最后是只表达

Hoxd4 的区域，位于肢芽的最前端。

这 5 个表达不同数量的 *Hoxd* 基因的区域，对应于 5 根指头。由于只有 5 个 *Hoxd* 基因以这种方式参与动物趾头的形成，所以四肢动物的趾头应该是 5 个。人的多指并不是长出了与正常 5 指完全不同的指头，而是其中一根指头的复制品。也就是说，四肢动物只能有 5 个趾头类型。四肢动物中较原始的棘鱼（*Acanthostega*，也叫石螈）的前肢有 8 根趾头，似乎违背了这个规则。但是仔细检查这 8 根趾头，发现它们也只属于 5 种类型，其中第Ⅰ、第 Ⅲ 和第 Ⅳ 趾被复制，是成倍表达。棘鱼的这种情形也许与其主要在水中生活，需要较大的鳍来游泳有关。在这方面，棘鱼多趾的功能更类似鱼的鳍，由多根细长的鳍条支撑。陆生动物需要较为强壮的趾头支撑动物的重量，多而细的趾头不利于陆生生活。5 根趾头最适合大部分动物在陆地上生活的需要，在不断的进化过程中，这种“设计”也就被固定下来。

这三种假说都在一定程度上解释为什么四肢动物有 5 趾，但都缺乏整个控制过程的细节，所以现在还难以断定哪一种机制是正确的。细节的阐明有可能将这几种机制统一起来。

4. 为什么鸭掌有蹼而鸡没有

无论是小鼠的四肢，还是人的手、脚，都是有指头（趾头）的。这不仅要求有形成趾骨的机制，还需要趾间的组织消失。在掌段的发育过程中，在成趾区之间的间充质细胞会分泌 BMP 蛋白。这些蛋白不仅能够诱导成趾区的细胞变成软骨，随后变成趾骨，还使得趾间区的细胞“自杀”（也叫“凋亡”，即细胞的程序性死亡，apoptosis）。如果在细胞中表达对抗 BMP 分子的蛋白质，让 BMP 分子失去作用，不但会影响趾头的形成，趾间区的细胞也不会凋亡。

由于 BMP 蛋白可以扩散到成趾区，促使那里的间充质细胞形成趾骨，而 BMP 同时又能够使间充质细胞凋亡，因此在成趾区，间充质细胞表达的 *Sox9* 基因产物能够诱导 BMP 的拮抗物 Noggin 基因的表达。Noggin 蛋白可以保护成趾区的间充质细胞，使凋亡程序无法启动。

许多水鸟（如鸭、鹅、鸳鸯、天鹅等），脚趾之间都有蹼，以利于划水。这就是趾间细胞没有完全凋亡的结果。如果将鸡和鸭后肢的肢芽互换，具有鸭间充质细胞的鸡就会长出有蹼的后肢，说明这些间充质细胞内已经有不完全凋亡的指令。

5. 鱼的鳍是怎样进化成为四肢动物的肢体的

鱼类是没有四肢的，靠鳍（fin）游泳。鳍通常有两对，分别是前鳍和后鳍。研究发现，动物的四肢是从鱼类的前、后鳍进化而来的。鱼在水中生活，身体密度与水相似，基本上没有承重的问题，所以不需要能够承重的趾，而主要是靠多条细长的鳍条（fin ray）维持鳍的形状和柔韧性。例如，幅鳍亚纲中的斑马鱼（zebrafish）的鳍有 10 根鳍条，其中 5 根分叉。软骨鱼中的鲨鱼（sharks）有 11 根鳍条，都不分叉。肉鳍鱼中的古鳍鱼有 17 根鳍条，其中 12 条分叉；潘氏鱼有 13 根鳍条，其中 8 根分叉；提塔列克鱼也有 13 根鳍条，其中 8 根分叉。

四肢动物的肢骨是内骨骼（endoskeleton），在软骨的基础上由成骨细胞钙化而成。四肢动物在陆上生活，没有水的浮力，必须要有能够承重的肢体，细长柔软的鳍显然无法满足需要。动物在奔跑时，掌段接触地面的一瞬间要经受巨大力量的冲击，更需要强壮的脚掌和趾头承受这种力量。由鳍条变为趾骨，长度变短，数量从 10 根以上减少到 5 根，看来是陆生动物的最佳选择。

而鳍条是外骨骼（exoskeleton），又叫膜骨（membrane bones），不经过软骨阶段，而是由间充质细胞直接钙化而成。而四肢动物的趾骨是内骨骼（endoskeleton），要经过软骨的阶段，由成骨细胞取代软骨细胞再钙化而成。这样的转变是如何发生的？在胚胎发育的初期，鱼身体侧面的鳍芽（fin bud）发育成为鳍，动物身体侧面的肢芽（limb bud）发育成为四肢。是什么原因使得鳍芽发育成为鳍，而肢芽发育成为肢？

（1）从鳍到肢内骨骼的变化

如果检查各种鱼鳍的内部结构，就会发现鱼鳍的根部还是存在一些内骨骼，而且逐渐变成类似肢体中的肱骨、桡骨和尺骨。例如在幅鳍鱼的鳍中，靠近身体的地方就有两列内骨骼，其中近端较长，远端则较为短小并与鳍条相连。这些内骨骼占鳍很小的一部分，在结构上也难以与四肢动物的肱骨、桡骨和尺骨相比较。

而到了被认为是四肢动物祖先的肉鳍亚纲的鱼，鳍中内骨骼的组成就已经非常类似四肢动物肢体中的近段和中段。其中的提塔列克鱼（*Tiktaalik*）的内骨骼被认为与四肢动物肢骨最相似。最靠近鱼身体处只有 1 根骨头，相当于四肢动物的肱骨。鳍中与这根骨头以关节相连的，是 2 根骨头，相当于四肢动物的桡骨和尺骨。与这 2 根骨头相连的，是多列短小的骨头，类似于四肢动物的腕骨和掌骨。不过再远端还没有指骨，仍然是鱼的鳍条。所以提塔列克鱼的鳍其实是鳍和肢的混合物，提塔列克鱼也被称为是“会走路的鱼”。从鱼鳍进化为完全的肢体，最后一步是趾骨的出现。

（2）鳍变为肢的过程中基因表达状况的变化

如果检查鳍和肢发育过程中基因表达的状况，可以发现它们之间有许多相似之处。例如鳍芽和肢芽都有位于顶端的 AER 组织中心，而且 AER 的标志性基因如 *Wnt2b*、*dlx2*、*dlx5a*、*sp8*、*sp9*，在鳍和肢的 AER 中都有表达。抑制 *sp8* 和 *sp9* 的活性，鳍芽就会消失。

FGF 信号对于鳍的发育也是绝对必要的。在鳍发育的初始阶段，鳍芽中的间充质细胞表达 FGF24，而 FGF24 能够促使 *FGF10* 基因的表达，相当于肢芽的间充质细胞表达 FGF10。如果 *FGF24* 发生基因突变，这些间充质细胞就不再表达 FGF10，鳍芽也消失。随后，FGF24 的表达转移到鳍芽的 AER 中。由于 FGF24 与 FGF8 属于 FGF 超级家族中的同一亚家族，这相当于鳍芽的 AER 也表达 FGF8。在鳍的发育过程中，FGF24 既在间充质细胞中表达，也在 AER 中表达。而在四肢动物中，是间充质细胞先表达 FGF10，FGF10 再诱导 AER 表达 FGF8。Shh 蛋白也在鳍芽中表达，对于鳍的形成也是必要的。

鳍和肢基因表达的一个关键性差别，也许是在近-远方向轴上两个 *Hox* 基因的表达方式不同。无论是在鳍芽还是在肢芽中，最近端表达的基因都是 *Meis1*，它负责肢体中肱骨的形成和鳍中最近端内骨骼的形成。较 *Meis1* 基因表达区域远端的，在四肢动物中是 *Hoxa11* 和

Hoxa13，在斑马鱼中是 *Hoxa9* 和 *Hoxa11*，相当于四肢动物的 *Hoxa11* 和 *Hoxa13*。在四肢动物肢芽发育的初期，*Hoxa11* 和 *Hoxa13* 的表达区域是完全重合的，但是随着肢芽的发育，*Hoxa11* 和 *Hoxa13* 的表达区域逐渐分开，*Hoxa11* 的表达区域与 *Meis1* 的表达区域相邻，负责桡骨和尺骨的形成，如果小鼠的 *Hoxa11* 基因发生突变，桡骨和尺骨就会随之消失。而 *Hoxa13* 的表达区域在肢芽的最远端，负责趾骨的形成。*Hoxa13* 基因发生突变会造成趾骨畸形和融合。但是在鱼鳍中，*Hoxa9* 和 *Hoxa11* 的表达区域一直重合，没有彼此分离的情形。成年蛙上肢再生时，*Hoxa11* 和 *Hoxa13* 都表达于再生肢的间充质细胞中，但是它们表达的区域相互重叠，并不分离，所形成的新肢也就像一个椎状物，而没有 5 趾。这些现象说明，*Hox* 基因表达区域的区分看来是四肢动物中掌区骨头发育的关键。

这种 *Hox* 基因分段表达的后果之一，就是 AER 内面间充质细胞形成的功能区域。在四肢动物中，与 AER 直接相邻的间质细胞形成增生区（progress zone，PZ 区），它依次发育为肢体的近段、中段和掌段。而在鳍芽中，AER 会形成一个叫顶褶（apical fold，AF）的结构。AF 由两层上皮细胞组成，间充质细胞在这两层上皮细胞之间的空间中形成鳍条。四肢动物的肢芽不会形成 AF，也没有鳍条区域。估计是基因表达方式的变化，很可能是两种 *Hoxa* 基因在近-远轴方向上的分段表达，使得 AF 结构消失，代之以增生区 PZ，才使得四肢动物中的掌段得以发展。

鱼鳍和四肢动物的肢体之间的比较说明，许多为四肢动物肢体发育所需的基因，如 *Meis1*、*FGF*、*Wnt*、*Hox*，在鱼类的鳍中就已经出现。它们表达的位置和控制这些身体附件发育的方式也相似，也通过 AER 与下面的间充质细胞相互作用引导这些结构的发展。这不但支持四肢动物的前、后肢是从鱼鳍进化而来的理论，也表明生物在身体结构形成上所使用的“工具分子”是高度保守的。

（3）为什么鲸鱼和海豚的趾骨数特别多

鲸鱼和海豚是哺乳动物，是四肢动物下水演变而成的。它们与四肢动物一样，具有 5 根趾头。但是鲸鱼和海豚的五趾并不分开，而是在前肢位于像鱼鳍那样的器官中，后肢形成像鱼尾的结构，在方向上和鱼尾垂直。不仅如此，与人和小鼠相比，它们每根趾的趾骨数量更多。人手的拇指只有 2 个指骨，其余的手指有 3 个指骨。而鲸鱼和海豚的第 2 趾有 7 块趾骨，有的海豚第 2 趾可以有多达 11 块趾骨。这些趾骨数量的增加估计是与这些在水中生活的哺乳动物四肢变回鱼鳍形状的游泳器官有关。

四肢动物趾头中趾骨的数量与间充质细胞接触来自 AER 的 FGF8 信号的时间长短有关。延长 FGF8 信号的作用时间，就会形成更多的趾骨，而在趾头发育过程中破坏 AER，或者使用 FGF 受体的抑制剂，FGF 信号链消失，就会形成趾尖，结束趾头的发育，导致数量少于正常的趾骨。

6. 小　结

动物肢体的发育过程证明，扩散性信号分子与其抑制物之间的相互作用在三个相互垂直的方向上控制着肢体形成的过程，特别是由 Spemann 组织中心分泌出的扩散性分子（AER 分泌的 FGF8 和 ZPA 分泌的 Shh）从两个相互垂直的方向控制肢体的发育。这个过程是动态的，随着肢芽的发育，AER 内增生区（PZ 区）的间充质细胞会有不同的命运，依次变为近段的肱骨，中段的桡骨和尺骨，掌段的腕骨、掌骨和趾骨。手掌的背-腹面则分别被 *Wnt7a* 和 *En1* 基因控制。同时，增生区的间充质细胞又具有自我形成周期性结构的能力，通过 BMP-Sox9-Wnt 系统控制掌段成趾区和趾间区的形成，而这种周期的大小又由 FGF 信号和 *Hox* 基因调节，形成五趾，证明了图灵学说的正确性。

这些基本的调控原理在鱼鳍的发育中就开始起作用，也许是两个 *Hox* 基因在近-远轴上表达区域的分离让鳍条的区域消失，掌区得以发展出来。

近年来的科学研究已经提供了动物肢体发育的大量信息，但是与动物肢体结构的复杂性相比，这些结果还是很初步和粗线条的。例如，5 根趾头的长短和形状彼此不同，每个指骨也是在靠近关节的地方较粗，中间部分较细。肱骨、桡骨和尺骨也不是粗细均匀的圆柱体，而是有各自特定的形状，这些特殊的形状都需要更精细的调节。围绕骨头的肌肉、血管、神经是如何生成的，还是尚未被解答的问题。尽管如此，已经获得的研究结果展示了生物结构形成的控制机制究竟是什么，DNA 的蓝图功能是怎样实现的。虽然还不知道四肢形成的所有细节，但是从上面的研究结果可以推测，这些发育过程也是通过信号分子，包括扩散性信号分子和细胞-细胞之间直接相互作用完成的。

主要参考文献

[1] Stricker S，Mundlos S. Mechanism of digit formation：Human malformation syndromes tell the story. Developmental Dynamics，2011，240（5）：990.

[2] Benazet J D，Zeller R. Vertebrate limb development：Moving from classical morphogen gradients to an integrated 4-dimensional patterning system. Cold Spring Harbor Perspective Biology，2009，1（4）：a001339.

[3] Tabin C J. Why we have（only）five digits per hand：Hox genes and the evolution of paired limbs. Development，1992，116（2）：289.

[4] Raspopovie J，Marcon L，Russo L，et al. Digit patterning is controlled by a Bmp-Sox9-Wnt Turning network modulated by morphogen gradients. Science，2014，345（6196）：566.

为什么生殖细胞能够“永生”

长生不老是人类自古以来的愿望。从古人寻求“长生不老药”到现代科学对衰老机制的研究，无不反映了这种愿望。而现实情况则是所有的多细胞生物都只有一定的寿命，并且寿命长短与物种有关。过去认为寿命最短的动物要数蜉蝣，古诗有云“蜉蝣朝生而暮死”，诗中的“蜉蝣”即属昆虫纲蜉蝣目。其实蜉蝣的幼虫在水中可以活 20 天左右，所以蜉蝣的寿命（从卵孵化算起）有 20 天左右，与苍蝇、蚊子的寿命相当。寿命最长的动物包括乌龟和鹦鹉，它们都能活 100 年以上。北极蛤可以活 500 年。植物的寿命更长，非洲的龙血树、美洲的红杉，都可以活千年以上。但是有一点，无论生物体的寿命有多长，都是有一定限度的。所有多细胞生物都要经历出生、生长、衰老、死亡的阶段。

而且多细胞生物体的寿命与地球上出现生命的时间比起来（大约 40 亿年），那就太短暂了。就物种来说，许多生物物种的存在时间是无限的，例如蓝细菌（cgano bacteria，也叫蓝绿藻）是地球上最早出现的生物之一，至今仍在地球上繁衍。昆虫已经在地球上生活了数亿年的时间，目前仍然是地球上物种种类最多的生物。即便是人类也已经在地球上生存了大约 100 万年，而且在可预见的将来还会继续生存下去。生命是靠生殖细胞延续下来的。根据细胞理论，新的细胞只能从已有细胞分裂而来，所以对于许多具有无限生命的物种来说，就要求生殖细胞连续地从一代生物繁衍到下一代生物且永不间断。从这个意义上讲，生殖细胞的寿命是无限的。我们每个人的身体里面，都有几十亿年前那个最初的细胞连续不断分裂产生的后代。

目前科学家对生物衰老机制的研究，其实是对体细胞（组成身体的细胞）衰老机制的研究，因为体细胞的衰老死亡才是决定一个生物体能够活多久的根本原因。关于衰老机制已有许多理论尝试去解释，例如“磨损理论”“游离基理论”“端粒酶理论”“基因决定论”等。但是这些理论都必须解释为什么这些机制只影响体细胞，而不会影响生殖细胞。例如，女性尚在胎儿时期，体内的卵细胞就已经形成了，在女性性成熟之前，卵细胞会在体内待上十几年至几十年；男性的生殖能力可以持续到老年，精原细胞在体内待的时间更长。因此即使影响体细胞的因素只是对生殖细胞有轻微的影响，逐代积累起来，也会导致物种的灭绝。例如人类从出现到现在，大约有 100 万年。如果每传一代需要 20 年，那人类就已经传了 5 万代。即使每一代生殖细胞受环境的影响，使每一代人只减少 1 天的寿命，那么人类也不会存活到今天（人活到 100 岁也就是 36 500 天）。人类如此，那些活了几十亿年的蓝细菌就更是如此了。

当然这不是说生殖细胞就不会衰老和死亡。女性过了 40 岁，卵细胞中 DNA 的突变率就会显著增加。没有生殖能力和生殖机会的个体死亡时，该个体体内所含的生殖细胞也会死亡，但是只要在正常的生育年龄内，总会有许多个体能够繁衍出健康的后代，这些后代的寿命不会随着代数的增加而减少。每一代都能够真正地“从零开始”，也就是说，生殖细胞有能力把环境带来的不利影响完全消除，不留一丝一毫给下一代，否则不利因素一旦累积，物种就会面临凋亡的危险。这就与体细胞形成了鲜明对比。对于体细胞来说，无论身体如何努力去防止和修复外界因素造成的伤害，人类还用各种医学手段来对抗这些伤害，它们也终将衰老死亡。但是生殖细胞也是细胞，含有与体细胞相同的基因。生殖细胞维持自己长生不老的“武器”，理论上体细胞也能够拥有，那么，是什么原因使生殖细胞和体细胞有如此巨大的差异呢？

1881 年，德国生物学家奥古斯特·魏斯曼（August Weismann，1834—1914）提出了“种质论”（germ plasm theory）。他认为生物体内的细胞分为生殖细胞（germplasm）和体细胞（somaplasm）。生殖细胞的寿命是无限的，体细胞由生殖细胞衍生而来，其使命就是把生殖细胞的生命传给下一代，体细胞在使命完成后就会死亡。在生殖细胞分裂并发育成为完整的个体后，总是会“留出”一些细胞继续作为生殖细胞，同时分化出体细胞“照顾”生殖细胞，并且让生殖细胞把生命传给后代。也就是说，我们的身体只是生殖细胞的一次性承载工具，使用完就被丢弃了，只有生殖细胞代表连续不断的生命。这是任何多细胞生物体都会衰老死亡的根本原因。直到今天，魏斯曼的基本思想仍被许多科学家所认可。从魏斯曼提出这个思想到现在已经过去了130多年，人类对于生物发育和衰老机制的研究已经获得了大量的成果，可以比较具体地讨论生殖细胞为何与体细胞如此不同。

1. 微生物“永葆青春”的方法：“垃圾桶理论”

上文所讲的生物的寿命，是指多细胞生物的寿命。单细胞生物没有体细胞和生殖细胞之分，或者说单细胞生物本身就是生殖细胞，所以理论上讲是“永生”的。细菌一分为二，酵母出芽繁殖，它们的生命都在后代细胞中延续。许多细菌从产生到现在，已经生存了几十亿年，可以证明单细胞生物的确是永生的。但是仔细观察单细胞生物，就会发现它们之中有些个体也会显现出衰老的迹象，如生长变慢，死亡率增加，最后失去繁殖能力并且死亡。是什么机制使得一部分单细胞生物的个体持续分裂下去，另一部分个体却衰老死亡呢？

面包酵母（Baker’s yeast，*Saccharomyces cerevisiae*）是一个有趣的例子。面包酵母出芽形成的新酵母菌比“母体”小，所以这种酵母的细胞分裂是“不对称分裂”，这种不对称性不仅体现在细胞大小上，还体现在其他更深层次的内容上。“母体”细胞继承了原来细胞的损伤，例如羰基化的蛋白质、被氧化的蛋白质和染色体外的环状DNA。母体细胞再分裂25次左右就会衰老死亡。而新生的酵母却没有受到这些不利因素的影响，因而能够活跃地分裂繁殖。因此，酵母作为一个物种，是靠新生酵母把生命延续下去的。“母体”酵母就像一个“垃圾桶”，自己收集并承受细胞所受的损伤，从而避免把这些损伤传给下一代。

大肠杆菌（*Escherichia coli*）的分裂看起来是对称的，两个“子”细胞在大小和形状上没有差别，那么大肠杆菌的生命又是怎样传递下去的呢？为了研究这个问题，法国科学家跟踪了94个细菌菌落中细胞分裂的情况，一共跟踪到35 049个最后形成的细菌，结果表明，这种对称只是表面上的。大肠杆菌呈杆状，所以有两“极”（相当于杆的两端），细胞分裂时，在分裂处会形成新的极，如此一来每个细胞都有1个上一代细胞的极（旧极）和新形成的极（新极），当大肠杆菌再次分裂时，就会有1个“子”细胞含有旧极，1个“子”细胞含有新极，所以这2个细胞是不一样的。研究发现，总是继承上一代旧极的细胞就像酵母菌的“母体”细胞那样，生长变慢、分裂周期加长、死亡率增加，而总是继承上一代新极的“子”细胞则一直保持活力。所以大肠杆菌分裂时，也会有一个“子”细胞成为“垃圾桶”，继承细胞的损伤，以便使另一个“子”细胞“从零开始”。这个想法也得到了实验证据的支持，例如许多变性的蛋白质会结合在热休克蛋白上，用荧光标记的热休克蛋白IbpA表明，变性蛋白的聚结物确实存在于含旧极的细胞中。

除了蛋白质会受到损伤，脂肪酸也会被氧化。但细胞膜的流动和代谢是比较缓慢的，在单细胞生物迅速分裂的情况下（一般几十分钟分裂1次），受到损伤的成分常常被保留在“母体”细胞中（例如酵母的分裂），或者和旧极相连（例如大肠杆菌的分裂）。变性蛋白质的聚结物在细胞中扩散很慢，也容易留在上一代的细胞中。这些结果说明，“垃圾桶”理论还是有一些道理的。不过这就要求“垃圾桶”能够把“垃圾”全部收集，不留一丝给新细胞。细胞是如何做到这一点的，或者是否能够做到这一点，目前还是未知数。

有趣的是纤毛虫（Ciliate），这是一类单细胞的原生动物，以细胞上有纤毛而得名，草履虫就是纤毛虫的一种。纤毛虫有两个细胞核，一个较大，另一个较小，较小的细胞核与高等动物一样，是二倍体（含有两份遗传物质），这个小细胞核不管细胞的代谢，只负责生殖，另外一个较大的细胞核则由小细胞核复制自己和修饰而成，这个大细胞核是多倍体（含有多份遗传物质），负责细胞的日常生活。这相当于在同一个细胞中既有体细胞（以大核为标志），又有生殖细胞（以小核为标志）。在繁殖时，负责生殖的小核传给下一代，负责代谢的大核则被丢弃。也就是说，分裂时小核代表延续生命的生殖细胞，然后在新细胞中再由小核形成大核。而原来的大核则代表被丢弃的体细胞，这也和

“垃圾桶理论”相符。

“垃圾桶理论”也可以通过另一种方式实现，即细胞不是固定地把受到损伤的成分留在上一代细胞中，而是随机进入任意一个“子”细胞中。裂殖酵母（fission yeast，*Schizosaccharomyces pombe*）不是靠出芽繁殖，而是进行对称分裂。在不利条件下，变性的蛋白质会形成单个聚结物。细胞分裂时，这个聚结物会随机进入其中一个“子”细胞。获得了聚结物的细胞就显现出衰老的迹象，而没有继承到聚结物的细胞则保持青春活力。

2. 多细胞生物保持生殖细胞不老的机制

要想弄清多细胞生物中生殖细胞“长生不老”的机制很困难，因为生殖细胞和体细胞存在于同一个生物体中，所以很难把体细胞的衰老和生殖细胞的衰老分开。生物个体的寿命反映的主要是体细胞的衰老情况，而生殖细胞的衰老不一定直接反映在生物个体的寿命上，而表现为把生命传下去的能力，这就需要很多代的积累。由于许多动物个体的总体寿命远远超过生育寿命，不同个体之间生育期的差别也很大，因此生殖细胞的衰老很难从生殖寿命的缩短看出来。

线虫（*Caenorhabditis elegans*）是研究这个问题的好材料，因为线虫的繁殖周期很短，只有 3.5 天，所以几个月内就能观察几十代。相比之下果蝇的繁殖周期约为 11 天，小鼠为 2 个月左右。而且线虫行自体受精，不需要交配就能繁殖后代。研究人员用甲基磺酸乙酯（EMS）诱导线虫的 DNA，使其发生突变，再从突变型中选择那些在若干代后终止繁殖的个体。结果发现能够影响端粒复制的突变基因 *mrt2*、与 DNA 双链断裂修复有关的突变基因 *mre-11*，都能够使线虫在数代以后无法再进行繁殖，说明未被突变破坏的这两个机制都是生殖细胞永生所需要的。

端粒位于染色体末端，本身也是 DNA 的序列，由许多重复单位构成。它就像鞋带两端的鞋带扣，没有它鞋带里面的线就会松开。由于 DNA 复制过程的特点，DNA 每复制 1 次，端粒就会缩短一点，如果端粒不被修复，DNA 复制若干次后，端粒就短到不再能够保持 DNA 完整的程度。这就是为什么人的成纤维细胞在体外只能分裂 50 次左右就停止分裂并且死亡，因为这种细胞不能修复端粒。如果生殖细胞也是这种情况，那么生殖细胞也就不会成为生殖细胞了。幸运的是，生殖细胞能够产生“端粒酶”修复受损的端粒。一种理论认为，许多体细胞没有端粒酶的活性，是为了防止它们像癌细胞那样无节制地繁殖，而许多癌细胞由于像生殖细胞那样具有端粒酶的活性，所以能够无限制地繁殖。但是在通过出芽繁殖的面包酵母中，继承细胞损伤的“母体”细胞的端粒在细胞分裂时并不缩短，说明端粒酶活性缺失并不是“母体”细胞衰老的原因。同样，DNA 双链断裂的修复也是为体细胞的生存所需要的，体细胞也有这样的修复机制，所以这种机制也不大可能是生殖细胞永生的原因。

1987 年，英国科学家托马斯·科克伍德（Thomas Kirkwood）提出了生殖细胞永生的三种机制：①生殖细胞比体细胞有更强大的维持和修复机制；②生殖细胞特有使自己恢复青春的机制；③只让健康的生殖细胞存活的选择机制。这几种机制都得到一些实验结果的支持。

为了检验细胞的修复机制，科学家把外来基因转入小鼠的各种细胞中，包括小脑和前脑细胞、胸腺细胞、肝细胞、脂肪细胞和生殖细胞，再将这些细胞中外来基因 DNA 的突变率进行比较。结果发现生殖细胞 DNA 的突变率最低，将外来基因替换成小鼠自己的基因，也得到了同样的结果。另一个办法是人为地诱发小鼠 DNA 产生突变，再观察不同细胞的修复情况，结果也是生殖细胞的修复能力最强。

生殖细胞特有的恢复青春的机制也包括上文提到的不对称分裂，使老的细胞继承细胞损伤的产物，就像出芽酵母和大肠杆菌那样。人在生成卵细胞时，经 2 次减数分裂形成的 4 个细胞中，只有 1 个能成为卵细胞，其他 3 个都变成“极体细胞”而退化。这种“浪费”的做法也许就是把受损部分都集中到极体细胞中去，让卵细胞“全新开始”。恢复青春的机制还包括“表观遗传修饰”（epigenetic modification）的重新设定，包括 DNA 的甲基化和组蛋白的乙酰化，它们不会改变 DNA 的序列，但却可以影响基因的表达。生殖细胞和受精卵的表观遗传修饰都是经过大规模改变的。

生殖细胞的选择机制看起来也是存在的。例如果蝇的卵细胞在形成过程中，会有几波细胞的程序性死亡（apoptosis）。小鼠的精子在形成过程中，也会有几波细胞程序性死亡。这些程序性死亡的目的很可能是为了淘汰那些受损的生殖细胞。在受精过程中精子也面临着被选择的命运，几亿个进入阴道的精子中，只有 1 个能够与卵子结合。

这些机制看起来都能维持生殖细胞的活力，问题是它们是否彻底。生殖细胞的修复能力的确比体细胞强，但如果修复的效率不是百分之百，损伤还是会积累。极体细胞也许可以收集受到损伤的细胞产物，但是这种收集也许并不彻底。选择性机制能够淘汰那些有明显损伤的生殖细胞，但是也不一定能够防止被挑选的生殖细胞积累损伤。所以科克伍德的假说也许还不足以完全解释生殖细胞的永生能力。

3. 现代克隆动物实验的启示

近年来人类在克隆动物方面取得了一系列的重大进展，突破点就是让体细胞重新成为有无限繁殖能力的生殖细胞。把体细胞的细胞核放到去核的卵细胞内，就能够形成胚胎并发育成动物。如果不用体细胞的细胞核，而是把整个体细胞和去核卵细胞融合，也可以形成胚胎。克隆羊“多利”就是这样诞生的。体细胞原本是有寿命的，但是卵细胞的细胞质似乎有一种力量，能够把加在体细胞上面的寿命限制解除，体细胞变成了永生的。这说明体细胞的命运是可逆的。成年动物的体细胞肯定已经积累了相当数量的受损物质，可是这些物质似乎并不影响体细胞获得永生的能力。卵细胞的细胞质中似乎有一种“青春因子”，可以使时钟倒转，让体细胞变回生殖细胞，而不管它已经受了多少损伤。

但是这种有关“青春因子”的想法被“诱导干细胞”技术否定了。把几种“转录因子”（控制基因开关的蛋白质）转移到体细胞中去，就可以把体细胞变成类似生殖细胞的“干细胞”（能够分化成其他类型细胞的细胞），而不再依靠卵细胞的细胞质。2009 年，中国科学院动物研究所的周琪和上海交通大学医学院的曾凡一合作，从雄性黑色小鼠的身上取下一些皮肤细胞，用转录因子诱导的方法，得到了诱导性多能干细胞。他们把诱导性多能干细胞放到“4 倍体”的胚胎细胞之间并植入小鼠的子宫内，成功培育出了一只活的小鼠，取名“小小”。“小小”具有繁殖能力，并成功地繁殖了几代小鼠。在这个过程中没有使用卵细胞的细胞质，而 4 倍体的胚胎细胞也只发育成胎盘，并不参与胚胎自身的发育。所以这只克隆鼠完全是由当初的一个体细胞产生的，并不需要卵细胞细胞质中假想的“青春因子”。

当然克隆动物繁殖的代数还有限，还有许多克隆动物生下来就有各种缺陷和疾病，甚至早夭。这些缺陷也许是由于克隆过程本身造成的损伤，或者表观遗传状态重新设定得不彻底，但不能说明这样形成的生殖细胞就不能永生。克隆鼠“小小”能够繁殖数代，每代看上去都很健康，似乎证实了这个想法。如果克隆动物和普通动物一样，能够无限代地繁殖，就能最终证明体细胞和生殖细胞之间的界限是可以打破的，永生的能力也不是生殖细胞所特有的。

既然体细胞可以转化成生殖细胞，也不需要什么“青春因子”，生殖细胞永生的机制，有可能就是 DNA 表观遗传修饰的形式。卵细胞细胞质的作用，转录因子对体细胞的诱导，也许都是重新设定这些外遗传修饰。但是细菌没有组蛋白，自然也不会有组蛋白的乙酰化，生殖细胞却一直能传到现在，说明生殖细胞保持永生的能力几十亿年前就发展出来了。也许我们还在使用这样的机制（如“垃圾桶机制”），也许我们有了新的机制（如表观遗传修饰），也许多种机制都在使用，也许不同的生物使用不同的机制。问题的核心还是生殖细胞如何完全消除细胞不可避免地受到的损伤。在这里谈的细胞损伤，主要是指 DNA 序列以外分子层面上的，例如蛋白质的变性、脂肪酸的氧化、分子之间的交联等。这些是体细胞衰老的重要原因，它们最终导致体细胞的死亡。同样的损伤在生殖细胞中也会发生。所以即使是那些精挑细选出来的生殖细胞，也要经受体细胞所经受的各种袭击，而在亿万年的时间里，所有这些袭击的负面作用都被生殖细胞消除得干干净净，不留下任何痕迹，这真是一个奇迹。

而 DNA 序列的变化，包括修复以后的碱基变化，则会在后代中通过自然选择的机制加以强化或淘汰。这和细胞中其他分子的损伤导致的细胞本身衰老不是一回事。

4. 干细胞与生殖细胞的关系

孢子和受精卵都可以分化成多细胞生物体内所有类型的细胞，所以是最初的干细胞。它们像树干一样，不断分支（相当于细胞分化），最后形成一棵大树。在胚胎发育的过程中，桑葚期的胚胎（由受精卵分裂形成的实心的细胞团）里面的每一个细胞都有发育成一个完整生物体的能力，所以和受精卵一样，是全能干细胞。畜牧业者曾经使用桑葚期胚胎分割法，把桑葚胚分为几部分，分别植入子宫，就能从一个胚胎得到多个动物。到了囊胚期，胚胎发育成一个空泡。泡壁上的细胞后来发育成为胎盘，而囊泡内部的一团细胞则发育成为动物。这团细胞中的每一个都能够形成生物体内所有类型的细胞，所以也是全能干细胞，叫作“胚胎干细胞”。但是它们不能形成胎盘，所以不能被单独植入子宫，发育成为动物。

生物发育成为成体后，按理说不应该有干细胞了，因为所有类型的体细胞都已经有了。但是成体动物体内和各种组织中，还存在干细胞，叫作“成体干细胞”。这是因为许多体细胞的寿命远比生物体总体的寿命短，所以需要不断地补充。例如小肠绒毛细胞就只能活 2～3 天。血细胞（例如红血球和白血球）的寿命也很短，需要连续不断地补充。干细胞就能够不断分裂，分化成为需要替补的细胞。干细胞在分裂时，也是进行不对称分裂，一个“子”细胞仍然是干细胞，另一个“子”细胞继续繁殖分化成为需要替补的细胞。

干细胞的寿命至少和整个生物体的寿命一样长，这样才能保证人一生替补细胞的需要。它们也不像许多体细胞那样，寿命短于生物体的整体寿命。只要生物体活着，干细胞就能一直活着，从这个意义上讲，干细胞也是长寿的。干细胞是从受精卵分裂而来，而且和受精卵一样，是未分化细胞。干细胞在分化时，也进行不对称分裂，以保持自己的“真身”，另一个“子”细胞才是最终要被丢弃的体细胞。所以干细胞在性质上和受精卵非常相似，可以看成是受精卵的延伸，而不是体细胞。和生殖细胞不同的是，干细胞只能在生物体中存在一代，而不能被传到下一代生物体中去。

5. 小　　结

生殖细胞和体细胞最大的区别在于生殖细胞是永生的，可以在生物繁殖的过程中无限制地传递下去，而体细胞只是生殖细胞的一次性承载工具。干细胞则是生殖细胞的延伸。科学研究的进展已经打破了生殖细胞和体细胞的界限，体细胞也可以变成生殖细胞。但是由于研究方法的限制，目前基本上还是用体细胞衰老的思路思考生殖细胞。生殖细胞是如何完全清除环境因素的负面影响从而永葆青春的，现在还是一个谜。但是人类的好奇心和对健康长寿的追求，会一步一步地朝向揭开谜底的方向前进。

虽然从生物学的观点来看，体细胞只是生殖细胞的承载工具，但是生命的精彩却由体细胞呈现出来。我们的眼睛能够看见的多彩多姿的生命世界，其实都是体细胞的世界。是体细胞“代替”生殖细胞进行的生存竞争导致了越来越复杂的体细胞组合（生物体），人类的体细胞更是意识、智慧、感情和高级思维的基础。所以我们不必对自己只是生殖细胞的载体而感到沮丧。只有我们这些由体细胞组成的人体才能有如此丰富多彩地生活，才能对这个世界进行主动研究，才能不断探究生殖细胞的永生之谜。

主要参考文献

[1] Stewart E J，Madden R，Paul G，et al. Aging and death in an organism that reproduce by morphologically symmetric division. PLoS Biology，2005，3（2）：e45.

[2] Linder A B，Madden R，Demarez A，et al. Asymmetric segregation of protein aggregates is associated with cellular aging and rejuvenation. Proceedings of the National Academy of Sciences，USA，2008，105（8）：3076-3081.

[3] Aguilaniu H，Gustafsson L，Rigoulet M，et al. Asymmetric inheritance of oxidatively damaged proteins during cytokinesis. Science，2003，299（5613）：1751-1753.

[4] Matsui Y. Developmental fates of the mouse germ line. International Journal of Developmental Biology，1998，42（7）：1037-1042.

[5] Buszczak M，Cooley L. Eggs to die for：Cell death during Drosophila oogenesis. Cell Death and Differentiation，2000，7（11）：1071-1074.

人体的更新之源
——干细胞

人体由大约由60万亿个细胞组成，这些细胞分属200多种细胞类型，各自具有不同功能。当你在看这些文字时，视网膜中感光细胞把光学信号变为电信号；神经细胞把这些信号整理归类，传输到大脑，在大脑中信号被另一些神经细胞分析综合，重新变为图像；各条肌肉协调张力，使你能稳稳地坐在那里，头面向屏幕，眼睛聚焦在文字上；肺泡里的细胞吸收氧气，排出二氧化碳；肠细胞在吸收葡萄糖，红细胞又把氧气带到大脑，氧化葡萄糖，供给大脑工作所需的能量；肝细胞在处理内部和外来的物质，肾脏细胞在排出废物，免疫细胞在和外来入侵者作战，汗腺细胞在调节体温，耳朵在听是不是孩子回来了。这种形象的比喻说明各类细胞的功能并非几句话可详尽，正是多种细胞的协同工作保证了人类的日常基本生活。

人体机能如此复杂，但支撑人体的几百种细胞都源自于受精卵，由它可分化出人体内所有类型的细胞，从这个意义上来讲，受精卵是全能的（totipotent），上文中提到的感光细胞、神经细胞、上皮细胞、干细胞、肌肉细胞、免疫细胞等，都是由受精卵分化而得。

受精卵发育为人体后，细胞更替并未停止，人类寿命虽然可达到100年甚至更长，但是许多单个细胞的寿命非常短，尤其是那些“任务艰巨”的细胞。如处于人体最表层的皮肤上皮细胞，因其所处位置特殊，随时会受到物理磨损、紫外线辐射、有害病菌侵袭等外界因素的影响，因此上皮细胞每27～28天需更新一次；血液中的免疫细胞——白细胞要随时抵御有害物质对人体的侵害，因此白细胞的寿命也只有7～14天；“工作条件”最恶劣的是小肠上皮细胞，它们负责从肠道中吸收营养物质，不仅要浸泡在消化液中经受肠蠕动带来的摩擦，还要面对几百种肠道细菌及其代谢产物，所以小肠上皮细胞寿命极短，一般只有2～3天。在人的一生中，人体亦会经受多次损伤，这些损伤细胞的更替正是由人体中的特殊细胞——干细胞来完成。

1. 什么是干细胞

为补充人体中需更替的各类细胞，人体在发育过程中除生成各类细胞之外，也保留了一些特殊细胞，这类细胞处于未分化或低分化状态，能够根据每种组织的需要分化成所需替换的细胞，其始终存在于人体中并不断更新人体各种组织，此类细胞即为干细胞（stem cells）。"干"译自英文stem，有"树干"之意，意为从树干上可以长出各种枝干和树叶来，因其存在于成人体内，所以称作"成人体干细胞"。早期未分化的胚胎细胞也是干细胞，称作"胚胎干细胞"，所有多细胞生物体内都存在干细胞。

成人体干细胞一般存在于它们要替换更新的组织内，以便就地提供替补细胞。根据替补细胞种类的数目，干细胞可分为"多能干细胞"和"单能干细胞"。多能干细胞可分化出多种细胞，如骨髓中的造血干细胞可分化成所有类型的血细胞；小肠上皮的干细胞可分化出4种肠壁细胞，其中包括吸收营养的小肠绒毛细胞。单能干细胞只能分化出1种细胞，如位于肌肉中的干细胞只提供新的肌肉细胞。这种分类方法只针对存在于人体内的干细胞，目前的干细胞技术可打破这种分化限制。除骨髓、胃肠道上皮和皮肤外，干细胞也在其他人体组织内发现，包括大脑、眼睛、胰腺、肝、肌肉、睾丸等，随着干细胞研究的进展，更多成人体干细胞将被发现。

为保证数量，干细胞使用了一种特殊方式——"不对称分裂"来进行自我复制，在不对称分裂时，一个子细胞仍然是干细胞，另一个则分化成替补细胞；当某些组织细胞需要更替时，干细胞亦可进行"对称分裂"，这种分裂方式形成的两个子细胞都是干细胞。如此干细胞才可在保证自身数量的同时，成为人体细胞更新的来源。

干细胞在更新细胞时并非"一步到位"直接生成所要替补的细胞，而是先生成"前体细胞"，这些细胞一般不能再自我复制，而是在大量增殖的同时进行分化，生成一种或多种细胞，使用此种方式，1 个干细胞的不对称分裂可产生成千上万个分化了的细胞。

干细胞分化成何种细胞取决于所接收的外界信号，其中最重要的是各种诱导因子。实验中加入不同的诱导因子可使干细胞朝不同方向分化。比如在体外培养的条件下，用促红细胞生长因子（erythropoietin，EPO）进行诱导，骨髓造血干细胞就会分化成红细胞；若给予白细胞介素-7（interleukin-7，IL-7），干细胞会向淋巴细胞方向转化。

上述举例只是一个理想简化模型，实际上人体内的环境是非常复杂的，比如骨髓造血干细胞在制造血细胞时，首先生成淋巴类干细胞和髓类干细胞两大类（通常称作“祖细胞”），前者分化成包括 T 细胞在内的 3 种淋巴细胞，后者分化成包括红细胞在内的 4 种髓质细胞，而且在分化成 T 淋巴细胞的过程中，细胞还要通过胸腺接受进一步分化成熟的信号。所以在人体内，细胞分化的方向是一个高度复杂和精密的调控过程。

理想情况下（无重大基因缺陷、无严重外来伤害、良好的生活习惯等），这些干细胞可以维持人体一生的需求，源源不断地提供新鲜细胞来替换补充老化死亡的细胞。有些人到高龄仍然耳聪目明，思维敏捷，行动迅速，面色红润，肤革充盈，即使生病和受伤也恢复得比较快，说明这些人体内的干细胞仍有强大的生命力。按照中国人的传统说法即为“元气充足”，干细胞与“元气”或许真有密切关系，二者都意味着生命之源。可惜大部分人都达不到这种状态。由于自身条件（基因，生活方式）和外界原因，一些细胞提前衰亡导致其功能丧失，这使得人们听力及视力下降，牙齿脱落，头发稀疏，呼吸不畅，行动困难，关节磨损，伤口愈合缓慢，感冒久拖不愈，甚至患上糖尿病、阿尔茨海默病，帕金森病等，这些结果都是因为体内特定细胞的衰亡。从干细胞的角度看，则是由于负责更替这类细胞的干细胞本身逐渐丧失功能，依照中国人的观点来讲即为“元气不足”或“元气大伤”。

另一种情况是细胞变异，如镰状细胞贫血。由于血红蛋白上一个氨基酸单位的变化，红细胞虽可生成却不能有效地输送氧气。更严重的情况是细胞癌变，细胞非但没有衰亡，反而无节制地大量增殖，从癌症发病原因的最新观点来看，是因为在干细胞阶段发生了突变，细胞不能按正常的途径分化成熟，而是形成大量未充分分化的细胞。最明显的例子就是白血病，血液中存在大量未充分分化的白细胞，所以说肿瘤也有自己的干细胞，称作癌症干细胞，这类细胞在人体内其他组织扩散，发展出新的肿瘤，并且化疗对此类细胞不起作用，因此化疗能杀死大部分肿瘤细胞，却不能根治肿瘤。由此可见，变化了的干细胞本身就是疾病之源。

即使在人体最佳状态下，干细胞的更新能力也是有限的，干细胞的更新主要体现在细胞水平上，并不能更新一个完整的组织，就像人体无法长出一个新的肾脏，甚至不能长出新的角膜。

2. 为什么要研究干细胞

现在世界上许多国家，包括中国，投入巨大的资源来研究干细胞，就是因为它有广阔的应用前景，有望大大改变上面所说的三种情况（细胞衰亡、细胞丧失正常功能和细胞癌变）。

首先是在细胞层面上更有效地替补和更新衰亡细胞。一旦掌握激活体内有关干细胞的方法，或者找出从体外引入活性干细胞到所需治疗组织中去的途径，即可从根本上改变目前自身干细胞无法有效替补衰亡细胞的现状。如替补脑中与记忆和思维有关的神经细胞，有可能逆转或治愈阿尔茨海默病；替补脑中分泌多巴胺的运动神经细胞，可减轻或治愈帕金森病；使胰腺的β细胞再生可治疗糖尿病；使耳蜗里的听觉毛细胞再生可望恢复听力；脱发者有望重新长出头发；牙齿不全者可望重新长出牙齿；因心肌梗死缺血死亡的心肌细胞可望被新的心肌细胞替换，使心脏恢复活力；用新的神经细胞连接损伤了的脊髓，有望使瘫痪患者重新站立；甚至吸烟者被烟雾损伤熏黑的肺泡细胞也有可能被替换，获得活力十足的新肺脏，此种例子不胜枚举。

对于丧失功能的细胞，如镰状红细胞，可在人体内引入正常造血干细胞或从患者骨髓中抽取造血干细胞，嵌入正常血红蛋白基因后输回患者体内，以生成功能正常的红细胞。在治疗白血病时，可用正常骨髓来取代患者的病变骨髓，从而使患者重新获得产生正常白细胞的能力，在治疗其他肿瘤病时，需要找出杀灭癌症肿瘤干细胞的方法，如激活肿瘤干细胞的程序使细胞出现程序性死亡或凋亡（programmed cell death，或称 apoptosis），或找到阻止癌症肿瘤干细胞生成新细胞的方法，从源头上消灭肿瘤。

理论上干细胞有生成人体内所有类型细胞的能力，科学家希望用人体自身的干细胞长出新的组织或器官。如长出成片的皮肤用于大面积烧伤患者，长出新的角膜使眼睛重获光明，长出新的血管来代替已损坏或堵塞的血管，甚至希望在体外长出整个器官，如心脏、肝、肾等。这样不仅能解决器官移植中器官来源的问题，也避免了异体器官移植所导致的排斥作用。

如果这些理论可以成为现实，那每个人都可以储存自身干细胞，以便在需要的时候长出自身需要替换的细胞、组织、器官，科学家也许不能克隆一个完整的个人，却有可能复制人体的部分组织器官用以取代病变器官。

3. 为什么不同的细胞类型之间可以相互转换

干细胞技术之所以能突破体内的限制，将一种细胞变成另一种细胞，是因为人体内除生殖细胞以及不具有细胞核的红细胞、血小板之外，所有体细胞都含有完全相同的遗传物质（DNA）。此处所指 DNA 是狭义的，即只是核苷酸的顺序而不包括上面的修饰，如甲基化和乙酰化、结合蛋白质等。每个细胞所表达出的都只是 DNA 的一部分，不同细胞之间的差异只是 DNA 的表达区域不同。

细胞的功能由其所产生的蛋白质来决定。例如，产生胰岛素的细胞是胰岛的 β 细胞，产生肌纤维的是肌肉细胞，产生抗体的是血液中的 B 细胞。因为蛋白质是由 DNA 的序列（叫作基因）编码的，所以它的信息储存在 DNA 中。由于体细胞包含全部蛋白质信息的 DNA 序列，理论上每个体细胞都具备合成所有蛋白质的潜力。

在细胞分化过程中，根据细胞分化的方向部分基因被活化，大多数基因被关闭。细胞形成的种类取决于哪些基因被活化，所以皮肤不能分泌胰岛素，肝脏上也长不出牙齿来，在人体中这种分化过程是不可逆的，一种已经分化的细胞不可能变成另一种已分化的细胞。但是干细胞技术就可以突破这种限制，根据人们需要将一种细胞变成另一种细胞，这就是干细胞技术的高明之处。

打个比方，每种蛋白质就像饭馆做出来的菜，而它对应的DNA序列就像菜谱，根据菜谱来生产蛋白质。每个饭馆（细胞）里都藏有世界上全部菜谱，只是这些菜谱都分别锁在一个个箱子里不能任意打开。每个饭馆在申请阶段只能领到一把钥匙，打开其中一个箱子，做出这个箱子里菜谱规定的菜，比如你做川菜，我做粤菜，他做法国菜等，其余箱子则被锁上，菜谱也拿不出来。DNA的甲基化和组蛋白的去乙酰化等，都是这把箱子锁上的机制。干细胞什么特殊的菜也不做，只维持着自己的状态，等着外面的要求，看去开什么饭馆。

如果你不想做法国菜了，想改做川菜。这在人体中是不允许的，哪怕这条街上有10家法国餐馆，你也不能关闭其中一家，改为川菜馆。就如人体中有数以万亿计的皮肤上皮细胞，也不能用其中的一些去替换仅有数千个存在于耳蜗中的内毛细胞。

但干细胞技术可以达到这一要求。你先把原来的钥匙交了，停止做法国菜，连做法国菜的炊具和佐料也完全丢掉，把装法国菜菜谱的箱子锁上，回到什么特殊的菜也不做的状态（干细胞状态）。这样你就可以重新申请，改领打开装川菜菜谱箱子的钥匙。因为做川菜的菜谱原先就在你的饭馆里，只是锁起来了。你拿回钥匙就可以打开箱子，拿出做川菜的菜谱。这样川菜馆就可以营业了。

还没有开饭馆的（干细胞），给你一把钥匙，去开所需要的饭馆（所需要替补的细胞）。已经开了饭馆的（已分化细胞），先停业（回到干细胞状态），再另开所需要的饭馆（再分化成需要替补的细胞），这就是干细胞技术。

4. 干细胞的来源

由于干细胞技术在理论上完全可行且具有巨大的应用潜力，科学家也在利用一切手段来获取各类干细胞，以下是当前人体干细胞的6种主要来源。

(1) 胚胎干细胞

由于胚胎可以发育成一个完整人体，科学家认为从胚胎中提取干细胞的可能性最大。取得胚胎干细胞最适宜的时机是受精后5～7天的囊胚期，此时外面的包层将发育成胎盘，里面的内质细胞还未分化，其中的每个内质细胞都是多能干细胞，可发育出除胎盘之外人体所有类型的细胞。将这些细胞取出放在适当的培养环境中，可生成胚胎干细胞的细胞系（细胞系是可在体外由人工长期培养而不显著改变的细胞）供科学研究使用。目前人胚胎干细胞的主要来源是在人工授精中产生但未使用的胚胎。

由于这个过程需破坏本可发育成人的胚胎（即使此胚胎已遭当事人遗弃），此法在伦理学上引起了人们的非议，被认为是谋害生命，因此在美国从胚胎中提取干细胞是受到限制的，联邦法院甚至禁止国家资金资助人胚胎干细胞的研究。另一方面，培养这些细胞需要大量人工和极其严苛的实验条件，如每天需更换昂贵的培养液，还需使用长到一定天数的胎鼠成纤维细胞作为饲养层从而获得控制信号；此外，培养液中不能有任何抗菌素，对于长时期频繁更换培养液来说，要做到不被微生物污染是极其困难的，这种严苛的实验条件令许多实验室望而却步。更令人担忧的是，实验中人胚胎干细胞始终与胎鼠细胞接触，因此面临着被胎鼠细胞中所携带病毒感染的风险。所以人的胚胎干细胞理论上用处最大，但实际上操作困难，作为理论研究很有价值，但离临床应用还有相当距离。

（2）胎儿干细胞

发育 10 周以上的胎儿已经发育出各种组织，由于此时是这些组织快速形成的时期，其中含有大量的组织特异性干细胞，这些干细胞可以从流产的胎儿中获取。但是这些干细胞已经不能分化成人体所有的细胞，只能形成与所在组织有关的细胞，是研究组织形成过程的好材料。培养条件相较于胚胎干细胞也要温和得多，可以使用商品化小鼠细胞系作为饲养细胞，不用自己提取胎鼠成纤维细胞。

（3）脐带血干细胞

新生儿出生时脐带中残留了胎儿的血液，其中含有大量造血干细胞。由于这些干细胞是在人体发育早期形成的，组织特异性抗原（引起另一个个体组织排斥的细胞表面物质）的表达程度还比较低，因而易于应用在其他人身上，而不像骨髓移植那样需要严格配对。这些造血干细胞在诱导后还可以发育成其他系统的细胞，实用性很强。包括中国在内的许多国家都在建造脐带血库，以满足日后需求。

（4）羊水干细胞

羊水中也含有大量的干细胞，这些高活性的干细胞来自胎儿，可以分化成脂肪细胞、成骨细胞、肌肉细胞、肝细胞、神经细胞甚至心脏瓣膜，而且癌变危险性低。目前科学家正在进一步发掘这些干细胞的能力和用途。这些干细胞的获取途径较为容易，整个孕期都可抽取，甚至能从分娩后的胎盘中得到。羊水干细胞类似于胚胎干细胞，而且不存在毁坏胚胎的问题，既能为婴儿自身日后使用（比如换心脏瓣膜），也可供其他人使用，被看作是很有前途的干细胞，美国已于2009年建立了第1个羊水干细胞库。

（5）成人体干细胞

顾名思义这类干细胞从成年人身上获取，且具有组织特异性，即在体内只能生成与某种组织有关的细胞，因此也称为“组织干细胞”。最容易获取和应用最广的是骨髓干细胞，其中包括造血干细胞和间质干细胞（mesenchymal stem cells），前者分化出所有类型的血细胞，后者可产生骨、软骨和脂肪细胞。骨髓捐赠者被取的骨髓只占全身骨髓很小的一部分，而且可以在几个星期内恢复，不会影响身体健康。

从其他组织（如皮肤、小肠、大脑、眼睛、胰腺、肝、脂肪、肌肉等）提取的干细胞，目前还处于研究阶段。最近发现，胸腺中也含有大量的造血干细胞，是成人体干细胞另一个方便和丰富的来源。

（6）诱导性多能干细胞

这类细胞本身并非干细胞，而是人体已经分化了的细胞，如皮肤上皮细胞等。如果从外界引入几个“转录因子”（控制基因开关的蛋白质，如Oct4、Sox2、Klf4和cMyc），这些细胞就能“反分化”，即退回到未分化状态，而且可以重新分化为多种类型的细胞。这种方法最大的优点是可以从体细胞中制造出患者自身的干细胞，给患者自己治病。还可以把病变细胞变成干细胞，在体外培养出病变细胞，用于研究该疾病的特点、治疗方法以及筛选药物，不过目前诱导的成功率还很低，只有 0.1%～1%，并且需利用病毒 DNA 作为载体把这些转录因子的基因送到细胞中去。这些病毒 DNA 在完成载体任务后，就永远存留在细胞的 DNA 内，形成潜在的危险。科学家正在寻找不使用病毒载体的方法并取得了一些进展，如果能解决效率和安全性的问题，诱导干细胞也是一个很有价值的方向。

5. 如何从大量的已分化细胞中识别和分离干细胞

与已分化细胞相比，人体内干细胞的数目很少。要从已分化细胞的汪洋大海中识别出这些干细胞，并把它们分离出来，不是一件容易的事。在 20 世纪 80 年代对干细胞的提取分离技术出现突破之后，干细胞研究才得到迅猛的发展。

关键步骤之一是要识别干细胞，将干细胞和已分化细胞区分开来。这主要是利用细胞表面的一些特殊抗原（能在另一个机体中引起免疫反应的分子，大部分是糖蛋白），不同的细胞表面有不同的细胞表面抗原，相当于衣服上佩戴的徽章，表明我们是哪个单位的人。我们可以通过这些“徽章”来识别不同的细胞。

这些“徽章”的名字一般都冠以“CD”这个前缀，如 CD19，CD34 等。“CD”是 cluster of differentiation 的缩写，直译就是“细胞分化时的细胞表面分子簇”，一般翻译为“白细胞分化抗原”，是白细胞在分化过程中细胞表面上出现的抗原，目前此名称也被应用于包括干细胞的特异表面抗原在内的其他细胞。为避免不同实验室自行编号可能引起的混乱，这些抗原由国际人白细胞分化抗原工作组统一编号，目前已经有超过 320 种冠以 CD 的抗原。

一个“徽章”常常不足以鉴别一种细胞，但几种“徽章”的结合就能准确地判别一种细胞，包括干细胞。如所有的骨髓造血干细胞表面都有 CD34，但有 CD34 的不一定是造血干细胞，它所形成的前体细胞也有 CD34，要区分造血干细胞和前体细胞，就要看有没有另一个“徽章”。造血干细胞表面没有 CD38，一旦 CD38 出现，它就不是干细胞，而是朝分化方向走的前体细胞了，但它仍带有干细胞表面抗原（CD34）的痕迹。通常用加号表示含有某种抗原，用减号表示不含这种抗原，这样就可以用 $CD34^+CD38^-$来清楚表示造血干细胞表面的抗原状况，而用 $CD34^+CD38^+$来表示造血前体细胞表面的抗原。如果 CD34 消失，即变成 $CD34^-$，那就说明细胞已经分化了，连干细胞的痕迹也没有了。

如果 CD34 消失的同时 CD45 出现，那就是分化的血细胞，也就是说，$CD34^-CD45^+$是分化血细胞的特征，而具体是哪种血细胞，又可以从这些细胞表面的其他“徽章”看出来，如有 CD3 的就是 T 细胞，有 CD19 的就是 B 淋巴细胞。如果有方法“看到”各种细胞表面的这些“徽章”，就可由此判定细胞的种类。

但这些“徽章”在普通显微镜下无法看到，它们的存在需要一类特殊分子即抗体来识别。抗体是动物体内产生用以识别外来物质的蛋白质分子，具有很强的特异性。这些抗体一旦遇到与其相对应的抗原，就会紧密地结合在抗原上。如果抗体分子上嵌入荧光基团，被抗体结合的细胞在激光照射时就会发出荧光（波长与激发光不同的光），这样细胞就比较容易看见了。发荧光的即为携带这种抗原的细胞，不发荧光的细胞表面就没有这种抗原。

如果与不同抗体相连的荧光基团能发出不同的颜色，就可以凭颜色来同时识别几种细胞，如果利用细胞所发出荧光的颜色来分离细胞，就可以把具有各种表面抗原的细胞分别收集。这就是荧光细胞分离机（fluorescent activated cell sorter，FACS 机，一种可用于细胞分选的流式细胞仪）的工作原理。

例如，把有 CD34 抗原的细胞标记成红色，把有 CD19 抗原的细胞标记成绿色。其他细胞因为没有这两种抗原，所以不被标记。被标记的这些细胞悬液通过一根透明的细管，每次只能通过 1 个细胞，在通过细管的过程中，细胞被激光照射，发出红光、绿光或不发光。如果仪器感受到发红光的细胞，就给它带上负电，感受到发绿光的细胞，就给它带上正电，不发光的细胞就使其不带电，随后细胞从管中一个个地被喷射出并进入带有外加电场的分类仓。细胞根据自身所带电荷，运动方向发生相应的偏转，进入不同的收集管，不带电荷的细胞则不发生偏转。使用这种方式，可将发红色光和发绿色光的细胞与其他细胞分开。

这只是一个简单的例子，由于一种细胞要有多种“徽章”才能被完全鉴别，在实际操作中同一种细胞常被多种抗体标记，发出多种颜色的光，通过各种滤光片，仪器能够同时检测到这些颜色的光，并给出相应的分离指令，将需要的细胞分离出来。现有的FACS仪器每秒钟可分离数以千计的细胞，是干细胞研究不可缺少的工具。

利用这种方法分离得到的干细胞，还要进行一些细胞内状况的测定（主要是基因表达的状况），进一步证实它们是否为所需要的干细胞。最终进行的是功能测试，这一步骤非常重要，即测试这些细胞是否真的具有干细胞的性质（自我复制和分化成特定的细胞），通过所有测试分离出的细胞才可作为干细胞使用。

6. 干细胞也会老化吗

目前对干细胞老化的研究较少，但是从人老化的状态可以推测干细胞的功能会随着年龄增长而逐渐降低。究竟是干细胞自身会老化，还是其所处环境恶化从而无法发挥其功能？

答案应该是两者兼有。干细胞也会受到辐射和有害化学物质的伤害，其数量和活力都会逐渐降低，但是干细胞有强大的自我修复能力，抵抗老化的能力应该强于身体的其他细胞。有一种说法认为人到老年时干细胞逐渐失去功能，主要原因并非干细胞自身出现问题，而是其周围环境恶化，不能再给干细胞提供最佳的居住和工作条件，使干细胞的能力无法施展。有研究证明老年鼠睾丸中只含有不具备生成精子能力的成精干细胞，如果将这些老年鼠的成精干细胞移植到年轻鼠的睾丸中，并且每3个月转移一次，这些成精干细胞可以再活跃地生成精子达3年之久，超出老鼠的寿命。人在死亡时体内还有许多具有活力的干细胞，所以在日常生活中尽量保证身体健康，这不仅仅有益于自身，也有益于使干细胞保持活力。

7. 干细胞应用中的风险

尽管干细胞具有极大的应用价值和前景，但除了上文中提到的技术难度之外，其潜在的风险也不可忽视。

目前对干细胞的研究主要是探索体外保持干细胞状态的条件，以便在人工条件下长期保留和增殖干细胞；同时用各种方式诱导干细胞，使其转变为所需要的细胞。重复体内保存和分化干细胞的过程应尽可能模仿体内的条件，但毕竟体内的环境和条件不可能完全在体外重现，势必要使用一些新的条件和技术。若使干细胞在体外发挥更多的功能，如要使骨髓造血干细胞转化为神经细胞或肌肉细胞，让单能干细胞变成多能干细胞，让多能干细胞变成全能干细胞，必须采用与体内过程不同的途径。

换句话说，科学家希望干细胞能分化成的细胞类型越多越好，从细胞分化的意义上说就是干细胞的状态越原始越好，这样想得到什么细胞，就可以利用干细胞分化出来，并且希望干细胞分化出来的前体细胞要有强大的繁殖能力，这样利用同等数量干细胞就能分化出尽可能多所需要的细胞。

但是低分化状态和高繁殖能力正是癌细胞的特点，干细胞与癌细胞在许多重要性质上非常相似，包括高端粒酶的活性（保护 DNA 的末端在细胞分裂时不变短）和抵抗启动细胞死亡程序的能力。而且癌细胞也从它们的干细胞分化而来。在人工克隆羊和用诱导干细胞形成胚胎时，常常得到畸胎瘤（teratoma）而非正常胚胎。运用各种体外操作的方法，表面上看似达到了目的（如得到了想要的神经细胞），但这样获得的细胞和人体内的细胞是否存在差别，一旦植入人体后结果如何，目前来说很难回答。正常干细胞和癌干细胞之间的差别，也许就在某个微小的转换机制上，差之毫厘，谬以千里，一步走错后果则截然不同。

还有上文提到的一些做法，如目前人体干细胞的培养在很多情况下不得不使用老鼠成纤维细胞作为饲养细胞，以模拟体内干细胞的生存条件；在诱导多能干细胞过程中，用病毒 DNA 作为载体把人的基因放入细胞都具有潜在的风险，更大的风险是干细胞有可能变为癌细胞，因此干细胞的应用前景虽然诱人，但仍有巨大的困难和障碍需要克服，在翘首期望的同时，也需要有一些耐心。

主要参考文献

[1] De Coppi P，Bartsch G，Siddiqui M M，et al. Isolation of amniotic stem cell lines with potential for therapy. Nature Biotechnology，2007，25（1）：100-106.

[2] Gimble J M，Katz A J，Bunnell B A. Adipose-derived stem cells for regenerative medicine. Circulation Research，2007，100（9）：1249-1260.

[3] Hochedlinger K. Your inner healers. Scientific American，2010，5：47-53.

[4] Kim D，Kim C H，Moon J I，et al. Generation of human induced pluripotent stem cells by direct delivery of reprogramming proteins. Cell Stem Cell，2009，4（6）：472-476.

[5] Mitalipov S，Wolf D. Totipotency，pluripotency and nuclear reprogramming. Advances in Biochemical Engineering/Biotechnology，2009，114：185-199.

[6] Patel P，Chen E I. Cancer stem cells，tumor dormancy，and metastasis. Front Endocrinol，2012，3：125.

[7] Takahashi K，Yamanaka S. Induction of pluripotent stem cells from mouse embryonic and adult fibroblast cultures by defined factors. Cell，2006，126（4）：663-676.

[8] Thomson J A，Itskovitz-Eldor J，Shapiro S S，et al. Embryonic stem cell lines derived from human blastocysts. Science，1998，282（5391）：1145-1147.

[9] Wu D C，Boyd A S，Wood K J. Embryonic stem cell transplantation：Potential applicability in cell replacement therapy and regenerative medicine. Frontiers in Bioscience，2007，12（8-12）：4525-4235.

[10] Zhao Yong，Wang Honglan，Theodore Mazzone. Identification of stem cells from human umbilical cord blood with embryonic and hematopoietic characteristics. Experimental Cell Research，2006，312（13）：2454-2464.

食物分子中的碳
怎样在人体中“燃烧”

生命活动依靠能量驱动。成年人若仅做轻微活动，一天所消耗的能量约为2000千卡（1卡是将1克水升高1℃所需要的能量），这样的能量消耗速度相当于功率为100瓦的电器。如果换算为热量，它可以将25升水从室温加热至沸腾。这些数值看上去不大，但如果全部换算成有用功的话，可以将100千克的物体举高8570米，接近珠穆朗玛峰的高度。

人体内各种生命活动便是依靠这些能量维持的，最明显的是肌肉的收缩。人体需要胸部肋间肌和横膈肌的收缩进行呼吸，需要心脏肌肉收缩以维持血液循环，需要骨骼肌收缩以进行运动和各种外部活动（包括面部表情），需要肠胃蠕动以消化食物和排泄废物，就连呼吸道和肠道表面纤毛的摆动，也都需要能量。即便是说话和唱歌，也需要利用呼吸的气流提供能量。

不仅肌肉收缩需要消耗能量，神经活动也需要大量的能量。人的大脑重量只占体重的2%，却消耗了每日总能量的20%，神经细胞不断发出电脉冲的活动就要消耗大量的能量。即使人处于睡眠状态，大脑也在不停地工作，控制身体各部分的协调运行、整理信息，将一些信息变成永久记忆，同时清除没有价值的短期记忆。

细胞生理活动的正常运行需要细胞内、外维持不同的离子浓度。例如细胞外Na^+的浓度高、K^+的浓度低，而细胞内正好相反，Na^+的浓度低而K^+浓度高。为了维持这样的离子浓度差，细胞必须不停地泵出Na^+、泵进K^+，该过程即为主动运输，是逆浓度梯度进行的物质跨膜移动，需要消耗大量能量。另外，一些养分的吸收、废物和有害物质的排出、细胞的分泌活动，也是物质跨越细胞膜的转运，也需要能量。

组成人体的细胞在不断地更新。如肠黏膜细胞每两三天就要更新 1 次，皮肤细胞每 2～4 周更新 1 次，肝细胞每年更新 1 次，即便是被认为不变的骨头，每 10 年也要更新 1 次。因此现在的“我”和 10 年前的“我”，看上去是同一个人，但除了少数类型的细胞，例如神经细胞，身体的大部分细胞基本上都已被更新替换。细胞如此，分子的替换就更快，有些蛋白质分子的寿命只有几分钟。细胞内合成各种分子的过程每时每刻都在进行，而合成分子的过程，尤其是小分子合成大分子，包括蛋白质和核酸，都是需要能量的。

人体体温的维持也需要热量。人类是恒温动物，大部分情况下，人体 37℃的体温通常高于环境中空气的温度，即便是穿上衣服以减少热量的损失，热量也会通过呼吸和暴露的体表不断地散失，因此，人体需要持续的热量补充以维持体温。

这些生命活动所需要的能量都是从食物分子中得到的，其中最主要的食物分子是葡萄糖和脂肪酸，葡萄糖可以从食物中的淀粉水解而来，脂肪酸则来自食物中的脂肪。这些分子都含有大量的碳和氢，而碳和氢本身就是很好的燃料，例如火力发电厂通过燃烧煤（主要是碳），将煤氧化为二氧化碳，释放出的能量被用于发电。氢和氧结合生成水，也会释放出大量的能量，甚至可以推动火箭上天。在燃料电池中，氢作为燃料用于发电。由氢和碳组成的分子叫“碳氢化合物”，天然气和石油的主要成分就是碳氢化合物，也是优良的燃料。所以人体和火力发电厂一样，都是将碳和氢燃烧为二氧化碳和水，利用此过程中释放出的能量。不同的是，人体合成的是“高能化合物”——三磷酸腺苷（ATP），而火力发电厂则将这些能量转换为电能。

人体利用能量的方式也与日常生活相似。生活中并不需要给每一种需要能量的器具都配备专用能源，只需要用电能驱动它们即可，包括电灯、电视、电脑、电扇、空调、音响、洗衣机等。同样，人体也不需要给每种生命活动配备专用能源，只需要用 ATP 给生命活动提供能量即可，ATP 就是人体的“能量通货”。发电和合成 ATP 的原理也相似，火力发电厂使用高压蒸汽（即利用气体的压力差）推动汽轮机，汽轮机再带动发电机进行发电，水力发电站利用水坝蓄水的水位落差带动水轮机，水轮机带动发电机进行发电。而生物合成ATP的方式则是利用生物膜两侧H^+的浓度差，使H^+跨膜流动时带动ATP合成酶旋转，并在此过程中合成ATP，所以人类利用食物中燃料分子能量的原理和发电厂是非常相似的。

然而，人体毕竟不是发电厂，ATP也不同于电，人体也不可能在几千摄氏度的高温下“燃烧”葡萄糖和脂肪酸，而是必须在体温下将它们氧化，这就导致了人体通过“燃烧”葡萄糖和脂肪酸合成ATP的具体机制有别于发电厂。例如火力发电厂用空气中的氧气将碳氧化，生成的二氧化碳分子中的氧原子，其来源就是空气中的氧。而人体氧化食物分子中的碳时，吸入氧气，呼出二氧化碳，但是，人体呼出的二氧化碳分子中的氧，却不是来自吸进的氧气。那么二氧化碳分子中的氧原子从何而来？吸进的氧气又“跑”去哪里？这与人体如何“燃烧”碳有关。

人体合成ATP的方法有两种。一种是“底物”水平的，即葡萄糖分子在酵解（无氧条件下使葡萄糖分子降解，产物主要是乳酸）过程中，降解产物分子上形成高能磷酸键，再把高能磷酸键中的磷酸根直接转移到二磷酸腺苷（ADP）上，形成ATP，人体在激烈运动、无法充分供氧时，肌肉就会用这种方法产生一些ATP应急，因此激烈运动后会感觉到肌肉酸痛，这就是产生大量乳酸的结果。然而这种方法无法彻底氧化葡萄糖，生成的乳酸仍然是很好的燃料，所以合成的ATP数量有限。在糖酵解过程中，葡萄糖分子只能合成2分子的ATP。

另一种方法是将葡萄糖和脂肪酸中的碳和氢彻底氧化，将它们分别变成二氧化碳和水。如此，燃料中储藏的化学能就可以充分释放，合成的ATP分子数量也会大大增加（每个葡萄糖分子彻底氧化可以合成30个以上的ATP分子），这种方法是生物利用燃料分子的能量合成ATP的主要机制。

然而，人体却不能使燃料分子中的碳原子和氢原子直接与氧气中的氧原子结合，生成二氧化碳和水。虽然这样也能释放能量，但这样的能量人体无法利用，只能以热的形式放出。这样不仅不能合成ATP，还会把人体烧死。人体采用的办法是用脱氢酶将“燃料”分子中的氢原子脱下来“拿”出其中的电子，再把失去电子的氢原子（即氢离子）释放到溶液中，然后让这些电子经过一条复杂的“通路”，这条“通路”便是呼吸链，位于线粒体的内膜上，主要由蛋白质复合物组成。电子在呼吸链上传递时，会分几步释放能量，这些能量可将 H^+从线粒体内膜的内侧“泵”到内膜的外侧，类似于水坝蓄水。高浓度的 H^+通过 ATP 合成酶再流回膜的内侧时，就可以合成 ATP，类似于水坝里面的水通过水轮机发电。等到电子把能量“卸载”完毕，“筋疲力尽”的时候，再由酶催化，与氧气中的氧原子结合，同时将当初扔在溶液中的 H^+“捡回来”，一起生成水分子。因此，如果要问人体在呼吸时吸入的氧气“跑”到哪里去了，答案就是“跑”到线粒体中，与已经释放过能量的氢原子（电子加氢离子）结合，变成了水。

这个办法对燃料分子上的氢原子很适用，但是用于碳原子却不行。人体内没有脱碳酶，无法将燃料分子中的碳原子单独脱出来。即使能够把碳原子单独脱出来，也不可能像氢原子那样，把碳原子分成电子和碳离子，即线粒体的呼吸链只能“烧”氢，不能“烧”碳。那么人体如何“烧”食物分子中的碳原子？在此，人体采取了一种巧妙的方法，就是“偷梁换柱”，将碳原子中储存的能量转移到氢原子上。这样就可以通过氢原子这个“替身”释放碳原子中的能量以合成 ATP。

这是如何做到的？其实就是给“燃料”分子“加水脱氢”。水分子是由 1 个氧原子和 2 个氢原子组成的，给“燃料”分子加水以后，氧原子连到碳原子上，而氢原子却随后被脱下来，进入释放能量的呼吸链。这样，既能让碳原子和氧原子结合，脱下的氢原子又可以作为碳原子的“替身”，完成释放能量的任务。在这里，碳原子虽然也与氧原子结合，但它是与水分子中的氧原子结合，而不是与氧气中的氧原子结合，所以不会产生大量的热。水分子中的氢原子已经被氧化，没有再燃烧的价值。但是水分子上的氧原子和燃料分子上的碳原子结合时，水分子中的氢原子就转而与碳原子结合，重新变成燃料，碳原子和氧原子结合释放出的能量，就转移到来自水的氢原子上了。

上文所述“加水脱氢”的过程，是在三羧酸循环的环状反应回路中进行的。该环状反应链由 9 种分子组成，分别是柠檬酸、顺-乌头酸、异柠檬酸、α-酮戊二酸、琥珀酰辅酶 A、琥珀酸、延胡索酸、苹果酸、草酰乙酸。其中第 1 个分子是柠檬酸，而柠檬酸含有 3 个羧基，是三羧酸，所以该循环称为三羧酸循环，也称为柠檬酸循环。也许有读者会问，氧化“燃料”分子为何要经过如此多步骤？这是因为三羧酸循环不仅是加工“燃料”分子，将它们转变成二氧化碳和氢原子的反应链，它还是细胞中各种化学反应的“转盘路”。各种分子可以从不同的“路口”进来，又从不同的“路口”出去，使得葡萄糖、脂肪酸、蛋白质之间可以互相转化。例如蛋白质降解的产物就从三羧酸循环的不同“路口”进入循环而被分解，精氨酸、谷氨酰胺、组氨酸和脯氨酸的代谢产物从 α-酮戊二酸进入循环；异亮氨酸、蛋氨酸、苏氨酸和缬氨酸从琥珀酰辅酶 A 处进入循环；天冬氨酸、天冬酰胺从草酰乙酸处进入循环；其他氨基酸通过乙酰辅酶 A 进入循环。这些蛋白质降解产物也可以从这些“路口”离开循环，重新变成氨基酸。葡萄糖和脂肪酸的氧化也需要经过三羧酸循环，而草酰乙酸又可以用于合成葡萄糖，所以这个循环是多用途的，是细胞中连接各种反应链的核心。

无论是葡萄糖的氧化还是脂肪酸的氧化，都需要先将这些燃料分子切成只含 2 个碳原子的小片段，这就像在烧煤或木材时，先要把它们劈成小块一样。这个小片段就是乙酰基（CH_3CO—），它结合在辅酶 A 上，形成乙酰辅酶 A。葡萄糖分子先被细胞糖酵解（类似于酵母的发酵过程），最后生成乙酰基。脂肪酸被细胞氧化时，一次被“切下”2 个碳原子单位，也生成乙酰辅酶 A。一些氨基酸（丙氨酸、半胱氨酸、甘氨酸、丝氨酸、色氨酸、亮氨酸、异亮氨酸、赖氨酸、苯丙氨酸、酪氨酸）被降解时，先被脱去氨基，余下的部分也可以生成乙酰辅酶 A。所以乙酰辅酶 A 是葡萄糖、脂肪酸和许多氨基酸代谢的共同产物。

乙酰辅酶 A 中的乙酰基和三羧酸循环中的草酰乙酸结合，变成柠檬酸，就进入了三羧酸循环。此循环将乙酰基分解成为氢原子，让其进入呼吸链释放能量，最后与人体吸入的氧结合生成水，同时让碳原子和水中的氧原子结合，生成“羧基”（—COOH），再通过“脱羧反应”以二氧化碳的形式释放。这个循环每转 1 圈，1 个乙酰基就被完全分解成二氧化碳和氢原子。所以人体呼出的二氧化碳中的氧原子，其实不是来自从空气中吸入的氧气，而是来自水分子和“燃料”分子原先含有的氧原子（例如葡萄糖分子中的氧原子）。

乙酰基含有 2 个碳原子、1 个氧原子和 3 个氢原子。氢原子可以被脱氢酶脱下来，直接进入呼吸链。但是要将 2 个碳原子都氧化成二氧化碳，还需要 3 个氧原子，这就需要 3 次加水反应。第 1 次加水反应发生在乙酰辅酶 A 进入三羧酸循环的时候，乙酰基在与草酰乙酸结合时，从水分子那里得到 1 个羟基（—OH），原来的羰基（—C═O）变成羧基（—COOH），使这个碳原子与 2 个氧原子结合。辅酶 A 部分则从水分子中获得 1 个氢原子，变成自由的辅酶 A。所以这一步中，乙酰基从水分子那里得到 1 个氧原子（与碳原子结合）和 1 个氢原子（与这个氧原子结合）。当羧基中的 COO 以二氧化碳的形式释放时，COOH 中的氢原子就连到原来与羧基相连的碳原子上（从—C—COOH 变成—CH + CO_2），可以被脱下来作为“燃料”使用。

第 2 次加水反应发生在琥珀酰辅酶 A 水解变成琥珀酸和辅酶 A 时。琥珀酰基从水分子那里得到 1 个羟基，使原来的羰基（—C═O）变成羧基（—COOH），这个碳原子也变得与 2 个氧原子结合。辅酶 A 部分从水分子那里得到 1 个氢原子，成为游离状态。但是在从 α-酮戊二酸生成琥珀酸辅酶 A 时，辅酶 A 脱去 1 个氢原子，净结果是辅酶 A 在这里没有得到氢原子，相当于琥珀酰辅酶 A 从水那里得到 1 个氧原子和 2 个氢原子。

第 3 次加水反应发生在延胡索酸变成苹果酸时。延胡索酸从水分子那里得到 1 个氧原子 2 个氢原子，使得延胡索酸分子中的 1 个碳原子从与 2 个氢原子相连（—CH_2—），变成与 1 个氢原子和 1 个羟基相连（—CHOH—），这个羟基在下一轮循环中再变成羧基，其中的 COO 部分以二氧化碳的形式被释放出来。

这样，乙酰基从 3 个水分子那里得到 3 个氧原子，每次都使 1 个碳原子上增加 1 个氧原子，使得碳原子的氧化程度增加。其中 2 个变成羧基的碳原子则随后以二氧化碳的形式释出，羧基上的氢原子则与原先连有这个羧基的碳原子结合。加到三羧酸循环分子上的有来自水分子的 5 个氢原子，再加上乙酰基原来的 3 个氢原子，一共 8 个氢原子，分 4 次被脱下来，每次脱 2 个氢原子。三羧酸循环转 1 圈，脱下 8 个氢原子，释放出 2 分子的二氧化碳，乙酰基被彻底分解。这说明 2 个变成二氧化碳的碳原子上的能量转移到 5 个氢原子上了。

这些脱下的氢原子并不是游离态的，而是结合于两种分子。一种是 NAD（烟酰胺腺嘌呤二核苷酸），这是一种水溶性分子，接受氢原子后变成 NADH；另一种是 FAD（核黄素腺嘌呤二核苷酸），存在于琥珀酸（succinate）脱氢酶中，FAD 接受氢原子后变成 $FADH_2$。NADH 和 $FADH_2$ 再带着氢原子进入线粒体的呼吸链。

脂肪酸在氧化时，先形成脂肪酰辅酶 A，每次再脱下 1 个乙酰基。因为是从第 2 个碳原子的位置被“切”开，所以脂肪酸的氧化叫作 β-氧化。不过由于脂肪酸的碳氢链并不含氧，为了每次都能“切”下 1 个乙酰基，第 2、3 位的 2 个 CH_2 单位先要被脱去 2 个氢原子，使其变成—CH══CH—，即 2 个碳原子变成以双键相连，再加 1 个水分子，使它变成—CHOH—CH_2—，然后脱去 2 个氢原子，变成—CO—CH_2—。在第 1、2 位的碳原子被“切”下为乙酰基时，CO 就变成 1 位碳原子，可以开始第 2 轮的 β-氧化。所以脂肪酸被氧化，生成乙酰辅酶 A 时，每 2 个碳原子单位先要经过 2 轮脱氢和 1 次加水。即“加水脱氢”的反应在脂肪酸被氧化的初期阶段就已经使用了。这样生成的乙酰基，也是随后在三羧酸循环中经过“加水脱氢”的方式被彻底氧化的。由于在生成乙酰基之前就经过了 2 轮脱氢反应，所以脂肪酸“燃烧”时释放的总能量比葡萄糖和蛋白质均高出将近 1 倍。

通过这些“迂回曲折”的步骤，人体就化解了在体温下“燃烧”食物分子中碳的难题，即把水分子中的氧与碳原子结合，让其变成二氧化碳，而水分子中的氢重新变成燃料。这个方法在几十亿年前就由细菌“学会”使用了，人类只是原样继承而已。看到这里，能不佩服生物进化过程的“聪明”吗？

主要参考文献

[1] Lehninger A L，Nelson D L，Cox M M. Principle of Biochemistry. 2nd Edition，Worth Publishers，1993.

[2] Lodish H，Baltimore D，Berk A，et al. Molecular Cell Biology. Scientific American Books，1995.

[3] Melendez-Hevia E，Waddell T G，Cascante M. The puzzle of the Krebs citric acid cycle：Assembling the pieces of chemically feasible reactions，and opportunism in the design of metabolic pathwaus during evolution. Journal of Molecular Evolution，1996，43：293-303.

器官排斥和配偶选择

——谈组织相容性抗原（MHC）

随着医学的进步，许多以前的医学难题也变得可以解决。器官移植就是一个例子。一个人的某个器官（如肾、肝）损坏，用另一个人健康的器官替换，常常可以挽救这个人的生命。在器官移植中，最困难的就是找到“配型”合适的器官，否则就会造成无法控制的“器官排斥”。被移植的器官被器官接受者当作“外来物”而加以攻击，导致移植失败。目前在全球范围内，等待“配型”器官的人数总是远远多于能够找到的“配型”器官数。每年都有许多病人因为等不到合适的器官而在失望中丧失生命。为什么会有“器官排斥”呢？器官“配型”为什么这么困难呢？

从基因的角度来看，这似乎有些难以理解：人类个体之间DNA序列的差别非常小，还不到0.1%。也就是说，不同的人不仅所拥有的基因类型彼此相同，每个基因的差别也很小。基因的产物——蛋白质，因此也只有微小的差别，比如个别氨基酸单位不同等。这也无可厚非，因为绝大多数的蛋白质在不同的人类个体中执行的功能是相同的。

比如使葡萄糖进入细胞的胰岛素，调节葡萄糖的代谢。不仅不同人体内胰岛素的结构组成完全相同，就是不同的动物如牛和猪等，它们的胰岛素也和人类的极其相似（都是由51个氨基酸组成，其中人和猪的胰岛素只有1个氨基酸单位不同，人和牛的胰岛素有3个氨基酸单位不同），因此牛和猪的胰岛素也可以用在人身上。在利用基因工程大规模生产人胰岛素之前，糖尿病患者一直使用从猪和牛身上提取的胰岛素，而且只有不到2%的人产生免疫反应。这类免疫反应还不是胰岛素本身所诱发，而要归罪于胰岛素制剂中的添加剂。既然蛋白质分子可以“移植”，为什么器官就不行呢？在不同人的器官中，是不是有一些基因及其所编码的蛋白质导致了不同个体间器官的显著区别呢？

科学家对器官排斥现象进行了详细的研究，发现有一类基因的产物（蛋白质）在排斥过程中起主要作用。因为这些蛋白质与不同生物个体器官之间的相容性有关，所以它们被称为“主要组织相容性复合体”，英文简称为MHC，是 major histocompatibility complex 的缩写。不同的人体中 MHC 有着显著差异，是造成组织排斥的主要原因。除人类以外，所有的脊椎动物都有 MHC，由此可见，MHC 已经有很长的进化历史。

MHC 究竟是什么分子呢？为什么在不同人的体内有着显著差异呢？这就要从人与微生物之间的关系说起。

微生物是地球上最早出现的生命体，其历史已经有约 40 亿年，至今仍在地球上广泛存在。它们种类繁多，数量巨大，生活方式多种多样，而且能够迅速改变自己以适应不断变化的环境，所以生存能力极强。它们能用一切人类想得到和想不到的方式获得能源和新陈代谢所需要的物质。上至几十千米的高空，下至地表以下几千米，烫至热气滚滚的热泉，冷至极地的冰中，都能找到微生物的踪迹。

地球上的动物（包括人）就是在这种微生物无处不在的环境中生活的，与各种微生物的关系也非常复杂。由于微生物的多样性，许多微生物与人类的生活没有直接关系，比如植物根部的固氮菌，海洋中的蓝绿藻，温泉中的硫细菌等。有些微生物“选择”了与动物“和平共处”“平等互利”的方式。比如人的鼻孔里有 2000 多种细菌，舌头上有 8000 多种细菌。这些细菌多数对人体无害，甚至在一定程度上还能防止有害细菌“落脚”。数量最多的是人的肠道细菌，有 3 万多种，总数超过人体总细胞数的 10 倍。它们总共有 800 多万个基因，是人体基因数（2 万～2.5 万）的 300 多倍。这些肠道细菌帮助人类消化食物，合成维生素，调节人体的免疫系统，并且抵抗有害微生物的入侵。

不过这些微生物与人类“共生”有一个大前提，就是不能进入人体之内。肠道和口腔看上去在体内，其实是与外界相通的，和呼吸道一样，只不过是人体的“内表面”。若微生物真的进入体内，而人体却“不闻不问”，那就可怕了。人体内的环境是为自身细胞而“精心准备”的，营养全面而充足，酸碱度适宜，各种微量元素平衡。尤其是恒温动物，那三十几度的体温，简直就是许多微生物生长的“天堂”。这种环境中，在体外“好”的细菌（包括肠道细菌）也会变“坏”，给人体造成伤害。比如皮肤有伤口时，原来在皮肤上的细菌就会进入体内，使伤口“化脓”；肠道穿孔时，原来无害的肠道细菌就会进入腹腔，造成严重的感染。更不要说那些“专业”的致病微生物，比如结核菌、绿脓杆菌、炭疽菌、肝炎病毒、艾滋病病毒等，它们的生存方式就是“钻进”人体，在那里“大吃特吃”，繁衍后代。所以动物必须防止微生物进入自己的身体。动物身体表面那层紧密排列的细胞，就是阻挡微生物进入身体的第一道屏障。

除了被动阻挡以外，动物还发展出了“主动”的自卫方法，在微生物进入体内时能够识别和消灭它们，这就是动物的免疫系统。要自卫，就要能“分清敌我”。许多微生物表面都有为它们生存所需要的特殊分子，比如鞭毛中的鞭毛蛋白质，以及特殊的脂蛋白和脂多醣等。动物利用微生物的这些特殊分子，发展出能够与这些分子结合的蛋白质（称为“受体”，比如一类重要的这种受体就是“Toll 样受体”）。一旦这些受体与微生物上面的分子结合，就会发给动物细胞一个信号。细胞接收到信号后，就会把这些被结合的微生物“吞”进去，再将它们消灭。

人体内也有 Toll 样受体，但是这还不够。人体比低等动物如水螅和蚊子要大并且复杂得多，接触的微生物种类也很多。而且人要生活几十年，更要应付微生物的反复攻击。病毒入侵人的身体后还会“躲”在细胞内，从细胞外面也“看不见”。由于这些原因，人体需要更精密完善的“侦察系统”，发现和消灭侵入身体的微生物。

MHC 就是这种“侦察系统”的重要部分。它的作用就是向免疫系统“报告”身体内是否有“外敌入侵”。起这种作用的 MHC 有两种。第一种报告细胞内部的情况，有没有病毒入侵，叫 MHC Ⅰ。第二种报告细胞外面的情况，有没有细菌入侵，叫 MHC Ⅱ。

MHC 是怎样“报告敌情”的呢？任何生物（包括病毒）都需要一些自身特有的蛋白质才能生存，所以检查有没有“外来”微生物的蛋白质，就是发现“敌人”的有效手段。

人体内几乎所有的细胞（红细胞除外）都有 MHC Ⅰ。这些细胞把细胞中的各种蛋白质进行“取样”，即将它们“切”成 9 个氨基酸左右长度的小片段，把这些小段结合于 MHC Ⅰ上，再和 MHC Ⅰ一起被转运到细胞表面。MHC Ⅰ就像“举报员”，用 2 只“手”举着蛋白质片段，向免疫系统说，“看，这个细胞里面有这种蛋白质”。如果举报的是细胞自己的蛋白质片段，免疫系统就会“置之不理”。但是如果细胞被病毒入侵，产生的病毒蛋白质就会被 MHC Ⅰ“揭发”出来，免疫系统就知道这些细胞被病毒感染了，就会把这些细胞连同里面的病毒一起消灭掉。

MHC Ⅰ的另一个作用，就是“举报”癌细胞。癌细胞虽然是从人体自身的细胞变异而来，但由于一些癌细胞中 DNA 的变化会形成一些原来没有的蛋白质。有些癌细胞还会把一些蛋白质的浓度从以前被免疫系统测不到的低水平（所以不被免疫系统“认识”）提高到可以测到的高水平。这些蛋白质也会被 MHC Ⅰ“举报”，让免疫系统知道这些细胞已经癌变了，也会加以消灭。人体内常常有癌细胞形成，只不过它们中的一些被 MHC“揭发”而被免疫系统及时消灭，没有发展起来罢了。

对于细胞外面的细菌，人体有专门的细胞（比如“巨噬细胞”和“树突状细胞”）来“吞食”它们。被吞食的细菌死亡后，它们的蛋白质也被“切”成小片段。不过这些小片段不是结合于 MHC Ⅰ上，而是结合在 MHC Ⅱ上，和 MHC Ⅱ一起被转运到细胞表面，向免疫系统“报告”，“瞧，我们的身体里面有细菌入侵啦”。免疫系统就会生产针对这种细菌蛋白质的“抗体”（能够特异地结合外来分子的蛋白质分子），将这些细菌“标记”上，再由免疫系统的其他成分加以消灭。

对于被细胞表面所呈现的蛋白质分子小片段，MHC 就好比是“证人”。由它呈现的片段才可信，从而被免疫系统所认可。

无论是人体自身的蛋白质，还是微生物的蛋白质，都有千千万万种。它们产生的片段也多种多样。为了结合这些蛋白质片段，只靠一种 MHC 是不行的。所以人体含有多种 MHC，各由不同的基因编码。比如人的 MHC Ⅰ就主要有 A、B、C 三个基因。它们的蛋白质产物和另一个基因的产物（β 微球蛋白）一起，共同组成 MHC Ⅰ。其中

A、B、C 基因的蛋白质产物就可以结合蛋白质小片段，β 微球蛋白不参与小片段结合。

由于人的细胞是“二倍体”，即有来自父亲和母亲的各 1 套基因，每个细胞都有 2 个 A 基因，2 个 B 基因，和 2 个 C 基因，所以每个细胞都有 6 个主要的 MHC Ⅰ 基因。

对于 MHC Ⅱ，情况要复杂一些。MHC Ⅱ 分子也主要有三大类，分别是 DP、DQ 和 DR。它们对于蛋白质小片段的结合点是由 2 个蛋白质分子（分别叫作 α 和 β）共同组成的，而且 MHC Ⅱ 不含有 β 微球蛋白。α 和 β 这 2 个蛋白质分别由 A 和 B 2 个基因编码（不要和 MHC Ⅰ 中的 A、B、C 基因混淆）。所以 DP 复合物的形成需要 *DPA1* 和 *DPB1* 2 个基因。同理，DQ 复合物也需要 *DQA1* 和 *DQB1* 2 个基因。DR 复合物的情况更复杂，1 个 α 蛋白质可以和 4 种 β 蛋白质中的任一种配对，所以有 *DRA*、*DRB1*、*DRB3*、*DRB4*、*DRB5* 等 5 个基因。

不仅如此，这些基因中的每一个都有不同的变种，比如 MHC Ⅰ 的 A、B、C 基因，每个都有超出 1000 个变种。虽然有如此多的变种，但是每个人只能具有其中的 2 种（从父亲那里得到 1 种，从母亲那里得到 1 种）。由于变种的数量是如此之大，每个人得到这些基因中的某一个变种的情形又是随机的（要看父亲和母亲具有的是哪个变种），光是 MHC Ⅰ 的 A、B、C 基因的组合方式就至少有 1000 的 6 次方，也就是 10^{18} 种组合方式！这已经远远超出地球上人口的总数。如果再把 MHC Ⅱ 的情况考虑进去，MHC 基因的组合方式就更多了。所以地球上没有 2 个人的 MHC 组合情况是相同的，除非是同卵双胞胎。

每个 MHC 基因都有许多个变种，这些变种编码的蛋白质也自然会彼此有区别，比如在各种蛋白质小片段的结合紧密度上就会有差别。由于每个人都只能获得单个基因变种中的 2 个，个体之间获得的变种类型会有差别，所以对外来蛋白质分子的反应就不完全一样。这可以解释为什么有的人对某种物质过敏，其他的人却没事。比如有的人对小麦面粉中的“麸质”（gluten）过敏，吃含有麸质的食物会产生腹泻。研究发现，这些过敏者体内所含的 *MHC Ⅱ* 基因中有 *DQ2.5*（由 *DQA1**0501 基因和 *DQB1**0201 基因组成）。这个 DQ 变种能够紧密地结合由麸质产生的多个蛋白质片段，从而使身体有明显的反应。而含有*DQ2.2*（由*DQA1**0201基因和*DQB1**0202基因组成）的人就不容易产生过敏反应。人体中MHC变种的不同也使免疫系统“探测”到某种癌细胞的能力不同。比如近期我国科学家发现，乙型肝炎导致癌变的发生概率就和MHC中DQ的变种类型有关。

个体间MHC变种类型不同的另一个后果，就是器官排斥。由于每个人拥有的MHC基因类型（因而它们的蛋白质产物）不同，当一个人的器官被移植到另一个人的身体中时，器官上的MHC分子就会被器官接受者当作“外来物质”，从而对具有这些MHC的细胞展开攻击。这就像不同的单位雇用不同的保安，每个单位只认识自己的保安，而不认识另一个单位的保安一样。甲单位的保安到了乙单位照样会被当作是“外人”。这就是组织排斥产生的原因。MHC基因的变种越是不相配，排斥就越强烈。“配型”就是找到和器官接受者的MHC基因变种尽可能接近的器官。但是由于MHC基因组合的方式太多，找到完全“配型”器官的概率几乎为零（除非是同卵双胞胎），只能使用部分“配型”的器官，而且还要用免疫抑制药物减轻免疫反应。

不过不要忘记，器官移植只是人类的“发明”，在自然界中是不存在的。所以器官排斥并不是进化过程的“过错”，而是人类去干预进化过程形成的复杂系统所得到的副作用之一。

既然每个人只有几个主要的MHC基因，那为什么每种主要的MHC基因要有那么多变种呢？这是因为这些数量庞大的变种虽然不可能都存在于某个人身上，却可以存在于群体中。当这个群体遇到某种新的微生物时，人群中总会有人具有能“举报”它的MHC分子类型，这样就不至于整个群体都不能对这个新的微生物做出反应。这种“集体防卫”的方式可以增加一个群体在微生物攻击下的生存机会。

有趣的是，MHC还与配偶的选择有关。不过与器官移植不同。器官移植要求供体和受体的MHC尽可能地相似，而择偶时却要尽量寻找与自己的MHC类型不同的对象。

动物在选择配偶时，要避免“近亲交配”，即和自己血缘关系很近的对象“成亲”。而近亲之间的MHC是比较相似的（由共同的祖先而来）。而且由于每个动物个体所能拥有的MHC基因类型有限，寻找与自己有不同MHC变种的动物个体做配偶就能提高后代MHC变种的多样性，增加探测到外来入侵者的机会，对后代的生存是有利的。

气味就是动物判断另一个个体是不是自己近亲的一个重要指标，而且一个动物个体的气味类型和它的 MHC 变种类型有关。小鼠在选择配偶时，总是选择 MHC 变种类型与自己差异大的个体。对一些鱼类和鸟类的观察也得到了类似结果。破坏动物的嗅觉能力，选择 MHC 差异大的配偶的能力就消失。由于不同的 MHC 变种在结合蛋白质片段的能力上有差别，不同动物被呈现的蛋白质小片段也会有所不同。

可是由 9 个氨基酸组成的蛋白质小片段不具有挥发性，它们是如何被求偶动物的嗅觉器官感知到的呢？用小鼠的实验表明，这些蛋白质小片段可以在动物直接接触（比如用鼻尖去接触对方的身体）时被转移到求偶动物的鼻子上。用化学合成的蛋白质小片段表明，小鼠的鼻子能“嗅”到极低浓度（0.1 纳摩，即 10^{-10} 摩尔）的这类小片段，而不需要 MHC 的部分。这些片段，连同结合它们的 MHC，也出现在动物的尿液中和皮肤上，既可以直接被求偶动物感知，也可以被微生物代谢成具有气味的分子而被感知。

比起许多动物来，人类嗅觉的灵敏度要低得多。人类是不是也依靠嗅觉来寻找与自身 MHC 的变种类型差异大的异性作为配偶呢？研究发现，MHC 类型的确能够起这样的作用。比如让若干男性大学生穿上汗衫并保持 2 天（包括睡觉），这样这些男性的气味就被吸收在汗衫上。然后再让若干女性大学生去闻这些汗衫，挑选出她们所喜欢的气味。结果被女性大学生所喜欢的气味的男性，他们的 MHC 类型和这些女性的差异最大。这说明人类也能通过气味找到与自己 MHC 差异大的配偶。所以要成为夫妻，真的首先要“气味相投”。人们对一些异性有亲近感，而对其他的异性没有感觉甚至有排斥感（尽管这些异性也许很优秀），MHC 看来在其中起了作用。

这样的效果在一些已婚夫妇的 MHC 类型上也可以看到。比如，研究发现欧洲血缘的配偶和美国的 Hutterite 群体（也来自欧洲，但是在婚姻上与外界隔绝）的已婚夫妇中，MHC 不相似的程度远比整个基因组的不相似程度高。

当然，人在求偶时，要考虑的因素很多，社会和文化背景也有很大的影响。许多对男女结了婚又离婚，说明 MHC 的差异性并不是决定人类择偶的唯一因素。但是 MHC 类型的差异程度，却是在人们不经意间起作用。MHC 差异大肯定不是建立和维持一个婚姻的充分条件，却很可能是必要条件。

主要参考文献

[1] Dzik J M. The ancestry and cumulative evolution of immune reactions. Acta Biochimica Polonica，2010，57（4）：443-461.

[2] De Gregorlo E，Spellman P T，Tzou P，et al. The toll and imd pathways are the major regulators of the immune response in drosophila. The EMBO Journal，2002，21（12）：2568-2579.

[3] Traherne J A. Human MHC architecture and evolution：Implications for disease association studies. International Journal of Immunogenetics，2008，35：179-192.

[4] Wedekind C，Seebeck T，Bettens F，et al. MHC-dependent mate preference in humans. Biological Sciences，1995，260（1359）：245-249.